Interagir pour innover

Régina Leiggener

Interagir pour innover

Une technologie médicale
au cœur du réseau

Information bibliographique publiée par «Die Deutsche Bibliothek»
«Die Deutsche Bibliothek» répertorie cette publication dans la «Deutsche Nationalbibliografie»; les données bibliographiques détaillées sont disponibles sur Internet sous ‹http://dnb.ddb.de›.

Publié avec l'appui du Fonds national suisse de la recherche scientifique

Illustration de couverture: Michel Frossard Photographies
Réalisation de couverture: Thomas Jaberg, Peter Lang AG

ISBN 978-3-03911-319-4

Hochfeldstrasse 32, Case postale 746, CH-3000 Bern 9
info@peterlang.com, www.peterlang.com, www.peterlang.net

Imprimé en Allemagne

Remerciements

Cette thèse est le fruit d'une longue maturation personnelle et je tiens à remercier les personnes qui, à différents titres, ont favorisé le cheminement qui y a conduit.

Je remercie tout particulièrement mon directeur de thèse, le professeur Antoine Bailly, pour son esprit d'ouverture et sa générosité,

ainsi que les membres du jury, le docteur Olivier Crevoisier de l'Université de Neuchâtel et le docteur Michel Grossetti de l'Université de Toulouse, qui m'ont permis de faire un travail pluridisciplinaire,

et le professeur Yves Flückiger de l'Université de Genève et le professeur Michel Burnier de l'Université de Lausanne, d'avoir bien voulu s'intéresser à cette thématique particulière.

Mes remerciements vont également au professeur Jean-Claude Givel de l'Université de Lausanne et aux différents collaborateurs du projet ColoStim pour leur disponibilité, ainsi qu'à tous les informateurs rencontrés au long de cette thèse.

Je remercie aussi les personnes qui ont relu des chapitres de cette thèse dans leur domaine de compétences: Caroline Cavaleri, Claudine Burton-Jeangros, Katell Daniel, Patrice Hof, Denis Maillat, Giuseppe Pini, Pierre Rossel, Sally Randles, Renato Scariati.

Mes remerciements s'adressent encore aux amis

celles et ceux qui ont participé à la mise en forme et à la correction du texte: Doris Chassot, Gianluigi Giacomel, Véronique Isenmann, Maurice Leiggener, Françoise Yerly,

celles et ceux, qui à différents titres m'ont soutenue et encouragée: Pierre Debaz, Martine Durussel, Marie-Thérèse Martin, Louison Ninghetto,

et Anne Fournand, Gilles Rudaz, mes collègues.

J'adresse des remerciements chaleureux à mes amies:

Sophie-Hélène Bataïni, Chantal Berry et Valérie November, pour leur soutien sans faille durant tout le processus de thèse, depuis l'idée jusqu'à son aboutissement.

J'exprime enfin toute ma reconnaissance à mon mari, Laurent Robert, pour ses patiences et ses impatiences et… ses bons petits plats.

Table des matières

Partie II
L'étude d'une technologie

Table des illustrations

Introduction

La dimension locale et les relations technologiques

> Une priorité essentielle d'une pensée est ce pouvoir qu'elle a de traverser d'autres pensées sans s'y confondre, comme les images ou les voix de convives opposés se traversent sans se troubler. Les pensées apparaissent aussi au milieu des circonstances les moins conformes à elles et où elles se trouvent le moins attendues.
>
> Paul Valéry, *Alphabet*

L'objet de notre thèse consiste à nous interroger sur la dimension locale des relations technologiques, sans pour autant postuler d'emblée la pertinence de cette dimension. Dans cette introduction, nous souhaitons donner un aperçu de la manière dont les géographes et économistes régionalistes considèrent cette question, et nous présentons ensuite la manière dont nous concevons ces relations, afin de soutenir l'argumentation suivante: ce sont les réseaux qui permettent aux convergences et divergences d'émerger.

Un aperçu théorique

Afin de comprendre la relation qui lie le processus d'innovation à l'espace, la géographie de l'innovation et l'économie régionale proposent plusieurs analyses en termes de systèmes locaux, d'externalités technologiques ou de besoins de proximité. De manière générale, ces analyses tentent de comprendre les relations technologiques soit par le concept de territoire (l'agglomération, le district industriel...), soit par le concept d'agents (principalement les relations interfirmes). Ainsi, ces approches mobilisent de manière plus ou moins explicite le concept de proximité – ses besoins et ses effets – et considèrent – dans la lignée des économistes évolutionnistes et industriels – la firme comme acteur-clé du processus d'innovation technologique, en interaction avec un environnement constitué d'acteurs scientifiques, techniques, politiques. L'espace-territoire local construit par les acteurs, est présenté comme une forme de convergence technique, organisationnelle et spatiale et devient l'échelle susceptible de produire le savoir, considéré aujourd'hui comme source principale d'avantage concurrentiel. La forme spatiale idéalisée qui s'en dégage est un milieu local et homogène basé sur la concentration d'acteurs et le partage de valeurs communes, avec des variations de la réciprocité à la confiance.

La boucle ainsi bouclée ne nous satisfait point. Nous y voyons déjà la persistance de certaines formes de déterminisme, aussi bien technologique que culturel, malgré un paradigme constructiviste ambiant. Nous pensons en effet que la construction de ce type de réseau d'innovation est insuffisamment expliquée alors que, tant au niveau théorique que politique, les concepts de *cluster*, de district, de grappe, de milieu sont valorisés pour confirmer un nécessaire soutien de l'action publique aux coopérations locales. Nous restons par ailleurs prudents quant à la nécessité de la création de réseaux structurels par les instances étatiques, considérant que les relations ne sont pas forcément construites par le politique.

Une problématique relationnelle de l'innovation

Pour ce qui nous concerne, nous aborderons cette problématique par le biais du processus d'innovation. L'accent mis en général en géographie de l'innovation et en économie régionale sur les convergences – état de stabilisation des relations – soulève deux questions, celle de la définition de l'innovation et celle de l'unité d'analyse privilégiée. Nous constatons, en effet, que les analyses faites en termes de réseaux spatiaux s'intéressent prioritairement au processus d'innovation *ex post*. En définissant le processus d'innovation comme un processus économique, les auteurs partent forcément du produit fini, donc d'une innovation réussie, qu'il s'agisse de reconstituer l'histoire sous forme de *success story* ou d'évaluer les impacts sur une région. Ils écartent d'emblée le fait que bien des innovations échouent ou ne se traduisent pas systématiquement par une commercialisation ou un impact de long terme sur une région.

Les analyses spatiales des relations technologiques ont généralement comme unité d'analyse la région ou un collectif d'acteurs (milieu, secteur, firme, système d'innovation...), à qui sont attribuées certaines valeurs et identités. Beaucoup plus rarement sont choisis des acteurs individuels, à l'exception de certaines personnalités: le maire de telle commune, l'industriel dans son garage... Pour nous, ce sont les individus qui, de personne à personne, entrent en relation et partagent leur savoir, leur carnet d'adresses, leurs expériences. Dès lors, avec notre type d'analyse, les identités et valeurs attribuées à tel ou tel groupe perdent souvent de leur consistance pour laisser place à l'émergence de pratiques communes. Les leçons, en termes d'objectifs publics, qui se dégagent des analyses économiques et régionales misent essentiellement sur la nécessité d'assurer un transfert fonctionnel de la science au marché, afin de finaliser l'innovation. Nous mettons l'accent, bien au contraire, sur la nécessité du foisonnement d'idées que les rapprochements entre la science et la technique provoquent.

Des convergences et des divergences

Certes, l'importance des divergences est mise en évidence par les approches spatiales, et nous aurons l'occasion de les évoquer au fur et à mesure de notre étude. Toutefois, actuellement, les analyses spatiales des réseaux d'innovation sont marquées par une vision consensuelle des relations technologiques où prime la recherche de convergence. Ceci s'explique par l'influence de deux utopies, l'une héritée de l'économie classique – la recherche de l'équilibre – et l'autre de la science politique – le besoin de cohésion sociale. Nous estimons nécessaire de redéfinir, pour notre part, l'innovation en tant que telle, ainsi que les modes d'interaction et les échelles d'analyse qui lui sont liés.

Nous défendons l'idée que la mise en réseau à des fins d'innovation est un processus de tension continue de convergences et de divergences entre acteurs. Nous définissons la convergence par un état provisoire de stabilisation du réseau d'innovation autour d'une ou l'autre dimension de l'innovation, technologique, relationnelle, institutionnelle. *A contrario*, la divergence est un état critique et d'instabilité du réseau. Egalement provisoire, cet état est autant nécessaire que la convergence. Toute mise en réseau favorise l'émergence de convergences et de divergences car, comme toute forme d'interactions, elle confronte l'individu dans son rapport à d'autres individus.

Les relations technologiques locales, une forme possible de réseau d'innovation, reposent sur cette double dynamique de convergences et de divergences. Les relations technologiques naissent de cette dynamique. Dès lors, croire qu'une forme spatiale pourrait assurer une convergence est un leurre puisque, comme nous le verrons, l'innovation en tant que processus de construction sociale superpose des temporalités multiples, du court terme des relations spontanées ou des difficultés techniques spécifiques au long terme des relations professionnelles ou de l'histoire des institutions. Cette épaisseur temporelle échappe à la maîtrise des acteurs. Les acteurs gèrent l'incertitude qui en découle par anticipation, étape par étape. Ils narrent après coup ces étapes, chronologiquement comme s'il n'y avait qu'un temps, celui qui passe. A l'opposé, un autre leurre consiste à croire que les individus sont aujourd'hui mobiles à souhait et que les technologies de communication suppriment le frein de la distance. Nous verrons que leurs trajectoires se déploient sur plusieurs échelles spatiales, mais qu'elles se dessinent toujours en fonction des choix et des contraintes fixées par l'espace et le temps.

Des approches complémentaires

Pour expliquer cette dynamique d'innovation, il est donc nécessaire d'ouvrir le cadre théorique à des approches venues des *sciences studies*, qui analysent les réseaux d'innovation, plus précisément à la sociologie de l'innovation et à la nouvelle sociologie économique. Nous qualifions ces approches de réseaux a-spatiaux puisque, contrairement aux précédentes, elles ne mettent pas explicitement en valeur l'espace. L'innovation est définie comme une construction sociale. Analysée en cours d'élaboration, l'innovation est sans cesse manipulée par les acteurs selon leurs intérêts personnels et leur confrontation à d'autres individus ou avec des dispositifs techniques. Ces acteurs appartiennent à des mondes sociaux distincts, mais leurs comportements et leurs rôles varient suivant l'évolution du processus d'innovation. Les mécanismes de construction et d'évolution des réseaux d'innovation seront présentés par nous, qu'il s'agisse d'innovation se soldant par un échec ou par une réussite. Contrairement à la géographie de l'innovation et à l'économie régionale, l'objectif politique consiste à intensifier les relations en amont entre les mondes sociaux différents que sont la technique et la science, plutôt que de se concentrer sur le transfert en aval. Avoir recours à ces approches nous permet d'aller plus loin qu'une analyse fonctionnelle des interactions et de la proximité qualifiée de physique, géométrique, organisationnelle, cognitive... et d'entrer dans le contenu même de ces relations telles que construites par les acteurs.

De l'ensemble de ce corpus théorique, nous retenons trois approches pour analyser cette dynamique de convergences et de divergences: l'acteur-réseau du CSI (Centre de Sociologie de l'Innovation), l'encastrement ou *embeddedness* de la nouvelle sociologie économique et le milieu innovateur du GREMI (Groupe de recherche européen sur les milieux innovateurs). Toutes trois ont pour caractéristiques communes de prendre en compte une variété d'acteurs et de modes d'interaction avec un accent mis tantôt sur la technologie (l'acteur-réseau), tantôt sur les relations interpersonnelles (l'encastrement) ou encore sur le territoire (le milieu innovateur). Ces trois approches recouvrent plusieurs échelles d'analyse: l'échelle micro du projet, privilégiée par l'acteur-réseau, l'échelle méso du territoire, retenue par le milieu innovateur.

La préférence accordée à de telles approches et à certains auteurs plus qu'à d'autres s'explique aussi par un motif évoqué ou une argumentation suffisamment forte pour susciter notre propre intérêt. En ce sens, ce sont les propos de Mark Granovetter et de Torsten Hägerstrand qui nous ont permis d'aborder différemment l'aspect socio-économique et géographique de notre problématique. Mark Granovetter a décrié, dans les années 1960-70, l'influence de Talcott Parsons et le poids qu'accordait ce dernier aux valeurs consensuelles. En 1970, dans un article au titre évocateur «What about people in Regional Science?», Torsten Hägerstrand a rappelé à la science régionale qu'elle était avant tout une science sociale et, qu'à ce titre, elle ne devait pas oublier l'acteur individuel. Ces observations sont, à nos yeux, toujours d'actualité. Mark Granovetter et Torsten Hägerstrand ont en commun un intérêt pour les relations sociales vécues dans leur quotidienneté. Ils nous invitent à montrer comment les intérêts des êtres humains persistent dans un monde que l'on dit dépersonnalisé, désarticulé.

La dimension locale sans a priori

D'un point de vue méthodologique, nous analyserons les relations technologiques pour faire ensuite ressortir la dimension locale. Par conséquent, comme nous le mentionnons d'emblée, nous ne postulons pas la pertinence du local dans les relations technologiques. Nous voulons éviter ainsi un raisonnement tautologique, qui consisterait à délimiter l'échelle locale, à analyser son contenu, pour finalement affirmer que c'est l'échelle pertinente d'interactions à des fins technologiques. Au départ de l'analyse, l'échelle locale est un espace relatif à la localisation des acteurs économiques, techniques et scientifiques et à leur besoin d'interaction en vue de développer des technologies médicales. L'observation d'un cas concret nous amènera à définir l'échelle locale comme relevant d'une double conception de l'espace, égocentrée et étendue, selon une psychologie de l'espace proposée par Abraham Moles et Elisabeth Rohmer.

En effet, dans tout projet de vie et toute pratique de l'espace, l'individu organise sa propre trajectoire en fonction de la perception de l'altérité et la gestion de son espace-temps. Par le besoin de coopération et la perception d'un conflit possible, l'acteur est sans cesse pris dans un choix d'ouverture et de fermeture à l'altérité. Cette tension se traduit au niveau d'un projet par une alternance de convergences et de divergences. Le projet fera donc le lien entre une analyse psychologique et une analyse aménagiste des relations technologiques. En fonction de ces deux conceptions de l'espace et du rapport à l'altérité, le local deviendra, en fin d'analyse uniquement, le carrefour de mondes sociaux, d'échelles spatiales, de contextes institutionnels, de choix et de contraintes. La dimension locale se révèle être un des éléments constitutifs des relations technologiques parmi d'autres. Elle n'englobe pas l'ensemble des relations propices à l'innovation technologique, mais elle participe à la mise en œuvre d'un savoir et à la constitution de relations sociales propices à l'innovation.

Un projet médical à l'étude

Dès lors, et bien que plusieurs accès à cette problématique soient envisageables, nous considérons que l'observation de la dimension locale des relations technologiques n'est possible que si nous entrons dans un projet spécifique d'innovation[1], en analysant le point de vue des individus et non des groupes, et ce dans un processus d'innovation en cours.

En effet, l'entrée par le territoire est, pour nous, confrontée à la délimitation de l'espace en question. La confusion qui s'ensuit entre l'espace des relations et l'espace politique renvoie aussitôt aux définitions et aux usages plus ou moins restrictifs de ce concept. Quant à l'entrée par la firme, ou par les relations interfirmes, elle ne reflète pas, à notre avis, la réalité des relations technologiques qui mettent sur pied d'égalité la science, la technique et l'économie. Le cadre d'analyse approprié pour les relations technologiques est dès lors le projet, plutôt que le territoire ou la firme et les relations interfirmes.

Nous illustrerons donc les interactions entre les acteurs au sein d'un projet par l'analyse d'une technologie en cours de développement, dans sa première phase de réalisation Le projet en tant que cadrage d'une action montre les relations qui lient les individus entre eux et celles qui lient les individus et les structures. Il établit aussi une relation entre le long terme et le court terme. De surcroît, les phases initiales du projet impliquent aussi bien des acteurs scientifiques, techniques qu'économiques et sont, par conséquent des instants critiques essentiels qui demandent des ajustements techniques et relationnels entre acteurs.

1 La technologie médicale ColoStim, retenue pour notre observation, est un projet de recherche expérimentale en biologie, dont l'objectif médical est de traiter la constipation chronique par l'implantation d'un stimulateur colique électrique, chez l'humain. Nous interrogeons les acteurs de ColoStim, à la fin de la première phase de recherche qui porte sur l'enregistrement des activités électrique et mécanique du côlon porcin et sa modélisation informatique. A ce stade, le projet regroupe le pôle médical représenté par le Centre hospitalier universitaire vaudois (CHUV) et ses services de chirurgie et gastro-entérologie, le pôle technique par la présence de l'Ecole polytechnique fédérale de Lausanne (EPFL) avec le laboratoire de traitements des signaux et le département de micro-technique et le pôle économique avec la firme internationale Medtronic SA, installée dans la région lausannoise. Plus de dix acteurs médecins, ingénieurs, industriels assurent de manière permanente le développement de ce projet.

Le choix d'une technologie médicale pour cas d'étude se justifie par la forte imbrication qui lie la santé à la société en général, et aux mondes scientifique, technique et économique en particulier. La technologie retenue se veut simple en apparence dans la configuration du réseau qui la sous-tend, presque anodine dans un contexte où d'autres technologies sont désignées comme technologies-clés, plutôt locale par les organisations impliquées. Elle déploie toutefois une complexité de relations propres à la technologie, aux relations interpersonnelles et aux mécanismes institutionnels. A partir de ces trois modes d'interactions retenues pour l'analyse de ce projet spécifique d'innovation médicale, nous retraçons des chaînes d'interactions, faites de traductions, de relations personnelles et de mobilités relatives aux logiques d'intéressement, d'encastrement et de milieu défendues par les approches retenues. Ces chaînes d'interactions montrent que le projet d'innovation ne suit pas un modèle linéaire de l'invention à la commercialisation et que les individus dans leurs relations ne font pas de sauts d'échelle, comme le voudrait une représentation cartographique.

Des apports pressentis

Notre analyse des relations technologiques locales par la dynamique de convergences et de divergences telle que nous la concevons constitue une contribution méthodologique certaine, et ce pour différentes raisons. Par la dimension technologique, elle élargit le champ de la science régionale et de la géographie économique à une analyse explicite de la technologie. Celle-ci n'est plus une boîte noire mais un construit, que l'on doit expliquer avant d'en déduire des impacts, une adoption ou une résistance des individus à son égard. Dans le même ordre d'idée, cette analyse permet aussi de sortir la diffusion spatiale d'une impasse, déplorée par quelques géographes. La diffusion d'une innovation est indissociable de sa création et il faut partir de l'acteur et le suivre dans son action d'innover et dans ses interactions au quotidien, comme le prônait déjà Torsten Hägerstrand. L'innovation suit et reconstruit les chaînes d'interactions. Par la dimension relationnelle, nous comprenons que les individus, mieux que les organisations, savent de personne à personne comment construire des relations qui leur sont nécessaires et que les barrières culturelles s'estompent dans la pratique de collaboration en un lieu. L'analyse de la dimension institutionnelle révèle que la formation et le marché de l'emploi structurent toujours les relations technologiques. Par contre, un cadrage des interactions par des dispositifs institutionnels entre science et marché génère aussi des divergences. Quant à la dimension spatio-temporelle, elle montre qu'un projet d'innovation rapproche ceux qui sont à distance mais éloigne parfois les acteurs d'un projet régional et permet, à partir des trajectoires individuelles, de remonter du local au global.

Résumées ainsi, ces logiques paradoxales sont en fait un arrêt sur action. Elles correspondent à un état provisoire de convergence ou de divergence observable dans un cas particulier. De manière générale, elles permettent d'établir un juste dosage entre deux thèses, une qui voit l'échelle locale – le quartier, le technopôle en sont des prototypes – comme l'échelle idéale d'une sociabilité et l'autre, qui définit l'acteur comme un être ubiquiste détaché de tout espace particulier. Elles pondèrent les valeurs attribuées à la proximité (savoir, confiance, identité) et les attentes adressées à l'égard du réseau (équité, transparence, accessibilité).

Enfin, cette étude nous amène à l'observation suivante. Il n'y a pas d'interaction possible sans confrontations et médiations, rupture et filiation, soit un ensemble de jeux de société que nous avons ramené, dans le cadre d'un projet, à un binôme: convergence et divergence. L'innovation comprise comme une construction sociale, temporelle et spatiale, n'y échappe pas. Ajoutons encore que ces interactions entre individus sont faites de sociabilité, de reconnaissance et non seulement de pouvoir.

Le plan de la thèse

La première partie intitulée «Les relations technologiques», présentera les différents courants d'analyses des relations technologiques auxquelles adhèrent les géographes. Les approches évoquées montrent comment une problématique commune peut amener à des affirmations différenciées, en fonction de l'orientation disciplinaire, de la définition du processus d'innovation, de ses modes d'interaction et de l'unité d'analyse retenue. De ce fait, une discussion entre ces différentes approches s'avère nécessaire pour expliquer les mécanismes de construction des relations technologiques.

Suivant le point de vue que ces approches adoptent et selon les relations qu'elles construisent entre le processus d'innovation et la constitution des réseaux, ces approches courent le risque d'établir des relations de cause à effet trop évidentes et se doivent d'éviter un quelconque déterminisme technologique, culturel ou spatial. Au regard des apports et des lacunes présentés par ce corpus théorique, nous présenterons nos propres propositions théoriques et méthodologiques.

Ces propositions seront mises à profit, dans la deuxième partie, par «L'étude d'une technologie», en l'occurrence une technologie médicale en cours de développement. Les acteurs de cette technologie relatent les difficultés provoquées par la technique, les relations sociales et les mécanismes institutionnels. Ils nous montrent combien une convergence est difficile, tenant compte des échelles spatiales et temporelles dans lesquelles leur action s'inscrit. Dans le court terme du projet en question, la dynamique de convergences et de divergences, par les ajustements qu'elle impose, assure déjà le passage de la phase idéelle à la phase concrète des premières expérimentations; phases essentielles de construction des réseaux et de diffusion de l'innovation.

Par les propos des acteurs et les chaînes d'interactions qu'ils construisent le temps d'un projet, nous définirons, dans la troisième partie, «La dimension locale» des relations technologiques, en faisant un aller-retour entre l'analyse du cas spécifique et les éléments théoriques présentés en première partie. Il ressort de cette problématique relationnelle que les acteurs et leurs projets, leurs réseaux et leurs territoires vivent dans une tension continuelle entre une ouverture et entre une fermeture à l'altérité humaine et à la matérialité. L'espace, loin d'être neutre, provoque cette tension par les entités qu'il regroupe et fait de l'individu un être à la fois libre et contraint.

Partie I
Les relations technologiques

Prenons une différence entre deux objets, disons une feuille de papier et un bureau. Elles sont *incarnées* dans les interactions entre le papier et le bureau *et* dans les interactions entre le bureau ou le papier et vos organes des sens.

Gregory Bateson, *Une unité sacrée*

La première partie est théorique et méthodologique. Il s'agit de présenter les différentes analyses des réseaux d'innovation puis, de proposer un cadre théorique et méthodologique.

Dans le premier chapitre, nous présentons *«Les différentes analyses de réseaux d'innovation»*. Il s'agit des trois grands courants dans laquelle nous situons notre étude: la science régionale, la nouvelle sociologie économique et le courant Science Technique et Société (STS). Au sein de ces trois courants, des analyses des relations technologiques sont proposées, que nous nommons, par simplification, les réseaux spatiaux et les réseaux a-spatiaux. Les premiers se réfèrent explicitement à l'espace, par le concept de proximité, et les suivants ignorent cette dimension.

Des analyses retenues au premier chapitre, nous retenons *«Des définitions à questionner»*. En effet, les auteurs consultés font appel à des typologies pour définir l'innovation. Nous constatons que ces définitions statiques résistent mal à l'analyse empirique. Les modes d'interaction que sont le savoir, la confiance et l'identité sont très souvent avancés dans l'explication des relations technologiques. En présentant les arguments et critiques associés à ces concepts définissant l'innovation et les modes d'interaction, nous réalisons combien il est difficile d'échapper à des déterminismes technologiques, structurels et locaux.

Au chapitre 3, nous présentons une *«Proposition d'analyse»* théorique et méthodologique. L'argument essentiel de la thèse est d'analyser les tensions engendrées par la technique, les relations sociales et les mécanismes institutionnels. Nous exprimons ces tensions en termes de convergences et de divergences. Pour les observer, nous choisissons une technologie médicale en développement.

La figure 1 synthétise les étapes de cette première partie d'étude.

Figure 1. Le cadre d'analyse des relations technologiques locales

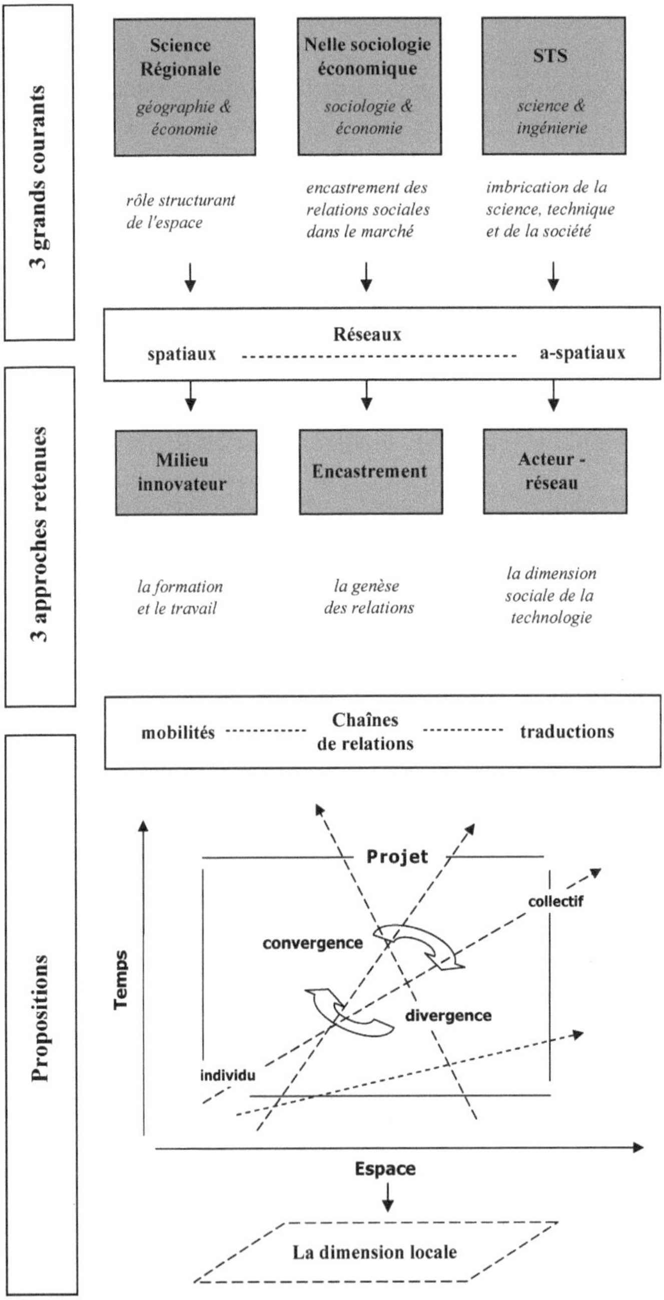

Chapitre 1

Les différentes analyses de réseaux d'innovation

Notre analyse des technologiques locales met en rapport trois grands courants disciplinaires: la science régionale, la nouvelle sociologie économique et les analyses de science, technique et société *(sciences and technology studies)*. La science régionale est née de la rencontre de l'économie et de la géographie; la nouvelle sociologie économique issue de la rencontre de la sociologie et de l'économie; et STS des sciences sociales et de l'ingénierie.

Nous présentons ces trois courants d'abord brièvement, pour souligner après coup la pluralité d'approches qu'ils englobent et leur nécessaire complémentarité dans la compréhension des relations technologiques locales.

1.1. A la convergence de trois grands courants d'analyse des réseaux d'innovation

Aucune discipline qu'elle soit économique, sociologique, géographique, ne couvre l'ensemble des aspects des relations locales et du processus d'innovation. Dès lors, il nous faut prendre appui sur trois grands courants disciplinaires, puisqu'ils privilégient tantôt la spatialisation des acteurs, tantôt leur interaction.

1.1.1. La science régionale: la dimension spatiale des relations

La science régionale fait explicitement référence à la dimension spatiale des phénomènes économiques et du processus d'innovation, à l'échelle régionale.

La science régionale, née de la volonté des économistes spatiaux américains d'offrir des outils de planification afin de corriger les inégalités spatiales, est créée par Walter Isard en 1954, sous la forme de la *Regional science association*. L'Association de science régionale de langue française (ASRDFL) est également fondée par des économistes, en 1961. L'ensemble des chercheurs considère la région comme contexte d'analyse approprié; concept qui, pourtant, est loin d'offrir une définition unique et cohérente. Georges Benko (1998) distingue quatre grandes thématiques de la science régionale: la localisation des activités économiques, l'organisation et la structuration de l'espace, les interactions spatiales et le développement régional et local. Cette dernière thématique est la source, dès les années 1970, de nombreux écrits sur les systèmes territoriaux (milieu innovateur, district industriel, économie de la proximité) défendant l'idée d'une spécificité locale et territoriale, dont les travaux du GREMI (Groupe de recherche européen sur les milieux innovateurs).

Essentiellement orientée vers la recherche quantitative et modélisatrice à ses débuts, la science régionale évolue dans les années 1970-80 vers un débat portant notamment sur l'articulation des espaces locaux et des espaces globaux. La science régionale, qualifiée toutefois de «branche en perte de vitesse[1]» (BENKO, 1998, 114), fait l'objet d'autocritique, dont la plus connue est celle d'Antoine Bailly et William Coffey (1994). Les auteurs déplorent une évolution trop technique de la discipline au point de ne plus répondre aux attentes de la société. Antoine Bailly (1997) rappelle, par quelques principes, le poids des représentations et des idéologies des chercheurs et de la société qu'ils analysent. Au-delà du débat qu'elles suscitent, ces critiques appellent à un élargissement de l'approche:

> Si la science régionale a le désir d'aller plus loin qu'une discipline néo-positiviste, utilisant des techniques et méthodes économétriques et des outils de la géographie quantitative d'un temps révolu (appelé, autrefois, dans les années 1960, la «nouvelle géographie»), elle doit élargir ses fondements épistémologiques, et en même temps ses champs de connaissance et d'action (BENKO, 1998, 118).

Une restructuration de la science régionale francophone est en cours sous l'impulsion des travaux de dynamiques globales de Paul Krugman (1991) de la *New economic geography*. Parallèlement, l'on observe une résurgence du local et de la notion de milieu, avec des incursions de la sociologie et de

1 Preuve en est la fermeture de la chaire de l'économie spatiale de l'Université de Pennsylvanie à Philadelphie. En Suisse, on constate le non-renouvellement d'un poste d'enseignement à l'Ecole Polytechnique Fédérale de Zurich, ainsi que la disparition de l'Institut de Recherche en Economie Régionale (IRER) à Neuchâtel.

la notion d'encastrement *(embeddedness)* de Mark Granovetter et de Anna Lee Saxenian et de découplage de Michel Grossetti et de Marie-Pierre Bès. Entre la dimension globale et la dynamique locale, la question régionale est ravivée par les politiques européennes, débat auquel la science régionale participe.

Une ouverture est dès lors possible vers d'autres disciplines, raison pour laquelle nous nous situons en science régionale et empruntons à la nouvelle sociologie économique et aux approches STS, leurs réflexions et méthodes d'analyse des relations sociales et technologiques.

1.1.2. La nouvelle sociologie économique: l'origine des relations

La nouvelle sociologie économique anglo-saxonne comprend trois approches: la théorie des organisations, la sociologie culturelle et l'analyse des réseaux (LÉVESQUE ET AL., 2001)[2].

Mark Granovetter, considéré comme le chef de file de ce nouveau courant, consacre l'essentiel de ses recherches à l'importance des réseaux sociaux dans l'économie et défend, dès 1985, la thèse de l'encastrement des activités économiques dans les structures sociales (l'activité économique en général, et plus spécifiquement, le marché du travail) dans les réseaux sociaux interpersonnels locaux (1985; 2000 pour une traduction française). Il pondère ainsi le désencastrement de la société capitaliste, analysé par Karl Polanyi[3], qui prétendait que les relations sociales ne sont plus encastrées – ou enclavées, subordonnées, moulées – dans le système social, à partir du moment où le marché est devenu une instance autorégulatrice (LÉVESQUE ET AL., 2001).

Mark Granovetter (2000) et Richard Swedberg (1997) démontrent l'influence des réseaux sociaux dans le marché du travail par les postulats

2 On ne peut ignorer le développement d'une nouvelle sociologie économique francophone (le mouvement anti-utilitariste dans les sciences sociales [MAUSS], l'approche de l'économie solidaire et l'approche institutionnaliste de la régulation et des conventions). Cependant, les premiers entretiens (1998) relevaient l'importance des relations interpersonnelles, d'où la préférence accordée à Mark Granovetter et au concept d'encastrement selon lequel le monde économique s'appuie sur des relations interpersonnelles.

3 La notion d'*embeddedness* a d'ailleurs été proposée par Karl Polanyi (GROSSETTI ET BES, 2002).

suivants: 1) Toute action économique est une action sociale. Ainsi, « contrairement à la conception des économistes, la dimension sociale de l'action économique ne constitue pas seulement une entrave à une rationalité maximisatrice: elle est constitutive de toute action économique» (LÉVESQUE ET AL., 2001, 129). A la finalité économique s'ajoutent la quête de reconnaissance, de statut, de sociabilité et de pouvoir. 2) L'action économique est socialement située car les individus sont en contact les uns avec les autres et s'influencent donc mutuellement. 3) Les institutions économiques sont des constructions sociales. L'institution s'explique par son histoire: « elle résulte ainsi de la cristallisation de certaines relations personnelles particulières qui ont assumé la fonction de mettre en forme une solution historique» (LÉVESQUE ET AL., 2001, 129).

De manière générale, la nouvelle sociologie économique tente de rendre compte de l'économie comme « totalité sociale» et critique en cela une sociologie économique, qui « s'est progressivement spécialisée sur ce qui arrive en amont de l'activité économique, comme c'est le cas des conditions socio-économiques du développement, ou sur ce qui se produit en aval avec, par exemple, les études d'impacts du développement économique» (LÉVESQUE ET AL., 2001, 17).

En ce sens, la nouvelle sociologie économique se rapproche des critiques émises au sein de la science régionale.

1.1.3. Sciences and technologies studies: *la dimension sociale de la technologie*

Les *sciences studies* définissent la science comme une activité sociale. Robert K. Merton est considéré comme le précurseur d'une sociologie des sciences dites modernes, puisqu'il est le premier à définir la science, à la fin des années 1930, comme une institution sociale reposant sur des normes et des valeurs (DUBOIS, 1999).

Dans les années 1970, poursuivant les propositions de Robert K. Merton, ainsi que celles de Thomas Kuhn, les discussions portent principalement sur deux thématiques: les déterminants sociaux de la connaissance scientifique (Barry Barnes, David Bloor et Harry Collins) et les pratiques de recherche en laboratoire (Bruno Latour, Karin Knorr-Cetina, Steeve Woolgar), ces derniers proposant une description de la recherche en action.

Aujourd'hui, nombreux sont les sociologues, historiens, géographes qui, plongeant dans les réflexions de Kant, Foucault, Wittgenstein, Bachelard ou Kuhn, réaffirment la thèse constructiviste selon laquelle «les connaissances ne sauraient être réduites à de simples enregistrements des résultats fournis par les expériences», comme le rappelle Bruno Latour dans son introduction à l'ouvrage collectif (CALLON ET LATOUR, 1991) regroupant les textes fondamentaux du courant STS.

Le courant STS (Science, Technique et Société) est issu de cette remise en question du statut de la science. Dès ses débuts, cette approche s'est opposée à un déterminisme technologique (FLICHY, 1995, pour un aperçu multidisciplinaire; SMITH, 1994 pour un aperçu historique) qui consiste à appréhender la technologie et la société comme deux mondes distincts et opposés, la technique étant extérieure à la société. Ce courant multidisciplinaire a pour principal intérêt la construction (historique, politique, sociale...) de l'objet technologique. Il rappelle la nécessité de rester critique à l'égard de toute nouvelle technologie, qu'on la recherche ou qu'on la rejette. Démarche descriptive qui tente de rendre compte des liens entre acteurs, l'approche STS se veut aussi prescriptive, sous la forme d'évaluation des choix technologiques *(technology assessment)*, en analysant l'interaction entre une technologie et la société ou en organisant des conférences de consensus invitant les citoyens à débattre de faits scientifiques[4]. Il s'agit de profiter de l'incertitude ou de la controverse pour coordonner la connaissance des scientifiques et celle des citoyens et non pas simplement d'évaluer les impacts d'une nouvelle technologie pour en faciliter son adoption.

En définitive, les *sciences and technologies studies* conçoivent conjointement la construction de la technologie et sa diffusion.

A relever également l'*économie évolutionniste*, nommée aussi l'économie du changement technique (FORAY ET FREEMAN, 1992; HERAUD ET KERN, 1997), car elle influence la géographie économique, la science régionale et des croisements existent avec la nouvelle sociologie économique. Ces économistes, principalement sous l'influence de Nathan Rosenberg (1984), admettent l'importance des relations entre science, technique et firmes et ne considèrent plus la science et la technique comme des facteurs exogènes à la dynamique économique. Nathan Rosenberg va plus loin que

4 Des PubliForums sont organisés en Suisse par le Centre de TA *(technology assesment)* Suisse.

Thomas Kuhn. Ce dernier avait établi une symétrie entre des théories scientifiques, mais la science restait pour lui une tour d'ivoire (BIDARD, 1992). Nathan Rosenberg introduit les laboratoires scientifiques dans les analyses des interactions et Devendra Sahal les objets techniques; des éléments jusque-là négligés par les économistes. L'entrepreneur est dès lors défini comme un collectif d'acteurs hétérogènes et non plus comme un individu génial (BIDARD, 1992). Par conséquent, les évolutionnistes ouvrent, dès les années 1980, leur réflexion à des acteurs hétérogènes. Aujourd'hui, ils forment le courant influençant le plus la politique de l'OCDE (Organisation de coopération et de développement économique), sans toutefois s'interroger sur la légitimité de l'intervention politique.[5]

Dès lors, où se situent les géographes concernés par les réseaux d'innovation?

Les géographes de l'innovation sont essentiellement présents en science régionale. Depuis peu, ils s'intéressent à la nouvelle sociologie économique et laissent plutôt leurs confrères culturalistes, féministes, environnementaux, sociaux (dont notamment Michel Lussault, Valérie November, Nigel Thrift) s'appuyer sur la sociologie des sciences et des techniques et partager les thèses de Michel Callon et Bruno Latour sur le rapport nature-culture. La *géographie de l'innovation* (DOLOREUX, 2001; FELDMAN, 1994; MASSARD, 1997) est en effet davantage influencée par la théorie économique et les travaux de Schumpeter. Il s'agit d'analyser le rôle des activités de recherche et de développement dans la compétition économique entre firmes et dans la croissance en général. La géographie de l'innovation, comme l'économie évolutionniste, accordent encore un rôle prédominant aux modèles mathématiques et à la biologie, ce qui les amène à concevoir la réalité en termes biologiques, d'adaptation à un environnement.

Nous soulignons le fait que chacun de ces grands courants est en soi l'expression de rencontres disciplinaires. Les économistes évolutionnistes partagent avec les sociologues et anthropologues de la science et des techniques et les auteurs du GREMI certains points communs: la complexité des réseaux d'innovation (acteurs nombreux et de toutes sortes), les acteurs hétérogènes (laboratoires et objets techniques compris), le caractère

5 Point soulevé par Vincent Mangematin au colloque « Penser les politiques de recherche et leur institutionnalisation », organisé par l'Institut Européen de l'Université de Genève et l'Observatoire Science, Politique et Société de l'Ecole polytechnique fédérale de Lausanne, au Château de Coppet (Suisse), les 8 et 9 octobre 2003.

collectif de l'innovation (rupture avec l'individu génial) et le caractère progressif d'un système technique (modelage de l'innovation).

Ces courants s'opposent aussi. Les évolutionnistes et les géographes de l'innovation analysent dans le détail les relations interfirmes et admettent l'importance des interactions entre la technologie et l'économie. Par contre, ils n'expliquent pas comment, ni pourquoi, les interactions naissent. Les sociologues des sciences et techniques et de la nouvelle sociologie économique proposent de le faire par ce qu'ils nomment «la genèse du couplage» (CALLON ET LAW, 1989, 5; GROSSETTI ET BES, 2001), c'est-à-dire l'origine des relations et leur évolution.

De leur côté, les sociologues reprochent aux évolutionnistes le déterminisme technologique des économistes présent dans leurs études d'impacts de la technologie. A leur tour, les économistes accusent les sociologues de faire table rase de tout processus cumulatif. Ian Miles se veut conciliant: «Peut-être la technologie n'a-t-elle pas de dynamique intrinsèque, peut-être ne génère-t-elle pas de trajectoires naturelles qui lui sont propres, mais elle ne peut pas non plus être considérée comme une table rase, comme une page blanche sur laquelle on peut écrire ce que l'on veut» (MILES, 1993, 449).

Nous nous appuyons sur ces courants qui, malgré notre classification tripartite, se contredisent, se chevauchent, se critiquent dans la définition des acteurs, leurs comportements et leur action – dans notre cas celle d'innover – dans leur méthode… mais se complètent. Ces aller-retour d'une discipline à l'autre nourrissent de nombreux écrits et colloques sur le thème de l'innovation et s'inscrivent sous fond de société, dont la définition même est sujette à discussion. Pour les structuralistes, elle est un cadre, une structure, un milieu dans lequel les acteurs sont immergés, alors que pour les constructivistes, la société est en voie de transformation continuelle, un *achievement* (CALLON, 1999A, 408).

Des différences s'expriment aussi dans la manière dont les approches issues de ces trois courants considèrent le rôle de l'espace – principalement par le concept de proximité – et celui des politiques publiques; comme nous le voyons dans ce qui suit. Ces sont des différences que nous attribuons à la définition de l'innovation, des modes d'interaction et des échelles d'analyse.

1.2. Les réseaux spatiaux et a-spatiaux

Comment ces trois grands courants définissent-ils l'innovation ? Quels sont les modes d'interaction susceptibles, selon eux, de créer des liens entre acteurs ? A quelle échelle d'analyse (sociale, spatiale) se réfèrent-ils ?

Les grands courants précités couvrent deux types d'analyse des relations technologiques : des réseaux spatiaux et des réseaux a-spatiaux qui se complètent dans une problématique relationnelle du développement technologique. A l'évidence, le premier groupe doit être retenu puisqu'il accorde explicitement un rôle à l'espace dans ses analyses. Le deuxième groupe, malgré son ignorance de l'espace, met l'accent sur l'interaction et permet une compréhension plus interactive du processus d'innovation.

1.2.1. Les réseaux spatiaux : l'innovation, l'espace et le territoire

Pour entrer dans la relation qui lie le processus d'innovation et l'espace, les géographes et les économistes régionalistes proposent plusieurs approches : les réseaux sociaux que nous privilégions, le besoin de proximité dont nous retenons certains apports et les externalités technologiques locales, que nous écartons. Ces travaux s'organisent autour de la notion de proximité.

Les réseaux sociaux

La première approche, celle de l'analyse des réseaux sociaux, est empruntée à la nouvelle sociologie économique. Elle aborde la construction des réseaux d'innovation, c'est-à-dire la reconstitution de la chaîne relationnelle qui structure ces réseaux. Selon Mark Granovetter (2000), les relations entre organisations sont encastrées dans des relations interpersonnelles et AnnaLee Saxenian (2000) considère que ces relations interpersonnelles sont locales[6]. Pour Michel Grossetti et Marie-Pierre Bès (2001), la mise en relation des acteurs s'explique par les trois logiques de marché, d'institution ou de réseaux professionnels (ESTADES, 2000). L'hypothèse est que

6 Anna Lee Saxenian (2000 pour une traduction française) adopte une approche des réseaux sociaux et de l'*embeddedness* de Mark Granovetter pour montrer que l'avantage de la Silicon Valley sur la Route 128 réside davantage dans la richesse d'un tissu de relations sociales locales que dans l'existence d'économies externes.

les relations locales de la science et de l'industrie sont principalement ancrées dans des réseaux sociaux, interpersonnels, à la fois locaux et non locaux. La proximité des acteurs est relative à la qualité de ces relations (compétences communes, expériences déjà partagées, parfois même confiance) et non à la fréquence des relations suscitées par une courte distance spatiale. Ces relations de qualité peuvent s'entretenir à distance.

Dès lors, l'impact des politiques publiques locales peut être variable. Il y a matière, pour les politiques publiques, à favoriser la constitution des réseaux professionnels ou de formation à un niveau local. Plutôt que de renforcer les interfaces de transfert de connaissances entre la recherche et le développement, ces politiques complètent les lacunes existantes en matière de formation et de profession et agissent ainsi en amont du processus de diffusion du savoir. Par contre, les politiques technologiques locales peuvent s'avérer contre-productives lorsqu'elles mettent en place des dispositifs que les acteurs locaux ignorent parce qu'ils n'ont pas d'intérêt à collaborer entre eux ou qu'ils disposent déjà de leur propre réseau et de leurs propres habitudes de collaborations (TORRE, 2001). Dans ce cas, la distance cognitive l'emporte et parmi les ressources offertes par le territoire, seules les ressources matérielles (infrastructures) sont utilisées.

Ce n'est par conséquent pas le rôle de la proximité – ses effets et ses besoins – qu'il s'agit de cerner, mais la genèse des relations, c'est-à-dire quand ces relations sont nées, entre qui et dans quels contextes. Les réseaux sociaux offrent alors une analyse relationnelle de la proximité.

Les besoins de la proximité

La deuxième approche, celle de l'économie de la proximité, examine les besoins de la proximité et non les effets de proximité. Elle ouvre les relations locales à des configurations spatiales multiples: les archipels formés des grands centres urbains de la recherche (VELTZ, 1996), les diasporas de chercheurs immigrés (GAILLARD ET GAILLARD, 1998) et les systèmes locaux, dont les milieux innovateurs (CREVOISIER, 2001). Par les différentes formes de proximité– proximité spatiale (géographique), proximité organisationnelle – l'économie de la proximité montre que les processus de localisation et globalisation sont complémentaires et non contradictoires.

A l'échelle locale, l'économie de la proximité émet l'hypothèse que la proximité spatiale n'est pas toujours nécessaire à la coordination entre acteurs et à l'élaboration de projet d'innovation (RALLET ET TORRE, 1999).

Elle peut même en être un facteur répulsif. Le besoin de proximité doit être analysé en fonction du type de secteurs, de la maturité de la firme, comme nous l'avons souligné dans une étude du secteur biomédical lausannois (CEAT, 2001). Il ressort aussi que la dimension temporelle et les facteurs subjectifs sont essentiels dans l'interaction des acteurs, analysée en termes de localisation ou de proximité.

L'économie de la proximité (GILLY ET TORRE, 2000) relève également la difficulté de définir déjà ce qu'on entend par «local»; ensuite elle nuance l'application purement locale des politiques technologiques, de type parc technologique ou technopole, dont les limites ont déjà été analysées (BENKO, 2000; GROSSETTI, 1995). De plus, les jeux de superposition et d'imbrication d'échelles rendent d'autant plus difficile l'élaboration de politiques technologiques car elles répondent à une logique de «poupées russes» ou logique d'emboîtement.

Cette analyse interactive est essentiellement orientée sur la firme, considérée comme l'acteur-clé, ou tout au plus sur un secteur. Proche en cela de l'économie évolutionniste et l'économie industrielle, l'économie de la proximité considère que la capacité innovatrice est avant tout attribuée à l'entreprise ou à un réseau de firmes, qui puise dans son environnement les ingrédients nécessaires à l'innovation. Le territoire est tantôt un support (pour l'économie industrielle), tantôt une forme organisatrice de la production (pour l'approche des milieux innovateurs), mais de toute façon un puits de ressources, notamment relationnelles, dont on explique insuffisamment la constitution. En ne mettant pas sur un même pied d'égalité la science, la technologie et l'économie, elle ne peut pas comprendre comment la proximité contribue à une convergence d'intérêts, à la construction de pratiques communes, de langage partagé... mais aussi à des divergences que peut susciter le rapprochement de domaines aussi différents (BRESCHI ET LISSONI, 2001; CALLON ET AL., 1995; TORRE, 2001).

En définitive, l'économie de la proximité propose une analyse fonctionnelle de la proximité. Elle rejoint ce que les géographes expliquaient déjà dans les années 1970 dans le rapport entre la distance kilométrique et la distance cognitive et les qualificatifs de la distance: métrique, affective, écologique... (BAILLY, 1985). En substituant le concept de proximité à celui de distance et en affirmant que cette proximité peut aussi bien favoriser que freiner l'interaction, l'économie de la proximité introduit dans le champ de l'économie ce qu'affirme la psycho(socio)logie de l'espace.

Les externalités technologiques positives

Quant à la troisième approche, elle a trait au caractère local des externalités technologiques positives – les effets de la proximité – et pose l'hypothèse d'une circulation de l'information favorisée par l'agglomération des acteurs (FELDMAN, 1994).

Nous nous écartons de cette approche, car elle démontre l'existence d'externalités positives, par la mesure d'impacts en termes de recherche et développement (R&D), d'emplois, de nombre d'innovations, sans expliquer comment les acteurs entrent en interaction les uns avec les autres. En effet, la notion d'externalités positives ou d'économies externes, proposée par Alfred Marshall, fait référence aux facteurs externes à l'entreprise, qui peuvent contribuer à une hausse de productivité. Il s'agit des avantages que la proximité procure à l'entreprise, sans que celle-ci ait eu à en supporter le coût. Selon Anne Lee Saxenian (2000), cette notion repose sur une distinction nette entre ce qui se fait à l'intérieur de l'entreprise et ce qui se fait à l'extérieur. De plus, la distinction théorique entre le savoir tacite[7] et le savoir codifié que cette approche adopte pour expliquer les flux de connaissance dans un contexte local, est difficilement observable dans les faits (BRESCHI ET LISSONI, 2001).

Ce courant va dans le sens de politique technologique soutenant les efforts de recherche et son transfert en vue d'un développement, alors même qu'aujourd'hui, certains acteurs politiques (COM, 2003) reconnaissent le peu d'effet d'un tel soutien sur les dynamiques d'innovation. De manière générale, la compréhension des relations locales par les externalités technologiques repose encore sur une vision classique de la diffusion de l'innovation qui consiste en un transfert linéaire d'information de la recherche vers le développement, occultant ainsi le processus de création de connaissance et d'innovation. Il reste qu'une telle approche répond davantage d'un modèle linéaire de l'innovation, même si d'un point de vue théorique, on admet, depuis Stephen Kline et Nathan Rosenberg (1986) l'interaction que nécessite l'innovation.

7 Les connaissances tacites sont des «Connaissances inséparables des pratiques collectives de travail qui les mettent en œuvre. Le producteur de connaissances tacites est naturellement protégé par le fait que celles-ci ne sont pas exprimables hors du contexte de production dans lequel elles sont produites» (PAVITT, 1992, 21). Par contre, les connaissances publiées relèvent d'une codification.

En définitive, les analyses des relations technologiques locales ne se résument pas à un transfert de connaissances ni à une différenciation théorique entre savoir codifié et savoir tacite. La mise en place pratique d'interfaces de transfert dans ses formes législatives (office de transfert, contrat de propriété intellectuelle) et dans ses formes spatiales (parc scientifique, technopole), peut s'avérer inopérante. On voit aussi que le concept de proximité a l'avantage de marquer à la fois la dimension spatiale et sociale et de montrer que la proximité spatiale peut contribuer aux rapprochements entre la science et l'industrie en facilitant, par exemple, l'accès aux infrastructures et aux rencontres de face-à-face, parfois fréquentes en début de projet. Les approches qui la traitent ne doivent donc pas être écartées. Mais à elle seule, la proximité ne permet pas de gommer la distance cognitive qui sépare des mondes aussi différents que sont la science, la technologie et l'industrie; une approche fonctionnelle de la proximité est insuffisante.

De plus, les qualificatifs que l'on ajoute à la proximité, en fonction des études existant sur le sujet, portent à confusion.

Pour comprendre ces mondes et leur mise en relation, il est donc nécessaire de s'appuyer sur les approches de la nouvelle sociologie économique (les réseaux sociaux déjà présentés) et également sur la sociologie des sciences et des techniques (les réseaux socio-économiques).

1.2.2. Les réseaux a-spatiaux: la science, la technique et la société

Les relations entre la science, la technique et la société sont la source d'analyses, à des échelles sociales et temporelles variées. Nous retenons les analyses de types STS (Science, Technique et Société) puisqu'elles expliquent la construction des interactions dans le court et moyen terme et également à l'échelle individuelle. Par contre, nous écartons les approches plus institutionnelles, qui se situent dans le long terme des rapprochements. Très souvent cités, l'analyse de la Triple Hélice et le modèle de MichaelGibbons ne sont ici que mentionnés.

Les approches STS de sociologie des sciences et des techniques

Les analyses de type STS permettent de dépasser une vision déterministe du développement technologique, vision selon laquelle la technologie domine l'humain, comme nous l'avons mentionné précédemment. Ces analyses montrent comment la science, la technologie et la société sont imbriquées et combien ces relations sont de plus en plus fréquentes et inévitables, au point de parler de «complexe socio-technique». Ces analyses regroupent aussi bien des historiens, des économistes que des sociologues. Parmi ces approches, nous retenons essentiellement la sociologie ou l'anthropologie des sciences et des techniques, pour définir le processus d'innovation.

La sociologie et l'anthropologie des sciences et des techniques se démarquent de la nouvelle économie des sciences et de l'économie évolutionniste par sa méthode, qui consiste à analyser «la science en train de se faire» en suivant les pratiques et stratégies d'acteurs, les controverses, ainsi que l'incertitude, qui caractérise tout processus d'innovation. Cette sociologie poursuit le «programme fort» de David Bloor et de l'Ecole d'Edinburgh, revendiquant un relativisme technologique et proposant une sociologie de la connaissance scientifique, c'est-à-dire une compréhension strictement sociologique du contenu et la nature de la connaissance scientifique (DUBOIS, 1999). Parmi les courants qui s'en inspirent (VINCK, 1995), nous retenons l'acteur-réseau.

Au sein de la sociologie des sciences et des techniques, la théorie de l'acteur-réseau du CSI (Centre de sociologie et de l'innovation), rattaché à l'Ecole des Mines de Paris, se distingue essentiellement des autres approches par la symétrie qu'elle instaure entre les acteurs humains et non humains (CALLON ET AL., 1995; LATOUR, 1989).

Le CSI (Centre de sociologie de l'innovation) nous interpelle davantage par l'explication conjointe du processus de l'innovation et de sa diffusion, telle que proposée dans un texte novateur des années 1980 (AKRICH ET AL., 1988).

Signalons aussi le *Social Shaping of Technology (SST)*, approche initiée par McKenzie dans les années'80 (MCKENZIE, 1996; ROSSEL, 1999), qui s'intéresse aux usagers et à la diffusion de la technologie par les usagers, par exemple dans notre étude, par cet usager-intermédiaire qu'est le corps médical. Ces auteurs se distinguent des auteurs de l'acteur-réseau par le fait qu'ils ne s'attardent pas à un acteur-clé de l'innovation, mais soulignent le rôle de plusieurs acteurs-clés, intervenant à différents moments de l'innovation.

Les analyses institutionnelles

D'autres approches illustrent les rapprochements entre les sphères du politique, de la science, de la technologie et de l'économie – la *Triple Helix* (Triple hélice) de Loet Leydesdorff et Henry Etzkowitz (1998), les deux modèles de Michael Gibbons (GIBBONS ET AL., 1994). La «triple hélice» fait référence aux trois institutions que sont l'Etat, l'université et l'industrie et pose l'hypothèse que le savoir naît de l'interaction entre ces trois sphères. Pour Michael Gibbons, un nouveau mode de production du savoir («mode 2») guidé par l'industrie et le politique balaie un ancien mode de production («mode 1») dans lequel l'université, dans sa tour d'ivoire, produisait le savoir[8].

En s'inscrivant dans le long terme et à l'échelle de collectifs tels que l'Etat, la société et de la technologie, ces approches présentent les réseaux d'acteurs comme une nouvelle forme organisatrice, oubliant quelque peu que des relations ont toujours existé entre ces milieux (ACOT, 1999) et que celles-ci impliquent, dans le court terme comme dans le long terme, non seulement des organisations, mais également des individus (GRANOVETTER, 2000). A leurs échelles d'observation (long terme et institutions), ces approches montrent également que les frontières entre les milieux académique, économique et technologique s'estompent de plus en plus. Dans ces nouvelles formes de représentation des relations entre la science, la technique et le marché, on part du constat que les collaborations entre la recherche académique et les entreprises se multiplient, au point de discuter la pertinence d'une frontière entre ces domaines. Cependant, selon Michel Callon (1992B, 72), le tracé des frontières entre les pôles et le degré de convergence du réseau sont mouvants puisqu'ils dépendent des comportements et des stratégies d'acteurs et des formes d'intermédiation qui lient les acteurs au sein d'un pôleet les pôles entre eux[9].

Par conséquent, ces approches globales des réseaux socio-techniques donnent une vision d'ensemble des rapprochements entre la science, la technique et l'économie et leurs échelles d'analyse (temporelle et institutionnelle) ne permettent pas de comprendre les mécanismes de coordination entre les pôles et les individus qui les composent.

8 Affirmation qui a suscité un large débat (PESTRE, 1999).

9 Sur cette question de frontières entre les mondes scientifique et notamment technique, se référer à Thomas Gieryn (1999).

1.3. Une vision plus ou moins consensuelle des relations

Nous remarquons que ces approches donnent une vision plus ou moins consensuelle des relations technologiques, alors que les réseaux soulèvent des divergences, à leur émergence, déjà par la variété des acteurs en présence. Comment expliquer cette conception différente des relations technologiques?

D'un point de vue épistémologique, nous voyons deux explications à cette orientation conflictuelle ou consensuelle: les orientations théoriques différentes entre l'économie et la sociologie et l'utopie de la cohésion sociale. Dès que nous procédons à une observation de terrain, des questions de définitions se posent.

1.3.1. Des orientations disciplinaires

Malgré les rapprochements que nous relevons entre les approches mentionnées, leur analyse des relations technologiques est toujours marquée par leur appartenance disciplinaire.

Dans une vision d'économie classique de la coopération, le seul conflit envisagé serait un conflit d'intérêt ou de distribution de bien-être (Gallaud et Torre, 2004). La coordination des acteurs serait synonyme de l'équilibre (Callon, 1999a; Lecoq, 2001). Pour l'économie classique, les débordements sont des obstacles au marché et doivent être au moins cadrés, à défaut d'être supprimés. Contrairement à l'économie classique, la sociologie montre que ces externalités sont déjà omniprésentes et en plus utiles. Elle souligne surtout l'impossibilité de cadrer et d'endiguer complètement ces débordements par des dispositifs législatifs et institutionnels. Ceci suppose que la clôture parfaite des interactions dans un cadre donné (par exemple, législatif comme la priorité intellectuelle, ou spatiale, comme le lieu ou le milieu, institutionnel comme la formation professionnelle) est impossible puisque les acteurs appartiennent simultanément à plusieurs mondes sociaux. Ce point de vue tempère le rôle de l'institution et le ramène à celui de «poteau indicateur» (Lecoq, 2001).

Delphine Gallaud et André Torre (2004) précisent que les approches économistes hétérodoxes (école de la régulation, économie évolutionniste) écartent également les conflits de leur analyse. L'approche marxiste le fait, mais en termes de classes.

La géographie de l'innovation et la géographie économique sont également marquées par cet objectif d'équilibre, à l'exception des courants postmodernes, représentés notamment par Alan Scott et Nigel Thrift, qui contestent ce point de vue par une analyse des dissymétries en termes de pouvoir et de conflits.

1.3.2. Une recherche de cohésion sociale

Ces approches et disciplines s'inscrivent dans des utopies divergentes. Jean-Pierre Dupuy, dans son ouvrage «Ordres et désordres» (1990), rappelle que la société européenne est marquée par un besoin de cohésion sociale, construit par l'utopie économiste de la société marchande, l'utopie socialiste et la philosophie du contrat social.

Selon Paul Villeneuve (2003), ces utopies (libéralisme, socialisme et communautarisme) sont associées à des échelles géographiques: l'individu à micro-échelle, la société à macro-échelle et la communauté à méso-échelle. En se référant aux écrits du sociologue Paul Bernard, Paul Villeneuve mentionne que ces utopies entretiennent un rapport dialectique dont naît un certain ordre social, même instable. Dès lors, le poids accordé à l'une ou l'autre de ces valeurs introduit des dérives, tout comme l'objectif d'une cohésion sociale à une certaine échelle engendre des perturbations à d'autres échelles: «La liberté individuelle triomphante provoque dislocation et polarisation; la poursuite unilatérale de l'égalité peut nécessiter une coercition extrême et produire une bien triste uniformité; et une solidarité excessive à une échelle géographique peut engendrer, à l'échelle supérieure, des réflexes tribaux et l'exclusion de l'autre» (VILLENEUVE, 2003, 171).

Paul Villeneuve met en doute le fait que la cohésion sociale soit plus facilement réalisable à l'échelle locale, de la ville ou de la région. Lorsque la question sociale est étudiée dans un contexte territorial, la cohésion sociale se transforme en sentiment d'appartenance, d'identité, de confiance, de solidarité…

1.3.3. Une question de définitions

Dans son explication, Paul Villeneuve met en évidence deux questions essentielles dans la définition de la dimension locale : l'échelle d'analyse et les valeurs qui sont avancées pour l'expliquer.

Nous savons que la richesse et la complexité des relations dépendent déjà de l'échelle d'observation géographique choisie. Pour les géographes, l'échelle locale met en évidence des relations complexes que ne laisserait pas voir une analyse à un niveau plus global (FERRAS, 1992 ; RACINE ET AL., 1980), sans être pour autant celle où se joue toute sociabilité (DI MÉO, 1991). Le danger réside toutefois dans l'association faite entre l'échelle spatiale la plus fine (ville, quartier...) et une forme de sociabilité.

La prise en compte de l'échelle temporelle pose également problème. D'après Bruno Lecoq (2001), la question de l'agglomération spatiale des activités de production et d'innovation et celle de la proximité qui lui est associée sont présentées comme le reflet d'une synchronisation des mécanismes de coordination dans le temps et dans l'espace. Les difficultés posées par une telle coordination sont sous-estimées, voire ignorées, alors que la coordination est par nature imparfaite puisqu'il n'existe pas une structure d'information donnée. La coordination est alors comprise comme « un processus continu d'ajustements » (LECOQ, 2001, 9).

Nous constatons aussi que les relations technologiques locales prennent une connotation plus ou moins consensuelle, en fonction de l'échelle sociale retenue. Une analyse des relations institutionnelles, à un niveau local, gomme les frontières et les divergences propres à chacune au profit d'une mise en réseau tendant vers une convergence et une stabilité des relations. L'accent mis sur les groupes (relations entre les firmes) accentue aussi les valeurs de cohésion et d'appartenance, d'où la mise en valeur des modes d'interaction que sont la confiance et l'identité. Une troisième difficulté est relative à la définition de l'innovation. Ces constats posés, nous allons dans la partie suivante rediscuter de la définition de l'innovation et du choix des modes d'interaction et de l'échelle d'analyse.

LES ÉLÉMENTS À RETENIR (CHAPITRE 1)

Les différentes approches que nous avons retenues comprennent des analyses centrées soit sur la dimension locale (réseaux spatiaux), soit sur la dynamique interactive (réseaux a-spatiaux). Les analyses des réseaux spatiaux mettent plutôt l'accent sur les convergences alors que des analyses a-spatiales des réseaux de la sociologie des sciences et des techniques soulèvent davantage les divergences.

Nous présentons, en figure 2, une synthèse de ce diagnostic. Les réseaux spatiaux considèrent l'innovation comme un processus économique que l'on analyse à partir du produit fini, les réseaux a-spatiaux de type STS – et en particulier de la sociologie des sciences et des techniques et de la nouvelle sociologie économique – analysent le processus d'innovation en cours, en montrant la construction des relations et l'évolution des comportements. Lorsque ces dernières approches prennent pour unité d'analyse l'individu, elles relèvent des antagonismes qu'une analyse par groupe ne permet pas de faire. En fonction de la définition de l'innovation et de l'unité d'analyse retenues, l'objectif politique varie également. Quand on soutient que l'innovation est un processus économique, on opte pour la création d'instances assurant une valorisation du savoir et son transfert de la science au marché. Par contre, l'innovation comprise comme construction sociale amène les politiques à intensifier les échanges et les collaborations, déjà à des fins de compréhension mutuelle et d'apprentissage et de foisonnement d'idées, dont on suppose qu'il naîtra certaines innovations. La configuration spatiale qui découle de l'ensemble de ces tendances prend la forme soit d'un milieu local caractérisé par une concentration d'acteurs et des valeurs communes, soit d'un milieu local constitué de milieux hétérogènes et multiscalaires. Un bon nombre d'approches spatiales des réseaux reconnaissent l'aspect multiscalaire des relations technologiques. Moins nombreuses sont celles qui analysent les divergences qui opposent des mondes sociaux au sein d'un même milieu géographique.

Figure 2. Des convergences et des divergences : une question de définitions

	Accent sur les convergences	*Accent sur les divergences*
Définition de l'innovation	Innovation = processus économique (analyse du processus d'innovation *ex post*, à partir du résultat, de la réussite)	Innovation = construction sociale (analyse du processus d'innovation en construction)
Unité d'analyse privilégiée	Région, collectif d'acteurs (*cluster*, milieu, secteur, firme, système d'innovation…)	Individus (personne)
Modes d'interaction	Savoir tacite-codifié, confiance, identité	Modes personnalisés, matérialisés, formalisés
↓	↓	↓
Configuration locale	Milieu local homogène (concentration d'acteurs, valeurs communes) ou milieux multiscalaires (sauts d'échelles)	Milieu local hétérogène (diversité et divergences d'acteurs)
Rôle du local	Divergences vers convergence	Alternance de divergences et de convergences
Objectif politique	Finalisation de l'innovation centrée sur la relation fonctionnelle entre science et marché	Intensification des réseaux centrée sur le foisonnement et l'apprentissage

La dimension locale des relations technologiques pose, à nos yeux, trois problèmes : la définition de l'innovation, le choix de l'unité d'analyse et la définition des modes d'interaction. En effet, nous remarquons que lorsqu'il s'agit d'expliquer la dimension locale des relations technologiques, notamment par le concept de proximité, la définition de l'innovation manque parfois ; les facteurs retenus sont essentiellement la confiance, le savoir et l'identité et l'unité d'analyse privilégiée est tantôt la région, tantôt les firmes, mais toujours des collectifs.

Nous estimons donc qu'il est nécessaire de prendre appui sur des approches non spatiales des relations technologiques pour définir l'innovation en tant que construction sociale, concevoir des modes d'interaction à la fois matérialisés, personnalisés et formalisés, et cela à partir des individus.

A cette fin, nous questionnons, en chapitre 2, les définitions proposées pour l'innovation et les modes d'interaction que sont le savoir, la confiance et l'identité.

Chapitre 2

Des définitions à questionner

Le processus d'innovation, au cœur des relations technologiques, est défini de manière variable: produit commercialisable, état provisoire de la technologie... Le rôle du local dans les relations technologiques est souvent défendu par la dimension tacite du savoir, le mode d'interaction privilégié de la confiance et le caractère identitaire des relations entre groupes, ignorant l'acteur individuel. Ces caractéristiques, regroupées par le concept de proximité[1], ont l'avantage de souligner la part informelle et non marchande des relations, mais à notre avis, le manque de définition de l'innovation et des facteurs avancés pour définir la part locale des relations tend à renforcer des déterminismes, dont pourtant chaque approche tente de se protéger.

2.1. La définition de l'innovation

Qu'est-ce que l'innovation et quel rapport entretient-elle avec l'espace dans la constitution des relations technologiques?

Dans ce qui suit, nous reprenons des concepts, des modèles et théories généralement acceptés en géographie de l'innovation et en économie régionale pour analyser le processus d'innovation. Cet effort sémantique nous permet de poser un cadre d'analyse utile à notre étude de cas et, à long terme, de prolonger et d'enrichir toute analyse future de l'innovation en géographie.

1 Couramment définie comme «faible distance», la proximité appelle à quelques précisions car «ce qui est proche n'est pas forcément ce qui est le plus près à vol d'oiseau, parce que la proximité géographique ne s'exprime pas seulement en unités de longueur, et parce que la proximité n'est pas seulement géographique, mais aussi économique, sociale, psychologique, culturelle... d'où le choix de parler ici *des* proximités» (HURIOT, 1998, 2).

2.1.1. Des interactions et une nouveauté toute relative

Les définitions de l'innovation et leur classification sont nombreuses (Gallouj et Gallouj, 1996), pour enrichir la thèse d'un développement régional et la nécessité d'une proximité géographique, notamment pour faciliter la transmission d'un savoir tacite (Lundvall, 1992). Nous reprenons les typologies les plus couramment utilisées pour définir l'innovation selon un facteur prépondérant *(push, pull)* ou selon son degré de nouveauté (incrémentale, radicale).

Une interaction et non des déterminations

Une première manière de définir l'innovation s'appuie sur les principaux déterminants du changement technologique (OCDE, 1992): d'une part, les déterminants scientifique et technologique, et d'autre part, le déterminant économique. Ces deux points de vue amènent à distinguer l'innovation de type *science based/push* ou *technology push* – impulsion exercée par la science et la technologie – et de *market push* – impulsion donnée par la demande. Ainsi, dans le premier cas, l'innovation aurait pour origine la pression des milieux scientifique et technologique locaux et pour laquelle l'université de Lausanne (UNIL) et l'Ecole polytechnique fédérale de Lausanne (EPFL) seraient les agents moteurs, et, dans le second cas, une innovation dictée par le marché plus global.

Dans cette manière d'analyser les interactions, la question est de savoir qui propose et qui dispose: les scientifiques et les ingénieurs qui proposent et le marché qui sélectionne, ou les acteurs économiques (entreprises, distributeurs et consommateurs) qui mènent le jeu et les scientifiques qui suivent? Joseph A. Schumpeter voyait déjà une médiation possible entre ces deux mondes en la personne de l'entrepreneur, individu suffisamment génial pour avoir à la fois un pied dans le monde économique et l'autre dans le monde scientifique. Or, avec la montée des réseaux et le cortège d'acteurs qui s'ensuit, il devient impossible d'attribuer aux uns ou aux autres l'impulsion:

> A vrai dire la distinction entre ces deux mondes devient artificielle. Elle cède devant l'apparition de réseaux qui lient des organisations et des acteurs hétérogènes: laboratoires publics, départements de recherche d'entreprises, centres techniques, utilisateurs pilotes, distributeurs. Cette évolution touche l'ensemble des secteurs industriels et des activités de service; elle est particulièrement nette dans le secteur de la santé (Callon, 1992a, 8).

L'innovation est bien un processus qui tente de résoudre des questions formulées par les milieux scientifiques et techniques et des questions posées par des exigences sociales et politiques. Dans le cas des technologies médicales, le problème est posé le plus souvent par la communauté médicale (anévrisme de l'aorte, resténose, dialyse, constipation chronique…) et formulé dans la littérature médicale. La réponse à ce problème est proposée par l'ingénieur ou par le médecin et/ou le biologiste. La science peut être aussi bien un acteur de début que de fin de cycle puisque «on demande à la science d'aider à régler ce qu'elle-même a déplacé» (PESTRE, 1999, 58).

Dans les faits, nous ne sommes plus dans une relation déterministe, mais interactive et les acteurs rencontrés n'expriment donc pas le projet d'innover en termes de dynamiques *poussées* par la science et la technologie ou par le marché, mais l'expliquent par une convergence d'intérêts: «L'idée de push ou de pull est contradictoire avec celle de réseau», selon Michel Callon (AKRICH ET AL., 1992, 57).

Nous le voyons, des stratégies s'imposent, qui relèvent de «l'art de l'intéressement» (AKRICH ET AL., 1988), et donc d'un jeu de négociations et de compromis entre une convergence et une divergence d'intérêts plus que d'une adaptation[2] entre acteurs multiples, à des échelles spatiales diverses (un marché commercial global, un marché de production local).

Un degré de nouveauté peu perceptible

Le deuxième type de définition de l'innovation concerne le *degré de nouveauté*. On qualifie l'innovation de radicale lorsqu'il y a création d'un produit ou d'un procédé totalement nouveau, et d'incrémentale lorsqu'il s'agit d'amélioration dans un contexte local d'un produit ou procédé existant. Ces définitions se réfèrent à un temps conçu dans la durée (cycle de vie du projet, degré de nouveauté), alors que l'innovation est ancrée dans des temporalités variables comme celles de la trajectoire des individus et de

2 Les évolutionnistes, selon Michel Callon et John Law (1989, 4), se contenteraient d'analyser les relations entre la science et le marché, en terme d'adaptation et non d'interaction. L'entrepreneur propose et le milieu valide et sélectionne les idées les meilleures: «Dans ce foisonnement permanent l'environnement (en particulier économique) sélectionne les solutions les mieux adaptées aux exigences du moment: la technologie propose et les contextes disposent». Cependant, les contextes, les milieux interagissent puisqu'ils ne sont pas figés.

technologies. Une innovation ne peut jamais être totalement radicale. D'ailleurs, face à la simple description des quelques objets techniques innovants que nos informateurs nous ont présentés (instrument de photothérapie dynamique, *stent* en angioplastie, dialyse péritonéale...), nous sommes dans l'impossibilité de définir de manière aussi drastique une innovation. Ces innovations prennent appui sur des technologies existantes tout en étant innovantes dans leur instrumentation, leurs applications et principes. Il nous est difficile d'isoler la dimension technique et d'analyser la technologie et l'activité d'innovation sous l'angle d'un résultat codifiable et transmissible.

2.1.2. Des configurations de réseau-projet en évolution

La classification la plus appropriée à l'explication des relations technologiques locales est celle proposée par Bernard Planque (1991) entre réseaux monofonctionnels et réseaux multifonctionnels, classification reprise par l'approche des milieux innovateurs. Cette classification tient compte d'une évolution possible des configurations de réseaux et se présente comme suit.

En phase initiale de projet, deux voire trois figurations de réseau sont possibles : soit les équipes se connaissent et souhaitent développer un projet, soit un projet est formulé par un pôle et doit ainsi associer une équipe. Dans l'analyse des projets européens Eureka et des programmes communautaires, Michel Callon et al. (1995) ajoutent un troisième cas de figure intermédiaire.

Les deux premières configurations correspondent à la distinction établie par Bernard Planque (1991) entre les réseaux multifonctionnels et monofonctionnels, distinction reprise par les milieux innovateurs pour valoriser la dimension locale du réseau d'innovation.

De l'équipe au projet, de l'amitié à la collaboration économique

Les équipes de recherche ou de développement qui ont déjà travaillé ensemble lancent un projet. Ce type de profil est caractérisé par l'absence de formalisation en phases initiales du projet et un réseau de petite taille. Ceci correspond au milieu innovateur, caractérisé par l'existence de réseaux locaux et d'un capital relationnel basé sur la confiance et regroupant principalement des PME. Ces réseaux multifonctionnels sont caractérisés par un haut degré d'incertitude, qui laisse encore difficilement imaginer ce que sera le produit final :

> On s'engage ensemble pour développer un produit ou une technique sans pour autant savoir ce qui en sortira [...] Les partenaires se connaissent plus ou moins directement et, souvent, on travaillé ou collaboré à des projets communs. Les différents protagonistes ont connu des trajectoires professionnelles assez semblables et sont issus du même milieu industriel. Il y a donc, à la base, des relations de confiance, de réciprocité, voire d'amitié entre les différents partenaires (CREVOISIER, 1998, 286).

Ce type de configuration naît du long terme des relations interpersonnelles, de proximité et d'amitié, si ce n'est de confiance, qui perdurent quelle que soit l'évolution du projet, vers un succès ou un échec, ce qui correspond à la dimension interactive de l'innovation. Elle repose sur l'appartenance à un même milieu (industriel, essentiellement).

Un projet cherchant équipes

Les grands programmes de recherche regroupent plusieurs projets sur une thématique. Dans ce cas, tout est à construire, aussi bien les équipes que le cadre conventionnel. Au départ, la méfiance prime entre partenaires (CALLON ET AL., 1995). Seul le projet est lancé.

La définition du réseau monofonctionnel de Bernard Planque (1991) se rapproche de cette configuration : « Ainsi, une entreprise qui rencontre un problème qu'elle a clairement identifié peut partir à la recherche d'un partenaire à même de le résoudre. Cette recherche peut se faire sans problème à longue distance. On sait ce que l'on cherche, on sait ce que l'on attend de la collaboration. La prestation du partenaire est par conséquent contrôlable » (CREVOISIER, 1998, 286).

Un cadre conventionnel préexistant

Ce troisième cas de figure est une alternative logique au deuxième cas. Afin de palier aux évolutions imprévisibles que comporte un programme de recherche, les acteurs – essentiellement les grandes entreprises – forts de leur expérience de collaboration, établissent un cadre conventionnel commun (CALLON ET AL., 1995).

Ce troisième type de relation introduit deux cadres conventionnels, qui se font à deux niveaux organisationnels et qui superposent donc deux structures de coordination. Il s'agit déjà d'un accord conclu pour le long terme, établi entre les instances directrices des organisations auxquelles appartiennent les partenaires. A cet accord de long terme se superpose un accord ponctuel, sur le projet et l'objet technique.

Dans les trois cas de figure – même dans le cas d'une action concertée entre des équipes qui se connaissent – il faut ouvrir le réseau déjà constitué à d'autres partenaires jugés cruciaux pour le déroulement du projet. Ce qui paraît contrôlable à première vue ne le sera peut-être plus par la suite. Olivier Crevoisier et Michel Callon signalent les évolutions imprévisibles d'un projet et les moyens que l'on tente, malgré cela, de mettre en place pour les endiguer, à défaut de les anticiper.

Nous retenons ces cas de figure, car ils sont évolutifs et suffisamment généraux pour nous permettre de retracer quelques liens existant entre acteurs locaux: projets antérieurs, contrats cadre. Nous verrons que le projet médical analysé adopte ces trois configurations.

2.1.3. Du modèle linéaire au processus interactif

Pour comprendre le rapport que l'espace et l'innovation entretiennent, nous définissons l'innovation comme un *processus* (FORAY ET FREEMAN, 1992, 20; GIBBONS ET AL., 1994, 24). L'innovation est à la fois artefact, connaissance et apprentissage. Ce processus est:

- *coproduit donc complexe* par les facteurs contribuant à l'innovation: le marché, la science, la technique, la demande sociale. Complexité engendrée par la technique et le nombre croissant de disciplines impliquées, d'où une transdisciplinarité nécessaire (GIBBONS ET AL., 1994), et par ses composantes sociales (compétitivité économique et acceptation sociale, deux éléments importants dans la santé);
- *interactif donc non linéaire*: la technologie traçant des allers et retours continuels entre la science et le marché, à savoir de la recherche fondamentale au produit, il faut représenter le processus d'innovation des modèles interactifs où interviennent les coproducteurs de l'innovation;
- *imprédictible et intuitif*, le développement de l'innovation tient aussi à la chance, à l'intuition ou au hasard (PORTER, 1996), autant de variables qui échappent à la gestion de l'innovation (programmes publics, gestion d'économie d'entreprise);

– *temporel et spatial* par les paradigmes scientifiques dans lequel le processus d'innovation s'inscrit, les savoir-faire produits localement, les relations de recherche à distance et les trajectoires des acteurs, les spécificités en technologies médicales sont le fruit de l'histoire régionale (CREVOISIER 1998; MAILLAT, 1994; ROSSEL, 1999) et de l'articulation de cette échelle à d'autres échelles.

Antoine Bailly[3] définit l'innovation à la fois comme un état d'esprit et un cheminement intellectuel qui se prête à la description et comme le résultat de ce cheminement que l'on veut mesurer. Pour définir la dimension locale des relations techniques, deux voies sont possibles: décrire le processus de médiation, mesurer ses impacts. Nous estimons que la mesure d'impact de l'innovation n'est possible que si l'on explique déjà le processus. Par conséquent, nous appréhendons l'innovation dans sa dimension relationnelle et la définissons comme un processus, un projet modelé dans le temps et dans l'espace, qui consiste à mettre au point un objet, au sens large. Cette définition simple, à première vue, ouvre sur la complexité des compétences[4] qu'elle met en jeu, c'est-à-dire des savoir-faire et des savoir-être. Elle ne suit donc pas la logique linéaire du passage de l'invention au marché (figure 3), définition donnée par l'économiste autrichien Joseph Schumpeter.[5] L'abandon d'un modèle linéaire (figure 3) au profit d'un modèle interactif est nécessaire.

3 Dans un article non publié.

4 «Du point de vue de leur contenu, les compétences ne se réduisent pas à une juxtaposition de connaissances formalisées (propositionnelles), de techniques, de savoir-faire, de savoir-être, de compétences sociales et culturelles (par exemple, la connaissance des pratiques et usages d'un milieu social particulier), de ‹recettes›, de points de vue sur les choses, d'intuitions, de réflexes et d'habitudes. Les compétences sont une combinaison pertinente de tout cela à la fois, résultant d'un processus de construction complexe; loin d'être figées, elles se modifient en fonction de leurs diverses mises en œuvre (elles s'accumulent, se renouvellent, se perdent, etc.)» (BERSET ET AL., 2000, 21).

5 Précisons que nous parlons de l'innovation de *produit* et excluons l'innovation organisationnelle (au niveau de l'organisation de l'entreprise et des méthodes de fabrication ou de commercialisation), sans prétendre que l'une n'influence pas l'autre. De même, en nous concentrant sur les technologies médicales, nous écartons les secteurs de la pharmaceutique (qui suit un processus linéaire, classique) et du génie génétique, mais il va sans dire que de nombreuses interactions relient ces divers secteurs.

Figure 3. Du modèle linéaire au modèle interactif

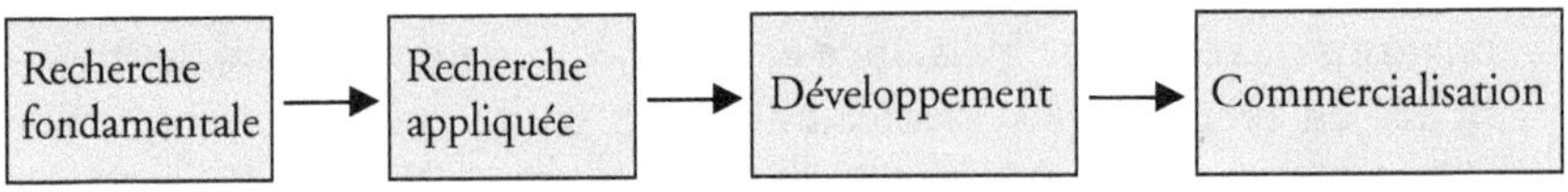

Ce modèle linéaire est fondé sur l'hypothèse que les nouveaux résultats scientifiques constituent la première étape de l'innovation, étape à laquelle succèdent l'invention technologique puis l'introduction de l'innovation. Il comprend donc trois phases successives : l'invention, l'innovation et la diffusion.

Quant au modèle de liaison en chaînes, très souvent cité, de Stephen Kline et Nathan Rosenberg, il représente la manière dont les innovations de procédés ou de techniques circulent dans et entre les réseaux économiques et scientifiques et se transforment au cours même de leurs circulations et utilisations afin d'assurer un succès commercial et technique. Il n'y a, par conséquent, plus de séparation entre invention, innovation et diffusion, conception et adoption se confondant.

Dans cette conception évolutionniste, le marché est prioritaire puisque l'entrepreneur détecte un marché potentiel, ce qui signifie que de l'idée au produit, un certain nombre d'intermédiaires s'approprient le projet d'innovation et l'influencent.

Ce n'est toutefois pas un modèle axé sur les multiples usagers-intermédiaires comme le défend le *Social Shaping of Technology* (ROSSEL, 1999). De plus, le modèle en chaînes s'arrête à la phase de réalisation du projet, ignorant la phase d'idéation, distinction que fait Olivier Crevoisier (1998, 290), alors qu'il n'y a de projet que celui qui comprend la conception et la réalisation.

Nous souhaitons comprendre comment les acteurs entrent en relation dans un processus d'innovation, car nous pensons qu'il est encore nécessaire d'expliquer la part interactive de l'innovation. En effet, si d'un point de vue théorique, le modèle linéaire est mis de côté en faveur du modèle interactif, au niveau politique cette vision n'est pas acquise, comme le mentionne un rapport de la Commission européenne : « Bien que le modèle systémique prédomine à présent dans les discussions politiques, de nombreuses mesures mises en œuvre en vue de promouvoir l'innovation semblent être davantage inspirées de la conception linéaire » (COM, 2003, 8). Il y a donc un décalage entre les premières approches interactives de l'innovation, proposée par Stephen Kline et Nathan Rosenberg au sein de la discipline économique et leur application politique, comme le relève ci-dessus le rapport de la Commission européenne.

Le modèle interactif de l'innovation remet en question le processus de diffusion compris comme l'adoption d'un produit fini. Il impose une construction des réseaux, conjointement à la diffusion de l'innovation. Il s'agit de comprendre *comment* un acteur s'approprie et dessine un projet ou une innovation – ce que les chercheurs du Centre de Sociologie de l'Innovation (CSI) de Paris nomment «l'art de l'intéressement» – et non de se contenter de savoir *s'il* l'adopte ou non: «Faire comme si le contexte socio-économique était connu une bonne fois pour toutes, le produit pouvant être défini en dehors de toute interaction avec lui, est contraire à tout ce que nous savons de l'innovation. Celle-ci est perpétuellement en quête d'alliés. Elle doit s'intégrer dans un réseau d'acteurs qui la reprennent, la soutiennent, la déplacent» (AKRICH ET AL., 1988, 16).

Les analyses de type STS d'innovations technologiques réussies ou échouées sont particulièrement instructives sur la manière dont la technologie et ses réseaux d'acteurs évoluent conjointement: le bourdonnement du réfrigérateur (SCHWARTZ COWAN, 1985), une navette nommée Aramis (LATOUR, 1993), la mesure de la longitude par le chronomètre d'Harrison (SOBEL, 1996). Ces analyses démontrent le fait que la réussite ou l'échec d'une technologie est due bien souvent à des facteurs autres que purement techniques (politique, financier...)[6].

6 Les professeurs Charles Hahn et Marcel Jufer relatent dans leur ouvrage leur difficulté à intéresser l'industrie, avant de recevoir en 1988 l'appui financier de Sulzer – multinationale d'origine suisse alémanique dont une division est spécialisée dans la production d'implants orthopédiques, cardiaques et dentaires – et du CERS (Commission pour l'encouragement à la recherche scientifique rebaptisée CTI). Ils disposaient pourtant d'un prototype testé de cœur artificiel, fruit d'une collaboration d'une dizaine d'années entre l'EPFL et l'Institut de recherches cardiovasculaires (IRCV) de Sion, en Valais. A cette occasion, les auteurs s'interrogent sur les compétences des experts médicaux et financiers à juger une innovation, dans un milieu où seuls quelques acteurs adhèrent au projet: «Le concept d'expert prête toujours à confusion, explique Marcel Jufer. Hormis les comptables, personne n'est expert. C'est une qualité qui est toujours attribuée par d'autres, d'autant plus que la personne considérée est proche de l'avis de celui qui lui attribue cette qualité!» (HAHN ET AL., 1991, 238).

Figure 4. Le modèle de la diffusion *versus* le modèle de l'intéressement

Modèle de la diffusion	*Modèle de l'intéressement*
Principe: un produit lancé sur le marché est adopté par la société en fonction des avantages qu'il procure	Principe: un objet n'est adopté que s'il parvient à intéresser des acteurs de plus en plus nombreux
Le produit s'impose; aux consommateurs de l'accepter	Le produit est transformé par les acteurs concernés
L'échec ou le succès tient à l'adaptation d'un produit défini à un public identifié (pas de remise en cause de la technique et des décisions qu'elle comprend) = une analyse technologique	L'échec ou le succès s'explique par les caractéristiques des techniques, c'est-à-dire des décisions qui contribuent à définir des groupes sociaux = une analyse socio-économique
La séparation innovation/ environnement socio-économique (objet face à une société ± réceptrice)	Les liens entre objet et acteurs qui le manipulent (objet saisi ou non par une série d'acteurs)
Logique linéaire: – étapes successives à chronologie fixe – seule adaptation du produit = complexification (fuite en avant) – repousser la critique et retarder la sanction.	Logique tourbillonnaire: – redéfinitions et adaptations multiples du produit jusqu'à compromis socio-technique – susciter les critiques pour surmonter les réticences.

Figure réalisée d'après Madeleine Akrich et al. (1988).

Pour l'instant, afin de fixer le cadre d'analyse d'interaction entre acteurs, la figure 4 synthétise les points essentiels présentés dans l'article de Madeleine Akrich et al. (1998). L'ensemble des éléments mentionnés dans cette figure précise ce que nous entendions précédemment par «construction sociale» (cf. la définition de l'innovation présentée en figure 2).

2.2. La trilogie de la proximité: savoir, confiance, identité

Le point 2.1 consistait à se demander comment définir l'innovation dans son rapport à l'espace. Ceci fait, une autre question s'impose: quels facteurs qualitatifs sont susceptibles d'expliquer le rôle du local dans les relations technologiques?

Pour définir la part locale des interactions entre la science, la technique et l'industrie, les auteurs mentionnés en aperçu théorique ont recours aux facteurs intangibles que sont tantôt le savoir, tantôt la confiance ou l'identité, facteurs qu'ils retiennent pour justifier le rôle de la proximité. L'argumentaire se fonde parfois sur une «trilogie de la proximité» dans laquelle les facteurs s'auto-renforcent au risque de perdre de vue le fait que savoir, confiance et identité sont aussi des constructions et non des donnés. C'est une manière d'affirmer que les relations entre individus ne se limitent pas à un calcul de coût-bénéfice individuel mais se rapportent aussi à un intérêt mutuel. Il s'agit alors de valoriser des facteurs non marchands construits collectivement et dans le long terme.

2.2.1. Le savoir codifié, tacite: une distinction difficile

Le débat sur les relations technologiques locales et le rôle de la proximité géographique dans les partenariats scientifique, technique et économique est souvent posé en termes d'accès au savoir. L'innovation y est présentée soit comme de la pure information, qui ne demande qu'à être codifiée pour mieux circuler et permettre ainsi une appropriation, soit comme un processus d'apprentissage localisé, attaché au contexte économique et historique. Les économistes évolutionnistes (HÉRAUD, 2000) et régionaux (MAILLAT, 1994) débattent de la question, notamment en termes de systèmes d'innovation nationaux ou locaux. Par les études empiriques sur les *clusters* de la haute technologie américaine (FELDMAN, 1994) et le concept d'externalités technologiques *(localised knowledge spillovers)* que l'on traduit par des connaissances produites dans un espace, les géographes mesurent statistiquement les effets de proximité. La *New Industrial Geography* (NIGs) et ses auteurs défendent une double idée. Le savoir transmis est avant tout tacite puisque fortement dépendant du contexte local. Peu transportable, ce savoir requiert la proximité physique (le face-à-face) pour être transmis. La proximité est donc une condition nécessaire pour bénéficier de ces externalités. De plus, les *clusters*, à savoir l'agglomération géographique d'organismes spécialisés dans une certaine technologie ou industrie, contribuent à l'innovation de manière plus efficace que des localisations éclatées. Ceci expliquerait le choix de localisation des entreprises de haute technologie près des centres publics de recherche et de développement et ferait de la proximité des centres de recherche le facteur essentiel de localisation et de contribution au savoir.

Malgré la force de ces arguments et l'ensemble des études de cas réalisées par ce courant, des critiques lui sont adressées et les limites suivantes sont relevées.

Les mécanismes de mise en œuvre de la proximité et non les effets

Ces études mesurent les avantages que procurent l'agglomération et la concentration d'activités de recherche et de production. Elles mettent donc en évidence les effets de proximité, en termes de R&D, de brevets, d'innovations ou d'adoptions de nouvelles technologies, mais elles n'expliquent pas les mécanismes qui sous-tendent les collaborations de proximité[7] (BRESCHI ET LISSONI, 2001).

Quant à présenter la proximité comme facteur essentiel de localisation, ceci est sujet à discussion. En effet, si Paul Krugman et les *New Economics Geographers* (NEGs) reconnaissent que les activités de production ont tendance à s'agglomérer dans l'espace, ils ne partagent pas avec les NIGs la conviction que cette concentration géographique favorise pour autant la transmission des savoirs, même si cette croyance joue un rôle important dans le choix de la localisation. A l'analyse historique des *clusters* ou technopoles, Paul Krugman (1991) conclut que les facteurs de localisation proposés par Alfred Marshall dans les années 1920 (concentration de main-d'œuvre qualifiée, économies d'échelles et flux de savoir technologique) sont toujours d'actualité et que seuls les exemples changent. Pour Paul Krugman, il importe davantage d'avoir les bonnes compétences au bon moment et au bon endroit. Il précise encore qu'il existe d'autres facteurs résultant de relations non marchandes. Ils ne peuvent être appréhendés par les modèles mathématiques de Paul Krugman.

7 Cette orientation est aussi présente dans la littérature francophone. Un certain nombre de communications reprenait cette question, lors des 3e Journées de la proximité « Nouvelles croissances et territoires », organisées par l'INRA et l'Université Paris Sud, à Paris, les 13 et 14 décembre 2001. Nous retrouvons chez les économistes industriels francophones – et donc dans le Groupe Proximité – le même argument sur l'impact de la proximité, dans la lignée des travaux anglo-saxons de Maryann Feldman.

Du savoir complémentaire et non exclusif

Une autre critique concerne la distinction entre le savoir tacite et le savoir codifié. Les échanges de savoir par des voies de communication formelles telles que publication, *courriel*, conférence ou colloque sont des formes codifiées. Cependant, le savoir transmis reste tacite. En effet, le langage utilisé est un jargon propre à tout milieu spécifique – milieu technique ou milieu scientifique – et s'acquiert lors d'expérience pratique. Le passage du «comment faire» (savoir codifié) au «comme le faire» (savoir tacite) nécessite un apprentissage commun. Par conséquent, ce savoir codifié et diffusé n'est compris que par ceux qui partagent ce langage (BRESCHI ET LISSONI, 2001; GROSSETTI ET BÈS, 2002; HOWELLS, 2002). Dès lors, ce qui paraît codifié à tout acteur extérieur – *«a broader social community»*: l'entrepreneur, par exemple, ou l'observateur – est un savoir tacite que partage un milieu spécifique *(«an epistemic community»)*. Ces savoirs sont complémentaires et non exclusifs. Il est ainsi impossible de distinguer empiriquement ce qui relève du savoir tacite et du savoir codifié.

On doit également être prudent concernant l'interprétation trop rapide des effets de la proximité sur la diffusion du savoir et sur le développement d'innovation à l'échelle locale. De manière plus claire, il ne suffit pas de supprimer la distance euclidienne entre les acteurs techniques, scientifiques et économiques pour en gommer les distances culturelles. Les liens étroits unissant les membres d'une communauté scientifique ou technique sont parfois distants physiquement et les points de vue sont même parfois divergents au sein desdites communautés. Cette dernière remarque est également le fer de lance des travaux de Alain Rallet et André Torre (1999) sur la proximité. Pour ces auteurs, la colocalisation des acteurs (proximité géographique) ne suffit pas au transfert du savoir tacite. Il faut d'autres supports tels que la mobilité des personnes et la proximité organisationnelle. Ils distinguent ainsi la proximité géographique, définie comme la localisation des institutions sur un site ou un lieu déterminé où des relations quotidiennes de face-à-face sont possibles, de la proximité organisationnelle caractérisée par l'adhésion ou l'appartenance à une même entité, par exemple dans le cas de relations entre communautés de chercheurs et d'ingénieurs à plus ou moins grande distance. Ce n'est pas le fait d'être face à face qui prévaut, mais le projet que l'on a, ces liens organisationnels étant localisés ou non. Géographique, organisationnelle… la proximité ainsi qualifiée recouvre la diversité relationnelle mise en évidence il y a quelques décennies par les géographes[8].

Ces critiques montrent que, d'une part, l'opposition faite entre savoir tacite et savoir codifié pour justifier le rôle de la proximité et valoriser les relations locales n'est pas appropriée, puisque ces formes de savoirs, loin d'être opposées, sont complémentaires. D'autre part, la distinction que font Stefano Breschi et Francesco Lissoni entre *epistemic community* et *broader social community* est essentielle. Des communautés différentes (les communautés technique, scientifique et économique), localisées à faible distance géographique, sont suffisamment spécialisées pour ne pas partager les mêmes codes et valeurs. Par conséquent, on ne peut adhérer ni à une théorie de la localisation où celle-ci est justifiée en fonction des externalités possibles, ni à une théorie de la diffusion du savoir construite sur des relations présumées existantes.

2.2.2. La confiance: lien interpersonnel et ordre social

La proximité et la confiance évoquent une relation et se renforcent l'une l'autre quand elles viennent expliquer des relations technologiques ou, de manière plus générale, un développement local ou régional. Pour défendre la proximité, on recourt alors à la confiance et pour expliquer la confiance, on s'appuie aussi sur des relations de proximité. Une large littérature sur la confiance est produite, essentiellement par les économistes industriels[9] s'intéressant à l'espace plutôt que par les géographes, et les économistes spatiaux s'intéressant à l'entreprise et aux formes d'organisation. Au sein de ces disciplines et des courants qu'ils ont engendrés (district industriel, milieu innovateur, dynamiques de proximité…), la confiance revêt quelques nuances allant d'un intérêt mutuel minimal à un esprit communautaire,

8 Pour une synthèse sur le concept de distance et les divers qualificatifs qu'elle comporte (géométrique, écologique, temporelle et affective), se référer à Antoine Bailly (1985).

9 A cet effet, les contributions du Groupe « Dynamique de proximités » permettent de clarifier cette notion (Gilly et Torre, 2000). Elles sont le reflet tant d'une réflexion théorique que d'analyses empiriques lancées dans les débuts des années 1990 et sont à resituer dans leur discipline économique et leur intérêt prioritaire pour l'entreprise.

tantôt relative à des relations de personne à personne, tantôt associée à une communauté, à un ordre social.

Anticiper le futur: confiance et défiance, conflits...

La confiance présente l'avantage d'anticiper le futur et de pérenniser le système productif local par la constitution d'un capital relationnel. Elle relève du principe de réciprocité propre aux relations de personne à personne et du principe de solidarité caractérisant un milieu. La réciprocité gère l'incertitude en diminuant les dépendances à l'égard d'autres acteurs, la solidarité assure une pérennité, une cohésion sociale face à d'autres milieux.

Le risque est cependant de croire que les relations sociales de confiance maintiennent à elles seules une cohérence de la vie économique, du système territorialisé. En effet, un argument majeur, retenu et critiqué par André Torre (2000), est que la confiance interindividuelle est un substitut à des formes plus codifiées ou formalisées de relations au sein de la firme ou interfirmes, dans le cadre d'un système de production.

Pérenniser le système collectif: un ordre social discutable

Dans les approches régionales, André Torre (2000) relève un présupposé commun selon lequel les relations de confiance et de coopération qui unissent les acteurs locaux permettent un consensus dans les choix de développement et assurent une pérennité au système local. La confiance est, dans ce cas, le fruit d'une histoire commune au sein de groupes culturels. Ceci constitue un système de valeurs communes propres aux systèmes de production locaux, des relations de confiance relatives à ce que Gabriel Colletis (IN HURIOT, 1998, 137-138) nomme «une proximité de représentations» correspondant à la reconnaissance de normes et de valeurs communes:

> «Cette troisième forme de proximité est une condition des coopérations. Elle en est aussi un résultat: deux acteurs qui coopèrent avec succès créeront une relation de confiance qui, à l'avenir, les ‹rapprochera›, facilitant de nouvelles coopérations». Ce qui confirme «qu'il ne suffit pas que deux organisations soient proches dans l'espace et que leur portefeuille d'activités soit complémentaire ou substituable pour que spontanément ou mécaniquement ces deux organisations coopèrent ou coordonnent leurs activités».

La confiance est en quelque sorte, selon l'expression de André Torre[10] «un nécessaire lubrifiant des relations sociales» qui construit et maintient une solidarité entre acteurs. Dans l'approche des milieux innovateurs, la confiance est synonyme d'ancrage historique, d'homogénéité culturelle ou d'identité collective commune et de proximité géographique. La confiance est donc liée au territoire et à l'idée d'appartenance, d'identité corporative ou régionale. Nous en discutons dans ce qui suit.

2.2.3. L'identité: appartenance des acteurs et cohésion sociale

Les approches qui traitent de la confiance et du territoire mettent plus d'emphase sur la dimension collective et culturelle de la confiance. La confiance collective est associée à des valeurs partagées, à une identité commune. Les valeurs sont souvent évoquées. Elles font référence tantôt à des modes de faire, à des règles de comportements qui régulent l'interaction au sein d'un groupe réuni dans la phase de structuration d'un projet (Callon et al., 1995) ou dans un milieu (Crevoisier, 2001) et tantôt à des grandes thématiques érigées en un système de valeurs qui guident l'action des acteurs (Gumuchian et al., 2003): le développement, la croissance, le savoir, la cohésion sociale. Cette confusion des registres rend l'observation empirique difficile. Elles comportent une face organisationnelle (le paradigme organisationnel du milieu innovateur et les accords de Michel Callon) et idéelle (le territoire des géographes).

Une représentation à l'interne, une compétitivité à l'externe

L'identité est à ce sujet une notion plus précise. Elle est définie comme étant l'un des leviers dont disposent les acteurs territoriaux pour valoriser ou déjà construire un projet commun (Gumuchian et al., 2003, 66). Les acteurs jouent donc de l'identité et de la double face matérielle et idéelle du territoire, à l'interne et à l'externe du territoire, avec des finalités différentes. La première finalité est relative au fonctionnement interne du territoire puisqu'elle consiste à insuffler un sentiment d'appartenance aux acteurs afin de créer ou de renforcer les liens qui les unissent. L'identité est ici synonyme du sentiment d'appartenance. La deuxième finalité consiste

10 Empruntée à Kenneth J. Arrow.

à positionner le territoire à l'externe, face à d'autres territoires. Il s'agit de rendre lisible sa spécificité et de jouer ainsi la concurrence avec d'autres territoires. L'identité est une stratégie de valorisation d'un projet commun qui renforce la clôture par la création d'un sentiment d'appartenance tout en assurant l'ouverture par la création d'une spécificité concurrente. Le milieu innovateur en tant qu'idéal-type regroupe ces deux formes de représentation à l'interne et vis-à-vis de l'extérieur. Il est «le juste milieu» entre des projets multiples élaborés par ses acteurs et un projet régional commun, entre ce projet commun et des projets à l'échelle internationale.

A la recherche d'une cohésion sociale

Cette conception de l'identité nous pose problème au regard des pratiques spatiales et réticulaires des acteurs. En effet, celles-ci ne sont plus circonscrites à un milieu géographique. Parlant de la confiance collective – que nous associons à l'identité – André Torre se réfère à Mark Granovetter et estime que la confiance comprise comme ordre social est fortement dépendante de la taille du groupe, pour autant que les réseaux ne se chevauchent pas afin que l'apprentissage et la diffusion de normes sociales soient assurés: «Le partage d'une identité commune ne suffit pas à instaurer des rapports de confiance dans la relation économique. Seuls les réseaux comportant un petit nombre d'individus permettent ceci, sinon la confiance se perd et se dilue. Pour autant, de tels systèmes ne se trouvent pas à l'abri d'une déstabilisation brutale, consécutive à l'irruption d'agents porteurs d'autres normes de conduite» (TORRE, 2000, 388).

Les deux conditions de petite taille et de clôture propices à la reproduction de normes au sein d'un groupe ne relèvent plus aujourd'hui d'une échelle géographique spécifique. Petite taille et clôture sont des caractéristiques encore propres à des clubs ou réseaux dont l'accès est soumis à une réputation, à une certaine éthique. Si des conditions de localisation sont fixées à l'accès de ces réseaux et que leurs membres participent aux orientations régionales, cette influence n'est pourtant pas assimilable à la création d'une identité locale[11].

11 Même dans les milieux les plus caractéristiques. Par exemple, dans l'analyse du milieu mafieux sicilien, Giovanni Falcone et Marcelle Padovani (1991) démystifient les valeurs et codes de famille. Ils montrent aussi comment la confiance est nécessaire pour éliminer un des leurs; preuve que la confiance est à double tranchant.

A la recherche d'une cohésion sociale, les défenseurs du local, y compris les géographes tentent encore d'associer une échelle géographique à une identité collective, alors que la communauté ne crée plus une identité stable pour l'ensemble de ses individus et que la question devrait porter sur la construction conjointe d'identité collective et des identités individuelles.

2.3. Le spectre des trois déterminismes

Procéder à une analyse qualitative des relations technologiques amène parfois à défendre une nécessaire course à l'innovation, à surestimer la confiance, à croire que tout peut se faire au niveau local. Est-il possible que les analyses des relations technologiques locales puissent encore être déterministes?

Les analyses expliquées précédemment n'établissent pas de lien direct entre un processus d'innovation et un facteur spatial ou relationnel. En ce sens, elles ne peuvent être qualifiées de déterministes. En effet, les analyses des réseaux spatiaux permettent de situer la place du local dans le global. Elles dénoncent le leurre d'un «village planétaire» de Marshall Mc Luhan. Les analyses a-spatiales de leur côté montrent que la technologie ne domine pas l'homme comme le prétendait Karl Marx.

Pourtant, une tension persiste dans les discours et argumentations entre un déterminisme que l'on ne souhaite plus et un constructivisme vers lequel chacun voudrait tendre. Dès lors qu'il s'agit d'expliquer la dimension non marchande, locale des relations technologiques, certaines formes de déterminismes persistent dans l'explication des relations technologiques locales.

Le déterminisme technologique est relatif au développement technologique et renvoie à la définition de l'innovation. Le déterminisme structurel prend forme en fonction des modes d'interaction choisis pour définir la part locale des relations technologiques. Quant au déterminisme spatial, il soulève la question de l'articulation entre l'échelle locale et d'autres échelles et également la question de l'adéquation entre une configuration spatiale et une structure sociale.

2.3.1. *Le déterminisme technologique: entre optimisme et scepticisme*

Les formes de déterminismes technologiques sont variées et subtiles, comme le démontrent les analyses STS[12], raison pour laquelle nous pensons qu'il est difficile d'y échapper. Expliqué succinctement, le déterminisme technologique consiste à séparer la société de la technologie. Cette séparation des deux mondes entretient des mythes, dont le «mythe du savant fou» selon lequel un génie seul dans son laboratoire, dans son garage ou dans son grenier innove par le plus grand des hasards ou, à l'opposé, le mythe du «réseau ubiquiste» confondant la diversité des nouvelles technologies de la communication avec la qualité de communication offerte. L'importance accordée aujourd'hui à la mise en réseau tend plutôt vers le deuxième mythe.

Deux cas de figure illustrent cette séparation entre deux mondes: la course à la technologie et la domination de la société par la technologie. Dans le premier cas, on affirme que toute technologie est bonne à prendre et meilleure que la précédente. Dans le second cas, on voit dans ses développements une menace pour la société. Une trajectoire comme l'autre se réfère à la définition de l'innovation comme un produit fini et au modèle linéaire de l'innovation: invention, innovation, diffusion, à savoir une suite d'étapes qui amènent à l'adoption ou au refus du produit fini. Nous avons vu, pourtant, que ce modèle est théoriquement largement combattu depuis les analyses de Bruno Latour et Michel Callon et de Stephen Kline et Nathan Rosenberg. Dans les analyses des relations technologiques locales, des formes de déterminisme resurgissent, que nous illustrons par deux exemples.

La compression de l'espace-temps

Une première forme de déterminisme technologique réside dans la compression de l'espace-temps, notion proposée par David Harvey (1990) pour illustrer la circulation accélérée des biens et des humains relative au développement des technologies de communication et exprimer les désorientations spatiales et temporelles qui s'ensuivent pour les individus. Il se

12 Se référer à Dominique Vinck (1995) pour une synthèse et au *Handbook of science and technology studies* (JASANOFF ET AL., 1995).

dessinerait une fin de la géographie (O'Brien, 1992)[13] puisque les individus communiquent instantanément avec le reste du monde. Cette représentation du rapport à l'espace est relative aux nouvelles technologies de la communication: les individus adoptent ces technologies et naviguent à travers le monde ou ils les rejettent par choix ou par ignorance et sont mis à l'écart. Avec ce type d'argument, on surestime les effets d'une technologie – elle est bonne, donc elle ne peut être qu'adoptée – et on retient une catégorie d'individus particulièrement mobiles – une certaine élite de la population. Jeremy Stein le confirme (2001, 107):

> This is a form of technological determinism. The danger here is to assume and to exaggerate the consequences of technology. Are new technologies always faster and more efficient than earlier ones? Moreover, do interpretations of time-space compression that see it resulting from improvements in technology risk ignoring the social processes in which technology is embedded?

Pour éviter cette simplification, les auteurs de la géographie de l'espace-temps, dans la lignée de Torsten Hägerstrand, rappellent que plus on voyage, moins on dispose de temps pour d'autres activités. Les trajectoires spatio-temporelles des individus le montrent. Ceci est à garder en mémoire lorsque dans une construction du savoir, on argumente que la disponibilité de moyens de transports et de communication rend les individus mobiles et ubiquistes.

A notre avis, cette représentation de «réseau ubiquiste» souffre du même excès que celle du chercheur dans son laboratoire, car entre le local et le global, les chaînes d'interactions qui lient les individus et leurs technologies sont occultées: qui a participé au développement de cette technologie, grâce à quel argument et par quel intermédiaire ces acteurs sont-ils entrés dans ce réseau et qui se déplace? Nous déplorons le fait que, par les mythes du savant fou ou du réseau ubiquiste, la construction sociale de la technologie ne soit pas expliquée et qu'une séparation entre le monde de la technique et la société soit maintenue.

13 Par le concept de *«end of geography»* Richard O'Brien se réfère aux relations internationales du secteur de la finance pour décrire l'évolution d'un marché financier global vers un «seamless global financial market».

La technologie médicale bonne pour le bien-être et pour l'emploi

Le deuxième exemple de déterminisme technologique présent dans les relations technologiques tient aux discours sur le bien-être que procurent les technologies médicales à une société. Cet argument est renforcé par un deuxième impact: les emplois régionaux développés par telle ou telle filière du médical. Les voies empruntées pour établir une relation entre le développement des technologies médicales et la santé d'une société ou d'une région sont des raccourcis, alors que les controverses suscitées par les développements des sciences de la vie sont de plus en plus complexes et plus nombreuses et que notre rapport à la technologie est pour le moins ambigu et suscite des commentaires plus subtils que l'affirmation d'impacts.

L'affirmation d'une création d'emplois en référence à la *Silicon Valley* est révélatrice d'une vision étroite qui consiste à adopter un modèle de développement qui a fait, certes, ses preuves en matière de création d'emplois, mais dont les implications environnementales et sociales sur le long terme sont sinon mal étudiées, du moins masquées. De plus, si la création d'emplois s'avère effective et que leur durée de vie est parfois étudiée, qu'en est-il de l'accès à ces emplois?

> Dans notre société contemporaine, l'innovation technologique se poursuit à un rythme élevé, sous une forme en partie aléatoire (on n'invente et on ne commercialise pas une idée nouvelle simplement en le voulant) et en partie volontariste, par la mise en place de conditions favorables et de moyens orientés vers cette fin. Ce dernier aspect se traduit sur le plan de l'économie privée par une convergence des choix et des comportements et sur le plan des politiques publiques par un soutien souvent sans réserve, ou même par des initiatives incitatives. « Ça crée de l'emploi », « c'est nécessaire à la survie de certains secteurs de l'économie nationale face à la concurrence internationale » entend-on dire sans cesse. Il faudra bien sûr revenir sur cet aspect auto-motivant et ses conséquences réelles en termes de choix pour l'usager. Il n'en reste pas moins que dans le climat actuel de compétitivité à outrance et de globalisation des marchés et de nombre de systèmes technologiques, cette attitude « push » à l'égard de l'innovation est devenue une véritable religion (ROSSEL, 1996, 275).

Quant à affirmer que la technologie médicale est créatrice de bien-être, il faut considérer le rapport ambivalent que nous entretenons avec ce type de technologie. En effet, la technologie médicale suscite en tout humain émerveillement et crainte, simultanément ou successivement selon la situation à laquelle il est confronté (patient ou financeur). De tels sentiments ne sont pas propres aux technologies médicales, selon Stuart Blume

(1992, 2): «A great medical machine is by no means unique in producing a mixture of wonder and fear. Much modern technology as such, is awesome in just this way». Emerveillement et crainte à l'égard des technologies médicales s'expliquent notamment par les mythes et la philosophie (LECOURT, 1997), et par les réussites et les échecs propres à la médecine (BLUME, 1992).

Une analyse intéressante de Fred Paccaud (2000) reflète l'imbrication des sphères technique et sociale dans le domaine de la médecine. Cet auteur évoque, par quatre scénarios plausibles de système de santé, le rapport entre le contexte politique (contrôle ou dérégulation) et technologique (optimisme et scepticisme). Cette analyse illustre la bifacialité des représentations des technologies médicales, à savoir le scepticisme ou l'optimisme technologique et les tensions qui s'exercent entre ces deux extrêmes.

Une telle analyse s'inscrit dans une vision dynamique et interactive des innovations technologiques:

> L'innovation technologique en médecine suit une logique et un rythme qui ne dépendent pas forcément des besoins de santé, mais d'une dynamique propre des connaissances médicales et techniques ainsi que des possibilités industrielles et commerciales. Ces innovations, même si elles ne répondent pas à un besoin, sont susceptibles de créer une demande de prestations au sein de la population: dans ce sens, l'innovation technologique contribue à façonner le système de santé, y compris son système de valeurs. La médecine prédictive et le conseil génétique constituent des exemples typiques d'innovation susceptibles non seulement d'influencer la nosographie et le traitement en médecine, mais également de façonner l'ensemble des valeurs du système de santé (PACCAUD, 2000, 2122).

Ces exemples de déterminisme technologique montrent combien il est important de définir la technologie comme le miroir d'une société et non comme une toute-puissance que l'on s'efforce de rattraper ou que l'on diabolise. La technologie et la société qui la conçoit sont indissociables dans la définition de l'innovation, derrière l'une se cache l'autre.

2.3.2. Le déterminisme structurel: le poids des valeurs

Lorsqu'on souhaite comprendre la dimension locale et non marchande des relations technologiques, le recours aux normes et valeurs partagées par des groupes est l'explication la plus courante, comme nous l'avons évoqué avec les termes de confiance et d'identité. Ainsi le déterminisme structurel prend le relais du déterminisme technologique.

Une vision sur-socialisée

Les analyses des systèmes locaux postulent l'existence de normes et de valeurs, sans présenter la genèse des relations interpersonnelles qui sous-tendent cet équilibre. Selon Michel Grossetti, il s'agit d'une tendance des approches économistes analysant des facteurs non marchands. Il attribue ce biais au fait que les économistes soucieux de comprendre les relations sociales entre acteurs ont eu recours aux théories structuro-fonctionalistes offrant «une solution toute faite (les acteurs coopèrent parce qu'il y a un système de valeurs communes qui les pousse à le faire ou au moins le leur permet) qui permet d'éviter un travail de terrain spécifiquement sociologique» (GROSSETTI, 1995, 19).

En ce sens, l'approche des milieux innovateurs est empreinte d'une forme de communautarisme. L'acteur en tant que personne a peu de poids – si ce n'est certaines personnalités ou acteurs-leaders – face à cet acteur collectif qu'est le territoire, le milieu, le système productif local (BENKO, 2003, 621).

Mark Granovetter, figure de proue de la nouvelle sociologie économique, remet en question ce «déterminisme structurel», selon lequel le système de normes et de valeurs régit les comportements individuels (conception sur-socialisée)[14] et s'oppose un individualisme outrancier guidé par l'intérêt personnel (conception sous-socialisée de l'action humaine). La force de la nouvelle sociologie économique – et de Mark Granovetter et de Michel Callon dans la lignée de Howard Becker et de Erving Goffman – est de montrer ce «lacis d'interactions» entre des cadres (ou autrement dit des formes organisées d'interaction ou des structures) et des individus et leurs intérêts. Il s'agit bien d'un jeu continuel entre les individus et des collectifs.

14 Cette vision sur-socialisée correspondrait à ce que Vincent Lemieux (1999) nomme le schème causal, selon lequel les comportements des acteurs dépendraient des catégories sociales auxquelles ils appartiennent (âge, sexe, profession). Selon le schème structural, les comportements des acteurs sont également influencés par les relations interpersonnelles. Il s'agit de partir des relations interpersonnelles pour mettre en évidence l'existence et l'influence de groupes.

L'analyse de Mark Granovetter, et particulièrement sa manière empirique de prendre en compte les institutions à partir des individus et de leur action, bouscule la tradition structuraliste francophone, celle de Pierre Bourdieu notamment, pour qui les structures sociales prédominent. Dans son «Introduction pour le lecteur français» (2000), Mark Granovetter situe son intérêt pour le concret dans le contexte de l'université de Harvard des années 1960-70 et de l'influence déclinante de Talcott Parsons: «Nous espérions voir les discours et les spéculations infinies sur les ‹systèmes sociaux› et ‹les valeurs consensuelles› disparaître au profit d'une analyse qui nous semblait moins abstraite et plus réaliste: celles des réseaux sociaux» (GRANOVETTER, 2000, 34-35), sans pour autant adhérer au réductionnisme psychologique. Il s'agit de mettre en valeur non plus les deux pôles individu-structure, mais les relations entre les pôles que sont les réseaux sociaux: «Cela ne veut pas dire que les réseaux sont plus importants que les deux pôles qu'ils relient ainsi, mais plutôt qu'ils permettent de faire passer des relations de causalité d'un niveau à l'autre».

On trahit ceux qu'on aime

Pour ne pas tomber dans une surestimation des relations sociales, notamment par la confiance, Mark Granovetter relève que la confiance ne gomme pas les divergences entre acteurs. Par conséquent, la confiance côtoie parfois les conflits et les méfaits: «On trahit toujours ceux qu'on aime» rappelle Mark Granovetter (2000, 90) en précisant que la confiance générée par les relations personnelles favorise parfois les actions délictueuses lorsque l'intérêt d'un tiers l'emporte sur l'altruisme et que le recours à la force et à la fraude est toujours plus efficace au sein d'équipes. Il est en effet impensable que des actions illicites telles que les pots-de-vin et les dessous-de-table puissent être réalisées par un seul individu. Pour étoffer sa mise en garde, Mark Granovetter puise des exemples dans les milieux d'affaires et notamment dans le milieu relativement clos des diamantaires. Dans le même ordre d'idées, Roger Brunet (2003) précise que la confiance dans la filière du diamant se limite à quelques rues de New York, d'Anvers ou de Bombay, pas au-delà.

Ces analyses ont le mérite de bousculer une vision idyllique des milieux d'affaires ou d'innovation où la confiance ressemble à un consensus, un équilibre, une assurance pour la vie. Ces arguments, peut-être excessifs – nous n'allons pas chercher dans toutes relations une touche de trahison –

tempèrent le recours aux normes et valeurs, pour argumenter la dimension locale des relations technologiques. Ils révèlent combien le choix d'une échelle (l'individu ou le groupe, le court terme ou le long terme) influence le rôle que l'on accorde à l'échelle locale dans la constitution des relations technologiques.

2.3.3. Le déterminisme spatial: le fétichisme local

Enfin, troisième déterminisme guettant les analyses des relations technologiques, le localisme cumule les déterminismes technologique et structurel. Il est particulièrement présent dans le concept de proximité. La proximité devient alors un argument présenté à diverses finalités sociale, politique, économique, pour souligner la nécessité de garder certaines fonctions proches du citoyen. Le local serait l'espace du social.

Il existe en effet un petit espace de dépendance déterminé par la proximité du marché du travail, l'économie locale… et partagé par un ensemble d'acteurs. Kevin Cox (1998), lorsqu'il distingue les espaces de dépendance – *space of dependence*[15] – des espaces d'engagement – *space of engagement*[16], montre que l'on ne peut en déduire que l'espace de dépendance est forcément plus petit que celui de l'engagement. En fonction des acteurs, ces deux types d'espace recouvrent plusieurs échelles spatiales.

L'illusion de spatialiser le social est présente dans les formes spatiales propices à l'innovation que sont la technopole et le technopôle.

Technopole, Technopôle: une communauté reconstituée

Une *Lemanic Valley*, la Silicon Valley, la Route 128, Tsukuba ou Sophia Antipolis… présentent une diversité tant dans leur localisation – urbaine ou au milieu de nulle part, voire dans des régions à reconversion industrielle – que dans leur formation et développement. Qu'on les appelle pépinière d'entreprises, incubateur, parc scientifique, ces infrastructures

15 *Space of dependence:* « a space within which it is possible to substitute our socio(-spatial) relation for another but beyond which such substitution is difficult if not impossible » (1998, 5). Nous associons l'espace de dépendance à l'idée de contrainte et l'idée de choix à l'espace de l'engagement.

16 *Space of engagement:* « the space in which the politics of securing a space of dependence unfolds » (1998, 2).

peuvent être réunies sous le terme général de «technopole[17]» puisqu'elles ont pour caractéristiques de rassembler en un espace spécifique un certain nombre d'acteurs ayant pour intérêt commun le développement et l'application scientifique, et dont le principal objectif est le développement économique régional. Hormis la concentration d'acteurs tant scientifiques, techniques qu'économiques en un lieu, cette organisation spatiale est donc avant tout la manifestation d'une nouvelle forme d'organisation selon laquelle l'innovation technologique est le fruit de relations entre des organisations aussi bien publiques que privées, de recherche que de production, de financement que de formation. La création technologique n'est plus une activité clairement définie mais un processus dynamique et interactif, processus dans lequel la technopole joue le rôle de transfert de technologie en s'appuyant sur la proximité géographique des acteurs (BENKO, 2000).

Certaines théories ou convictions, qui sous-tendent ce type d'organisation spatiale, méritent d'être discutées comme la relation entre la technopole et le développement régional, ainsi que le transfert technologique. En ce qui concerne le développement régional attendu de la présence d'une technopole, Georges Benko souligne la difficulté d'établir un lien direct. D'une part, la crainte qu'une région soit exclue d'une économie globale, et les nouvelles formes d'organisation industrielle qui en découlent, est à l'origine de la création de technopoles. En ce sens, les technopoles peuvent être une échappatoire à la morosité ambiante. Cependant, des preuves doivent être avancées notamment en termes de création d'emplois locaux. D'autre part, le dynamisme d'une technopole tient aux relations qu'il entretient hors région… Si la technopole se justifie par son rôle de transfert technologique, afin d'assurer un continuum du développement scientifique et technologique, à son application puis à sa commercialisation, elle n'est qu'une forme possible de transfert technologique.

Il en est de même pour les parcs scientifiques. La concentration en un lieu de laboratoires et de firmes ne favorise pas plus les échanges entre firmes que si ces entités étaient localisées dans l'agglomération (GROSSETTI ET AL., 2003). Dans le secteur biomédical lausannois, nous avons constaté

17 Le genre du terme technopole (avec ou sans accent) a nourri de nombreux débats (BENKO, 1991). Dans le technopôle (masculin, avec accent) prédomine l'idée de pôle de développement, pôle d'excellence, au sein duquel des institutions publiques et privées s'attachent à développer des technologiques (médicales dans notre cas). La dimension urbaine caractérise la technopole (féminin, sans accent).

que les parcs scientifiques (Biopôle et Parc scientifique sur le site de l'EPFL) avaient leur raison d'être, par le fait que ce type de localisation permet de garder des liens avec l'institution de formation. La proximité de l'EPFL donne aussi un certain prestige aux nouvelles firmes installées dans le parc. Selon la maturité de l'entreprise, être dans un parc scientifique peut représenter également un handicap, notamment pour des questions de confidentialité (CEAT, 2001).

De la ville à l'innovation

Autre forme spatiale, la ville assure une accessibilité quotidienne aux acteurs. Par ses acteurs et leur proximité géographique, elle permet l'ébauche de relations technologiques[18]. Elle est à la fois matérialité et sociabilité. Mais la ville est un concept ambigu (Rémy et Voyé, 1992, 7), puisqu'il s'agit d'« un concept descriptif qui permet de repérer une réalité matérielle concrète et un concept interprétatif dans la mesure où il évoque un ensemble de fonctions sociales, qui font de la ville quelque chose de bien différent d'une entreprise ou d'une école, par exemple ». Ces auteurs précisent encore qu'il est nécessaire de distinguer ces deux niveaux – matérialité et sociabilité – pour éviter toute relation causale entre une configuration spatiale et les formes sociales : « l'observation de ce qui se passe en ville vient contredire, en effet, le caractère automatique et univoque d'une telle affirmation puisque l'on peut constater que si, effectivement pour certains, la ville favorise ce type de développement relationnel, elles est aussi pour d'autres un lieu majeur d'anonymat, tandis que d'autres encore y limitent leurs relations à celles que leur offre le voisinage ». Ce territoire urbain forme un système de relations entre individus et entre la ville et les autres espaces, échanges qui dépassent ses fonctions de production, de recherche ou de formation. « La ville apparaît dès lors comme étant une unité sociale qui, par convergence de produits et d'informations, joue un rôle privilégié dans les échanges – qu'ils soient matériels ou non – dans toutes les activités de direction et de gestion et dans le processus d'innovation » (Rémy et Voyé, 1992, 8). D'un point de vue interprétatif, «il convient alors de définir le lien existant entre un type d'appropriation de l'espace et une

18 Que la référence à la ville ou à la métropole ne soit pas interprétée comme la seule configuration socio-spatiale reconnue capable d'innover ! (cf. Antoine Bailly et Denis Maillat, 1998, pour une synthèse de quelques milieux innovateurs).

dynamique collective». C'est ce que proposent Frédéric Corolleur et al. (1996). Reprenant la définition de la ville de Jean Rémy et Liliane Voyé comme espace matériel et social, ils définissent la relation ville–innovation par quatre fonctions: l'objectivation des institutions, l'ancrage dans le bâti, la symbolisation, la combinaison productive. Hormis ces caractéristiques, qui sont le reflet d'une dynamique entre un espace urbain et un processus d'innovation, ce qui est essentiel ce sont les jeux des acteurs. En effet, «ce sont les relations entre ces derniers (qu'elles soient de concurrence, de coopération, d'indifférence, etc.), qui vont, en premier lieu, décider des relations effectives entre la dynamique urbaine et la dynamique d'innovation» (Corolleur et al., 1996, 15).

Par conséquent, même si l'agglomération remplit les quatre fonctions présentées, la dernière remarque laisse la part belle aux individus et à leur jeu de relations. De ce fait, nous ne retenons pas l'hypothèse qui fait de la ville le lieu d'innovation[19] et laissons à d'autres auteurs contrer cette supposition avec arguments à l'appui (Sheamur, 2002). Nous affirmons par ce qui précède, que par ses dimensions matérielles et sociales et par les acteurs qui s'y côtoient, la ville est un lieu d'interaction susceptible de favoriser l'innovation (Crevoisier, 2000).

Ces deux formes de déterminisme spatial laissent apparaître une correspondance entre une configuration spatiale et une structure sociale. L'influence de l'une sur l'autre tient avant tout aux relations entre individus, au contenu et à la qualité de leur communication.

Les éléments à retenir (chapitre 2)

Nous avons analysé des typologies de l'innovation afin de cerner celle qui se prêtait le mieux à la dimension interactive, spatiale et temporelle de ce processus qu'est l'innovation. Nous retenons les configurations de réseau d'innovation permettant d'établir une relation entre l'espace et l'innovation: un réseau d'acteurs locaux qui cherchent à développer un projet sur la base de collaborations passées ou, au contraire, des projets constitués dont les auteurs font appel à plusieurs compétences en comblant le déficit relationnel qui les lient à de nouveaux acteurs, par des contrats. Contrairement à d'autres typologies (push / pull – incrémentale / radicale), ces confi-

19 Affirmation posée dans le chapitre introductif de la RERU (2001, n° 1) consacré à l'innovation et au développement régional.

gurations sont évolutives et reposent sur des modes d'interactions tantôt personnels, tantôt formalisés. Enfin, elles se prêtent au fait que la mise en place des relations technologiques s'effectue parallèlement au développement d'un projet technologique, comme le propose le Centre de sociologie de l'innovation.

En effet, l'innovation ne suit pas un chemin linéaire de l'invention à la commercialisation mais est faite de nombreuses rétroactions. Bien que d'un point de vue théorique, cette manière interactive de penser l'innovation soit adoptée, nous pensons qu'il est encore nécessaire d'expliquer l'innovation et la constitution de ses réseaux, aux vues de la persistance du modèle linéaire dans les prises de décision politique.

Nous avons discuté également des facteurs explicatifs de la dimension non marchande des relations technologiques locales que sont le savoir, la confiance et l'identité, puisque ce sont des arguments souvent avancés par les géographes et les régionalistes pour défendre le rôle de la proximité. Ces arguments permettent de dépasser une vision quelque peu positiviste selon laquelle la distance est euclidienne et le comportement humain rationnel. Toutefois s'ils sont posés comme une évidence, ces éléments renforcent l'idée d'une cohésion sociale, voire d'un repli. Par conséquent, analyser les relations technologiques par leur dimension non marchande et la notion de proximité, c'est aussi s'exposer à des déterminismes que l'on voudrait pourtant écarter.

Dans un paradigme constructiviste dominant en sciences sociales, aucun auteur consulté n'oserait, aujourd'hui, établir des relations de cause à effet entre les relations locales et le développement technologique. Cependant, les arguments présentés pour définir la dimension locale des relations technologiques montrent qu'un paradigme n'en chasse pas un autre. Selon les approches consultées, il s'agit d'un positionnement sur un continuum dont les pôles sont le déterminisme et le constructivisme. Les échelles sociales, spatiales et temporelles choisies sont autant d'éclairages offerts sur les relations technologiques. Lorsque telle discipline favorise toujours une ou l'autre de ces échelles, le risque persiste de tomber dans des visions extrêmes d'impacts que l'on trace et de société que l'on efface.

Aussi, après avoir insisté sur l'importance des définitions de l'innovation, des modes d'interaction et des échelles d'observation dans l'affirmation de la dimension locale des relations technologiques locales, nous présentons dans le chapitre suivant, nos propositions théoriques et méthodologiques pour l'analyse des relations technologiques locales.

Chapitre 3

Proposition d'analyse

3.1. Contre une vision consensuelle: trois approches

Les explications d'une vision consensuelle des relations technologiques en termes d'utopie de société, de choix d'échelle d'observation et d'orientation théorique nous amènent à prendre position contre une vision consensuelle des relations technologiques. Il s'agit de:

- Rompre avec une vision consensuelle des relations par une analyse des convergences et des divergences en observant des aspects techniques, relationnels et institutionnels, analysés par les approches de l'acteur-réseau, de l'encastrement et des milieux innovateurs.
- Analyser les relations technologiques à une échelle micro-sociale – en l'occurrence un projet médical en cours de développement – plutôt que de s'arrêter à une échelle spatiale d'analyse.
- Se situer au niveau des acteurs, puisque ce sont eux qui interagissent et comprendre les liens qu'ils établissent avec d'autres acteurs et avec des organisations.

Dans ce qui suit, nous affirmons la nécessité d'analyser les points de convergences et de divergences que soulève la mise en réseau de des acteurs. En effet, cette dynamique de convergence et de divergence est le moteur de l'innovation, puisqu'elle force les acteurs à procéder à des ajustements relatifs à la technologie, à la position des acteurs, à leur comportement…

En tant que géographe, nos expliquons cette dynamique de convergence et de divergence par une psychologie de l'espace, celle qui amène tout individu à interagir, donc à éprouver à la fois le besoin de s'ouvrir à l'altérité et de se replier sur ses positions par la perception du conflit possible qu'engendre toute interaction.

Nous formulons l'hypothèse qu'il est indispensable d'analyser (voire de favoriser) les rencontres et les antagonismes y afférents comme étant un des catalyseurs cruciaux du processus d'innovation.

Trois approches correspondent à ces trois manières d'analyser les relations technologiques: le milieu innovateur du GREMI (Groupe de Recherche Européen sur les Milieux Innovateurs), l'acteur-réseau du CSI (Centre de sociologie et de l'innovation) et son modèle de réseau technico-économique, et l'encastrement de la nouvelle sociologie économique[1].

Par ces trois approches, nous regroupons dans notre analyse deux courants disciplinaires: les réseaux spatiaux de la science régionale concernée par les relations technologiques et les réseaux a-spatiaux des *sciences studies* réputées pour leur analyse interactive de l'innovation et les jeux d'alliances qu'elle comporte.

Ces trois approches sont en effet complémentaires pour expliquer l'émergence des réseaux et la coordination des acteurs, dans une perspective constructiviste, selon laquelle «les réalités sociales sont appréhendées comme des constructions historiques et quotidiennes des acteurs individuels et collectifs» (CORCUFF, 1995, 17). Leur complémentarité s'exerce à plusieurs niveaux: par leur définition de l'innovation, dans le choix des modes d'interaction et dans les échelles d'analyse.

3.1.1. Une définition constructive de l'innovation

Dans leur définition de l'innovation et du développement technologique, toutes trois s'inscrivent dans un changement de paradigme.

Le milieu innovateur est révélateur du passage, dans les années 1970, d'une production de masse à la recherche d'innovation basée sur la qualité et depuis les années 1990, d'un changement d'approche des politiques régionales de développement centrée, auparavant, sur les facteurs de localisation et aujourd'hui, sur les capacités organisatrices des régions. L'acteur-réseau conçoit le développement technologique non plus comme une diffusion linéaire du producteur au consommateur final mais comme un jeu d'intéressements successifs qui manipulent le projet technologique et le remodèlent. Les réseaux sociaux rejettent la domination du marché sur la société au profit d'une construction sociale du marché, ou autrement dit, de l'ancrage des relations économiques dans les réseaux sociaux.

A leur manière, ces approches valorisent la diversité dans le développement d'innovation: l'hétérogénéité des acteurs et des relations marchandes

1 Nous utilisons le terme d'encastrement pour traduire le terme anglais d'*embeddedness*.

ou non – et non seulement l'entrepreneur de Joseph Schumpeter – la variété des formes de réseaux et situations régionales – la Silicon Valley n'est pas le modèle unique de développement – et la complexité de l'innovation qui, elle, ne se résume pas à un produit. Influencées soit par la sociologie soit par l'économie, elles présentent les relations technologiques comme une forme consensuelle ou elles s'attardent au contraire sur les aspects controversés des rapprochements.

Elles mettent en évidence des tensions exprimées par des dualités telles que processus/produit, individu/collectif, proximité/distance; dualités constitutives de l'innovation et des réseaux. En commun, elles s'intéressent à la qualité des relations et à la diversité des acteurs.

3.1.2. Des convergences et des divergences

Ces mêmes approches sont attentives aux interactions favorisées par l'hétérogénéité des acteurs, leurs intérêts et leurs comportements. Face à ce choix des possibles, elles mettent en valeur un processus de sélection : d'acteurs, de lieux, de technologies, de contextes institutionnels… qui pourrait être résumé par les slogans suivants : « On ne collabore pas instantanément et avec n'importe qui » et « on n'innove pas n'importe où et n'importe comment ». En effet, les réseaux et leurs acteurs sont sans cesse pris entre un choix de clôture sur ses relations internes pour maintenir une cohérence et des possibilités d'ouverture à d'autres acteurs, d'autres réseaux pour innover (CALLON, 1992B). La nécessité de se mettre en réseau pour innover ne va donc pas de soi.

C'est dans cette dialectique de clôture-ouverture que les approches s'avèrent consensuelles ou conflictuelles, dans le sens où elles mettent plutôt l'accent sur les convergences – surtout le milieu innovateur du GREMI – ou sur les divergences – le réseau socio-technique de Michel Callon, alors que nous défendons l'idée que les réseaux d'innovation favorisent l'émergence de convergences et de divergences, dynamique nécessaire à l'innovation.

La tension entre clôture et ouverture est présentée dans l'approche des milieux innovateurs par les binômes confiance/défiance, proximité/distance, coopération/concurrence… L'interaction nécessaire au développement d'un milieu innovateur stipule d'ailleurs qu'un milieu doit être ouvert à son environnement. Son dynamisme s'appuie donc sur des liens forts et des liens faibles (COLLETIS ET PECQUEUR, 1995). Cependant, dans ses développements théoriques et empiriques, le GREMI met d'avantage l'accent sur le pôle du binôme, qui renforce la cohérence interne au sein du milieu – la confiance, la proximité. Ceci tient en partie à l'objectif de l'approche des milieux, qui est celui de démontrer le dynamisme d'une région et son développement et de la présenter comme un système cohérent et compétitif. L'échelle d'observation, plutôt au niveau des catégories d'acteurs – les entrepreneurs, les politiques – et de la structure renforce cette impression de convergence. En ce sens, nous la qualifions d'approche consensuelle.

L'acteur-réseau, par contre, met en évidence l'aspect conflictuel de la coopération : les divergences d'intérêts qui anticipent leur convergence sont explicitées, les limites posées par un cadrage trop marqué de la propriété intellectuelle sont également exposées. D'ailleurs, l'entrée privilégiée pour l'analyse des réseaux est la controverse et non le consensus. Le fait de définir l'acteur comme un être pluriel, appartenant à des mondes sociaux différents, souligne d'autant plus la complexité du jeu d'ouverture et de fermeture à l'altérité.

3.1.3. Les trois logiques: milieu, intéressement, encastrement

Tout au long de notre analyse, théorique et empirique, nous nous référons aux logiques d'intéressement, d'encastrement et de milieu. Ces trois logiques décrivent un processus relationnel en évolution constante par la confrontation des acteurs hétérogènes, des réseaux et des territoires.

Le milieu: un capital relationnel local

L'approche des milieux innovateurs, développée dans les années 1980 par le GREMI (Groupe de Recherche Européen sur les Milieux Innovateurs), nous semble particulièrement intéressante pour notre travail. Elle naît de la théorie de la division spatiale du travail, d'inspiration marxiste, présentée par l'économiste Philippe Aydalot, selon laquelle le travail est le facteur essentiel de spécificité de l'espace. Loin d'être figée en une théorie, l'approche des milieux est sans cesse en renouvellement. Il faut donc s'attarder sur les synthèses récentes pour apprécier son apport.

Le milieu est un ensemble territorialisé à double logique d'interaction et d'apprentissage. L'interaction reflète la capacité des acteurs productifs et concurrents à coopérer. De cette coopération-concurrence naît un capital relationnel qui facilite les relations ultérieures et constitue un canal de diffusion. L'apprentissage dénote la capacité des acteurs à modifier leur comportement, d'où la création de nouveaux savoir-faire (MAILLAT, 1997):

> L'existence de ce capital relationnel suppose que les modalités de mobilisation de ressources ne s'arrêtent pas aux formes monétaires. Les valeurs (entrepreneuriales, familiales, professionnelles, ...) en vigueur dans un milieu amènent les différents acteurs à contribuer à l'innovation et à la production, également dans la perspective d'un investissement social permettant de jouer par la suite sur la confiance et la réciprocité (CREVOISIER, 2001, 157).

Le GREMI propose ainsi une analyse des dimensions techniques et culturelles de l'innovation et met en valeur la dimension territoriale de l'innovation (CREVOISIER, 2000, 19) en s'intéressant aux aspects techniques des processus d'innovation (culture technique), organisationnels (règles de concurrence et coopération) et territoriaux (histoire et géographie des acteurs) (figure 5).

Figure 5. Les paradigmes des milieux innovateurs et le développement économique territorialisé

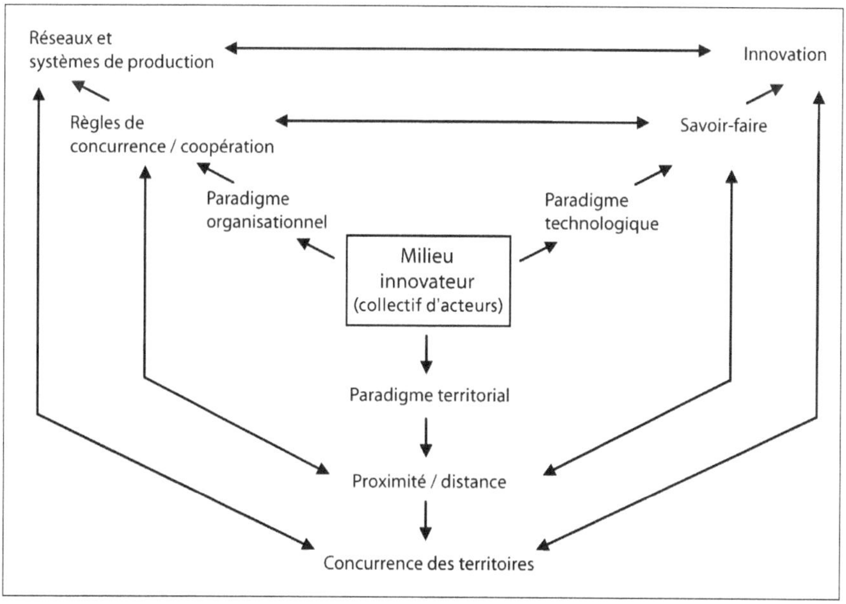

Source: Crevoisier, 2000, p. 10.

Le paradigme technologique met en évidence des savoir-faire régionaux hérités et réinterprétés. Le paradigme territorial repose sur un jeu de distance et de proximité. La proximité ne se réduit pas à la courte distance physique mais «elle marque bel et bien des frontières entre ce qui est dans le milieu et ce qui est dehors» (Crevoisier, 2001, 157). Sont donc proches ceux qui appartiennent au milieu; une appartenance dictée par des règles de concurrence et de coopération comme le mentionne le paradigme organisationnel.

Le milieu représente un système de communication interpersonnelle et interorganisationnelle, qui «agit sur l'innovation, à tout moment, par son pouvoir d'intermédiation qui est d'autant plus performant qu'il intègre toutes les formes de relations économiques et qu'il leur ajoute le contenu de solidarité et de confiance qui est nécessaire aux coopérations créatrices» (Perrin, 1991, 356).

Le milieu devient innovateur dès qu'il génère des réseaux d'innovation; le projet naît donc dans le milieu, même si les compétences ne sont pas locales et que l'on doive s'appuyer sur d'autres échelles géographiques. Le GREMI offre ainsi une manière de lire l'articulation des réseaux d'innovation à l'espace ou au territoire et présente l'existence d'un «capital relationnel», toutefois insuffisamment expliqué. D'où la nécessité de comprendre l'analyse par les deux approches suivantes.

L'intéressement: une hétérogénéité d'acteurs

Les auteurs du CSI (Centre de sociologie de l'innovation) proposent – comme mentionné précédemment – *le modèle de l'intéressement* (Akrich et al., 1988) en remplacement du modèle de la diffusion des technologies encore dominant en géographie (Alderman, 1998). Dans ce modèle, les stratégies des acteurs sont de deux ordres (Callon, 1992b): se rendre indispensable et tenir les positions jugées les meilleures. Ces stratégies dynamisent les réseaux, elles expliquent aussi leur hétérogénéité puisque les acteurs entrent dans un réseau, ou le quittent pour un autre en fonction de ces stratégies.

La théorie de l'acteur-réseau explique la construction conjointe de la technologie et de ses réseauxpar la traduction. La «traduction» montre comment des mondes (technique, économique…) ou des acteurs, au début étrangers, arrivent à se coordonner. Elle impose un accord commun même provisoire entre acteurs et suscite ainsi des ajustements continuels, sans qu'il y ait explicitement des controverses ou consensus. L'intéressement est un des aspects de la traduction, «un mécanisme élémentaire par lequel deux entités – prothèse, fémur, chien, ingénieurs – se lient l'une à l'autre, s'accrochent ou s'associent» (CALLON, 1992A, 11). Ces entités sont des acteurs matériels et des acteurs chercheurs (pour le projet en lui-même), acteurs publics (pour la validité sociale du projet). Il s'agit «d'aligner les premiers intérêts et de jeter les fondements de nouveaux réseaux» (CALLON, 1999B, 52). De nouvelles alliances et identités se construisent. Ce qui signifie aussi se délier de ses anciens réseaux.

Figure 6. Le réseau Science Technique et Marché (RTE)

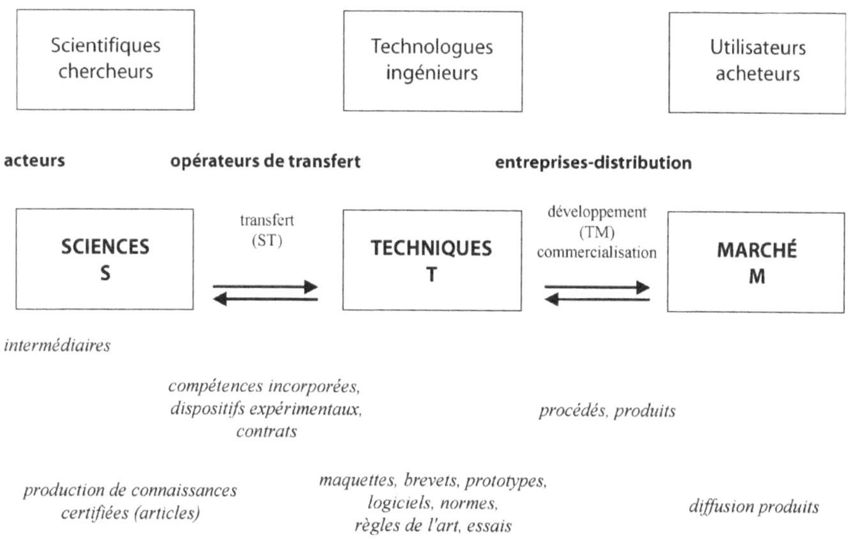

Source: Callon et al., 1995, p. 419.

Alors que le pôle scientifique a pour mission la production de connaissances certifiées (articles, rapports, thèses...), le pôle technique se caractérise par la conception et l'élaboration de dispositifs matériels (logiciels, prototypes, stations d'essais...). Quant au marché, il se réfère à l'ensemble des informations que font circuler aussi bien les réseaux de distribution et de consommation des entreprises que les associations d'usagers ou de consommateurs (demande, besoins, attentes, préférences...).

Deux autres pôles s'ajoutent aux trois grandes familles et se caractérisent par leur position: le pôle de transfert situé entre les pôles scientifique et technique et le pôle de développement entre le pôle technique et le marché. Leur activité spécifique est une activité d'intermédiation, donc de mise en relations.

Dans leur modèle de «réseau science technique marché» (RTE), des interactions s'établissent autour des trois pôles que sont les sciences, les techniques et le marché (Figure 6). Le RTE permet de cerner les rôles de chaque institution et de montrer les *intermédiations* entre les pôles et ainsi de restituer la technologie analysée et les relations interpersonnelles dans un jeu complexe. En décrivant la dynamique des réseaux constitués pour tel projet d'innovation, au moment de l'analyse par ses acteurs et en mettant en évidence les intermédiaires, notamment humains, le RTE fait le lien entre les réseaux institutionnels et personnels sans toutefois faire explicitement référence au capital relationnel et relations informelles.

L'acteur-réseau présente certains avantages. D'une part, une importance égale est accordée aux divers acteurs, le laboratoire ou l'entreprise, et de ce fait, l'idée même de *push* ou de *pull* est récusée. D'autre part, ce modèle nous montre la variété d'acteurs mobilisés par une action, quelle que soit l'innovation (politique technologique, conception d'une innovation technologique), et de plus, l'hybridation des rôles que peut jouer un acteur.

Tout comme l'approche des milieux innovateurs, la théorie de l'acteur-réseau rend possible le passage d'un registre technique à un registre social et vice versa – milieu innovateur et réseau technico-économique sont tous deux un collectif d'acteurs – mais de manière plus explicite «en suivant» pas à pas la construction technique, relationnelle de la technologie, de la science et en prenant en compte plusieurs profils d'acteurs. Elle complète les dimensions organisationnelles et technologiques de l'approche des milieux innovateurs, puisque l'accent est mis sur le processus d'innovation et le jeu d'acteurs. Par contre, la dimension territoriale en est absente. En se concentrant sur le choix d'acteurs et leurs comportements, la théorie de l'acteur-réseau ne permet pas d'analyser directement l'évolution conjointe d'une technologie et d'un territoire donné.

L'encastrement: la faiblesse des liens et le découplage

Alors même que le public francophone ne dispose que depuis quelques années d'une traduction de l'analyse de Mark Granovetter (2000), il n'en reste pas moins que l'exposé de sa théorie de l'encastrement, publiée dans un article de l'*American Journal of Sociology*, avec pour titre «*Economic action and social structure: the problem of embeddedness*» (1985) – article repris dans l'ouvrage de 2000 – est considéré aujourd'hui comme un des textes fondateurs de la nouvelle sociologie économique. Pour Mark

Granovetter, le monde économique s'appuie sur des relations interpersonnelles. De ce fait, toute action économique est le résultat de logiques économiques et extra-économiques. Mark Granovetter[2] accorde une importance primordiale à l'individu. Son analyse relie cet individu au collectif d'acteurs, puisque les acteurs n'agissent pas comme des atomes[3].

Ainsi, Mark Granovetter explique aussi bien les formes de ces réseaux, leur mise en valeur et leur inscription dans les institutions. Les réseaux ne se limitent pas au volume des contacts d'un individu mais à leur qualité (la force des liens faibles). Dans un article de 1973, il expose «la force des liens faibles» *(the strengh of weak ties).* La définition de la force d'un lien est relativement large puisqu'elle dépend «d'une mesure du temps partagé entre les individus, de l'intensité émotionnelle, l'intimité et la réciprocité», la force du lien étant le degré le plus élevé de ces dimensions (traduction de LÉVESQUE ET AL., 2001, 132). Cependant, la qualité des liens l'emporte sur la fréquence, si bien que pour Mark Granovetter[4] plus une relation est faite d'amitié, plus elle est qualifiée de forte. La force des liens faibles permet de repérer des acteurs de liaison, ponctuels, non locaux qui jouent un rôle essentiel en créant des ponts entre des milieux sociaux différents.

La théorie de l'encastrement de Mark Granovetter est sujet à critique par le fait que cet auteur réduit les rapports sociaux à ce qui est observable, ignorant ainsi des rapports de force invisibles. De ce fait, la définition de la structure sociale se limiterait à la structure des quelques relations interpersonnelles décrites (LÉVESQUE ET AL., 2001, 136). Dans la traduction française de la «force des liens faibles»[5], Mark Granovetter (2000, 72-73) admet que sa théorie reste à l'état d'ébauche et qu'il reste encore à répondre à la question suivante: comment une structure de réseau se développe-t-elle au cours du temps?

2 Alain Degenne et Michel Forsé (1994) estiment que Mark Granovetter a joué un rôle essentiel dans la valorisation du capital social.

3 Même un atome n'est jamais libre!

4 Qui suit en cela Stanley Milgram.

5 Pour suivre Mark Granovetter dans sa réflexion et sa théorie de l'encastrement, il nous faut revenir à son article de 1973 dans lequel il expose «la force des liens faibles» *(the strengh of weak ties).* La définition de la force d'un lien est relativement large puisqu'elle dépend «d'une mesure du temps partagé entre les individus, de l'intensité émotionnelle, l'intimité et la réciprocité», la force du lien étant le degré le plus élevé de ces dimensions (traduction de LÉVESQUE ET AL., 2001, 132).

Un pas de plus a été franchi par Michel Grossetti et Marie-Pierre Bès (2001) qui proposent un triple encastrement (figure 7) en ajoutant un encastrement vertical à l'encastrement horizontal de Mark Granovetter pour reconstituer la chaîne relationnelle et non seulement le passage d'un cadre collectif à un autre (organisation, famille, club…). A l'encastrement direct, les auteurs préfèrent analyser le «découplage», c'est-à-dire le processus par lequel les acteurs se détachent d'un premier cadre avant de s'inscrire dans un nouveau cadre. Pour cela, ils remontent à la genèse des relations et expliquent comment les relations individuelles nées dans un certain cadre ont évolué avant de s'inscrire dans un nouveau cadre. A notre connaissance, ces auteurs sont les plus capables de nous proposer un modèle permettant de retracer l'origine des relations dans le domaine qui nous concerne et d'articuler les relations locales et les relations non locales.

Nous retiendrons trois idées pour notre démarche:

- l'alternance des logiques de réseau et d'institution: «Il faut insister sur le fait que cet encastrement [logique de réseau interpersonnel] se limite au moment de la genèse des collaborations. Une relation initiée par le biais de réseaux personnels peut très bien évoluer en passant par un stade plus formel, impliquer de nouveaux acteurs et se développer de telle sorte qu'il ne reste plus de traces du contexte de sa formation» (GROSSETTI ET BÈS, 2001, 341-342);
- les effets de proximité et de mobilité dans la composition des réseaux: «En effet, la structure spatiale d'un réseau individuel n'est pas seulement liée à la répartition des cercles actifs pour l'individu à un moment donné, elle dépend aussi de la trajectoire suivie par l'acteur, des cercles traversés dans le passé et des caractéristiques du moment où ils ont été traversés […]» (GROSSETTI, 2001, 214);
- la genèse des relations et leur contexte: «Peu importe que le partenaire industriel soit ou non encore voisin au moment où la relation est activée dans un cadre marchand, l'important est de déterminer si la relation s'est créée à l'origine dans le cadre de rencontres de voisinage et plus générale» (GROSSETTI ET BÈS, 2001, 332).

La genèse des relations va au-delà du constat d'omniprésence des relations interpersonnelles. Quant aux notions de trajectoire et de mobilité, elles nous permettent de situer la proximité dans une analyse relationnelle autre que fonctionnelle (en termes de savoir tacite et savoir codifié) ou culturaliste (par la confiance).

Figure 7. Les trois encastrements

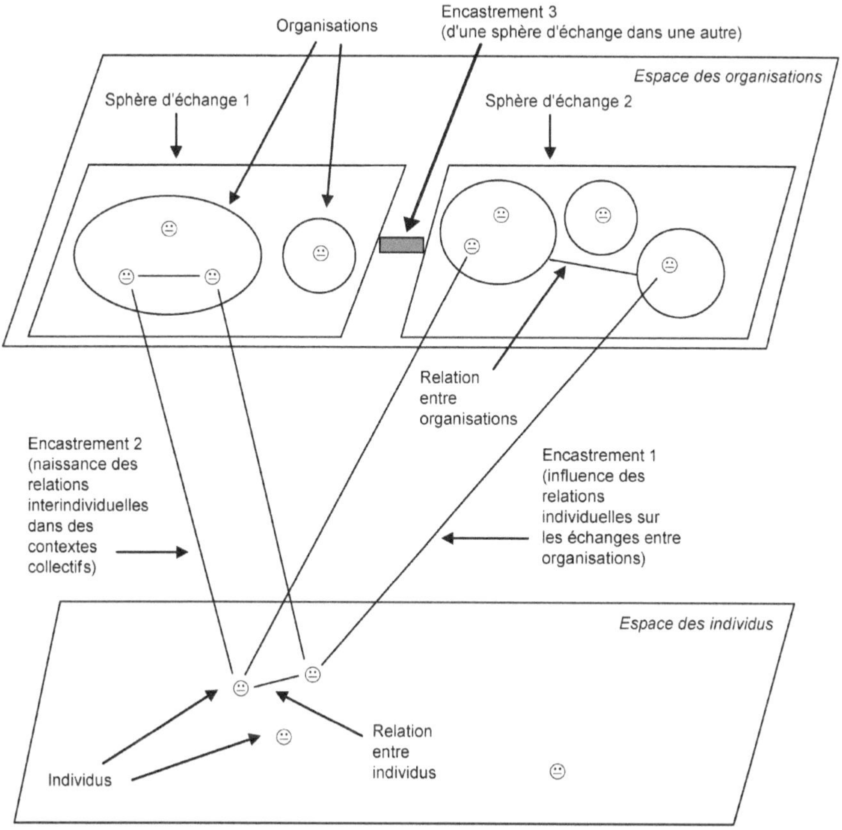

Source: Grossetti et Bès, 2001, p. 333.

Le niveau horizontal explique le passage d'un cadre collectif à un autre, d'une organisation à une autre: «On illustre le cas très simple où une relation née de la rencontre de deux individus au sein d'une même organisation (à gauche) est réutilisée par la suite (à droite) par les mêmes individus pour créer un lien entre les organisations distinctes auxquelles ils appartiennent» (GROSSETTI ET BÈS, 2001, 333).

Cette relation n'est cependant pas toujours directe, d'où la nécessité d'expliquer comment le passage s'effectue par un niveau vertical d'encastrement: «L'important est qu'une chaîne relationnelle issue de contextes extérieurs (éventuellement disparus d'ailleurs) ait des effets sur les logiques de contact entre deux organisations».

Les analyses de l'encastrement de Michel Grossetti et Marie-Pierre Bès viennent préciser comment se construit le capital relationnel de l'approche des milieux innovateurs, comment il est activé (paradigme organisationnel) et complètent l'idée de proximité par celles de trajectoire et de mobilité (paradigme territorial). Quant à la théorie de l'acteur-réseau, elle spécifie davantage la construction et la diffusion du processus d'innovation. Comme elle tient à valoriser les acteurs non humains, elle ne s'attarde pas à la construction humaine et non plus à la dimension territoriale mise en valeur par l'approche des milieux innovateurs.

Dans l'analyse de cas, l'interaction entre les acteurs, avec les convergences et divergences qui en découlent, forme des chaînes d'interactions de traductions (en référence à l'acteur-réseau), de relations (en référence à l'encastrement) et de mobilités (en référence au milieu innovateur) pour distinguer la dimension technique, relationnelle et institutionnelle. Dans les faits, ces trois approches traitent des interactions en mettant l'accent sur la technique (traduction) ou sur les relations humaines (encastrement) ou sur les mécanismes institutionnels locaux (milieu). Ce qui les distingue surtout, ce sont leur échelle d'analyse: l'échelle micro du projet et du réseau socio-technique de Michel Callon, l'échelle méso du milieu et du GREMI. Les réseaux sociaux de Mark Granovetter et de la nouvelle sociologie économique démontrent des liens intermédiaires, entre le projet et les réseaux, les réseaux et les milieux. L'ensemble de ces logiques établit une double relation entre les relations individuelles et les cadres collectifs et les réseaux et leurs espaces.

L'action donne un sens au spatial. Après avoir réfléchi aux différentes approches reliant l'acteur à l'espace et les acteurs entre eux, nous allons chercher comment mettre en scène les différents acteurs et les dimensions techniques, relationnelles et institutionnelles.

3.2. Des convergences et des divergences comme proposition théorique

La littérature sur les réseaux d'innovation et l'interprétation que nous faisons des articles de Bruno Lecoq (2001) et de Michel Callon (1999 A) des divergences essentielles qui différencient l'économie classique de la sociologie, nous incitent à rompre avec une posture de consensus pour proposer une analyse en termes de divergence et convergence.

En effet, une rupture avec l'idée de consensus en faveur d'une prise en compte du temps et de l'incertitude implique qu'il est plus important d'analyser les divergences entre acteurs individuels plutôt que la convergence linéaire des individualités vers une coordination au sein d'un collectif: «La divergence des interprétations et des anticipations entre agents économiques semble plus réaliste qu'une quelconque convergence vers des dynamiques collectives d'acteurs» (Lecoq, 2001, 9). La convergence est donc souhaitée – une Tour de Babel où chacun comprendrait l'autre – mais n'est jamais atteinte (Callon et al., 1995). Elle est une représentation idéalisée de la coordination, parfois un état de relations qui succède, anticipe des divergences ou se superpose à elles, mais elle n'est en aucun cas un aboutissement.

Des approches retenues, peu font explicitement référence à la convergence, à l'exception de Michel Callon pour qui la convergence est tantôt synonyme de clôture des relations internes et de stabilisation temporaire du réseau (Callon, 1992B), tantôt d'intégration maximale, cas extrême et rare où chaque acteur du réseau intègre les compétences, le langage de tous les autres (Callon et al., 1995). Nous retenons la première définition de la convergence car elle se rapproche de l'idée de rupture défendue par Bruno Lecoq (2001) et elle rallie de manière implicite les trois approches. Nous définissons *a contrario* la divergence comme l'état critique et d'ouverture provisoire du réseau. Ces convergences et divergences portent tantôt sur la technologie, sur les relations interpersonnelles ou sur les mécanismes institutionnels.

Il est dès lors possible d'observer une relative harmonisation des comportements et des choix d'acteurs qui, dans un contexte d'incertitude, agissent par imagination et anticipation d'un futur tout aussi incertain (Lecoq, 2001). Cette harmonisation prend la forme de «chaînes de relations» (Callon, 1992b) plus ou moins durables qui s'établissent entre acteurs et qui reflètent leurs intérêts communs, leur influence respective et leur appartenance aux même réseaux sociaux. Il peut y avoir une coprésence de bonnes conditions de gens, de matériel, d'idées, en un lieu, en une région, à un moment donné. Ceci montre que la proximité compte et qu'elle constitue bel et bien un mode de coordination. Par contre, puisque l'enjeu est de suivre ces cheminements sans vouloir «identifier des formes optimales d'organisation territoriale» (Lecoq, 2001, 6) du processus de production, la proximité ne doit en aucun cas être définie comme une forme spatiale idéalisée, «une proximité providentielle» qui d'emblée résoudrait les problèmes de coordination et qui, dans l'héritage d'une économie politique, associerait un ordre social – en l'occurrence le marché – à un ordre spatial.

Nous défendons le point de vue que la mise en réseau à des fins d'innovation est un processus de tension continue de convergences et de divergences entre acteurs. Ainsi toute mise en réseau favorise l'émergence de convergences et de divergences; argument que nous synthétisons par la figure 8 ci-après.

Figure 8. Dynamique des relations technologiques

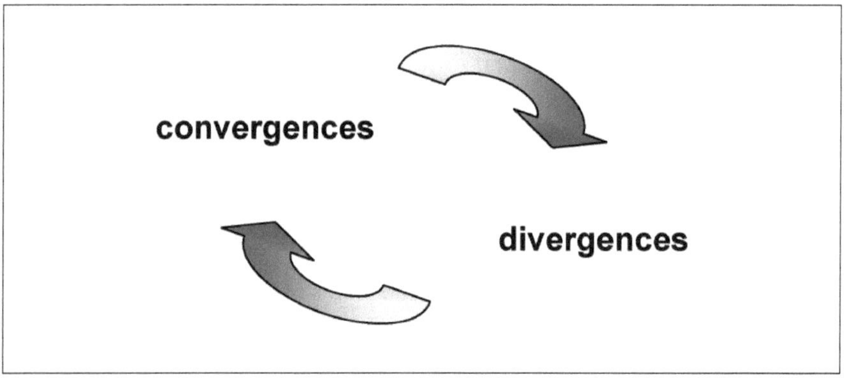

Les rapprochements entre les milieux technique, économique et scientifique favorisent l'émergence de convergences et de divergences.

Cette dynamique naît de la confrontation de l'acteur à d'autres identités humaines et matérielles. Les objets (la technologie), les humains (les relations) et leurs organisations (les mécanismes institutionnels) ont la capacité de lier ou de délier les réseaux d'innovation, c'est-à-dire de renforcer les réseaux existants, ou d'en configurer d'autres. Ceci fait que l'innovation (la technologie) progresse et que parallèlement, la construction du réseau s'opère. Au-delà des perturbations provisoires que suscitent ces interactions, cette double dynamique trace des chaînes d'interactions (de traductions, de relations et de mobilités) qui consolident le réseau et assure ainsi la diffusion de l'innovation. Ces chaînes établissent une relation entre le court terme du projet et le long terme des territoires, entre les individus et des cadres collectifs (organisations, professions…). Cependant, cette dynamique atteste que les états de convergence sont forcément limités dans le temps puisque les technologies, les relations sociales et les mécanismes institutionnels sont ancrés dans diverses échelles temporelles et spatiales. Elle force cependant les ajustements et donne ainsi une impulsion au projet.

D'un point de vue théorique, nous affirmons que

- l'innovation, en tant que processus, est caractérisée par l'incertitude et la dimension temporelle est aussi importante à étudier que la dimension spatiale;
- l'action (innover) et l'interaction priment sur la position (proximité) et sur le mouvement (mobilité) dans la constitution des réseaux et du savoir;
- la diffusion de l'innovation dans le temps et dans l'espace est indissociable de la construction des réseaux.

3.2.1. Au centre: l'acteur

L'acteur: un être libre et contraint

L'élément central de la constitution des réseaux d'innovation, à savoir la genèse des relations et leur évolution, est l'acteur. Nous avons choisi délibérément de définir l'acteur comme acteur individuel, celui qui établit des relations. Cet acteur est un être complexe et mouvant puisque ses appartenances, ses rôles et ses comportements évoluent sans cesse.

Nous définissons l'acteur-individu comme un être socialisé et situé dans l'espace et le temps et définissons cet acteur comme un être à la fois libre et contraint. Il a en effet la possibilité de choisir avec qui il s'allie, comment et où, mais il doit le faire en fonction des contraintes que sont l'espace et le temps. Libre, il conçoit sa relation à autrui et aménage son espace de façon égocentrée, à partir du *Moi*, *Ici* et *Maintenant*. Contraint, il définit sa relation à autrui et son espace relatif à cette relation en fonction de sa gestion temps-espace. Nous adhérons pleinement à la démarche de Tortsten Hägerstrand (1981), pour qui toute action collective ou individuelle est liée au reste du monde, aux actions de tout individu, si bien que l'on ne peut écarter le fait qu'une autre entité – matérielle ou humaine – occupe déjà une position: «Les individus, les lieux et les choses ne disparaissent pas parce que personne ne les regarde ou ne pense à eux. Ils sont tout simplement là, ils existent en nombre défini, coûteux ou impossibles à déplacer, et pas nécessairement désireux de coopérer» (1981, 64).

De l'acteur à l'espace

Deux systèmes philosophiques, une la centralité, l'autre l'étendue cartésienne, sous-tendent les deux conceptions de l'espace: une conception égocentrée et une conception aménagée, position défendue par Abraham Moles et Elisabeth Rohmer (1978). La centralité correspond au *Moi, Ici et Maintenant*, c'est-à-dire à une perception immédiate du monde, alors que l'étendue cartésienne est un espace fait de coordonnées. Chaque conception est dominée par une forme d'interaction. La centralité soulève un conflit entre moi et l'autre. L'étendue cartésienne repose sur la coexistence des individus; des individus qui se répartissent rationnellement dans l'espace. Nous pourrions ainsi déjà dire que dans la première conception, l'interaction est *dans* l'espace, alors que dans la seconde conception, l'interaction se fait *sur* l'espace. La première trace des continuités relationnelles, la seconde prend des entités séparées pour les mettre en relation.

Ces conceptions organisent différemment l'espace. Selon une conception égocentrée, le monde s'organise en fonction de la perception de l'individu, à partir du *Moi*, *Ici* et *Maintenant*. Il s'agit d'une conception subjective de la distance et de la proximité. Par contre, une conception de l'étendue part d'une connaissance de l'espace et amène l'acteur et l'observateur à imaginer la répartition et les densités occupées par des entités. C'est une vision rationnelle qui débouche sur une analyse fonctionnelle de la proximité et de la distance.

Il importe d'admettre que ces deux conceptions contradictoires sont complémentaires et non exclusives. A cet effet, Abraham Moles et Elisabeth Rohmer soulignent que «nous passons de l'un à l'autre dans notre vocabulaire comme dans nos comportements» (1978, 11) et que ceux-ci sont régis par «la loi proxémique» selon laquelle «l'importance des êtres, des choses et des événements y diminuant nécessairement avec la distance à mesure que décroît leur perception elle-même» (1998, 14). A ce sujet, Denis Retaillé précise (1997, 70) que

> la géographie s'équilibre sur la crête qui sépare la philosophie du sujet et la philosophie de la raison, entre ce que je connais et ce que je sais. C'est par-là que passe la contradiction apparente entre les deux opérations, qui consistent à lier et à découper. L'accumulation de connaissances empiriques dans la trame de la pensée construite et dans la dimension idéale de l'espace n'est, de plus, possible que sur la base d'une information de départ. Elle répond à un double questionnement: quoi ailleurs par rapport à ce qui

est là? qui est une autre formulation de la question: « Y a-t-il de la distance? », mais centrée cette fois. Ici et ailleurs se retrouvent, assortis d'un contenu qui les objective et parfois même les matérialise.

La géographie des relations technologiques est pétrie par ces deux conceptions. Dans les théories qui portent sur la construction du savoir, on tend à faire croire que le relationnel est une source de performance et doit être organisé, aménagé; ce que Pierre Veltz (2002, 84) résume par le terme de « l'efficacité relationnelle ». Dans une conception de l'espace égocentrée et spontanée, le rationnel correspond au simple besoin de communiquer et à la préférence qui en découle d'établir d'abord des relations de face-à-face.

Ces deux conceptions de l'espace sont le fondement de deux approches scientifiques, l'une fondée sur « la philosophie de l'aménagement » propre aux géographes et aux aménagistes, selon Abraham Moles et Elisabeth Rohmer – auxquels nous associons les économies de la proximité et l'analyse spatiale – et l'autre, fondée sur « la philosophie de l'être », celle de l'habitant et du psychologue et que nous rapprochons de la géographie humaniste, d'une nouvelle sociologie (économique) des réseaux. En définissant l'acteur individuel comme clé d'analyse, on est davantage guidé par une conception égocentrée alors que l'entrée par le territoire amène à organiser la répartition des acteurs et leurs relations. L'analyse du projet d'innovation fait appel à ces deux conceptions de l'espace, en analysant le point de vue des acteurs individuels, sans pour autant tomber dans une approche « psychologisante » ni dans une approche trop normative et fonctionnelle des relations technologiques. Ce thème est repris par Jean-Pierre Boutinet dans « Psychologie des conduites à projet » (1993) qui présente la dimension spatiale dans une perspective phénoménologique.

Il en est du temps comme de l'espace: un temps donné à aménager et un temps perçu.

La dialectique de la fermeture et de l'ouverture

Ainsi, nous décidons de positionner l'acteur dans une tension continuelle entre un besoin d'ouverture et d'interaction sociale et la nécessité d'une fermeture et d'une clôture à l'altérité. Cette expression dialectique de repli sur soi et d'expansion vers les autres crée « une distance sociale qui permet à chacun d'avoir une certaine autonomie, mais n'interdit pas l'échange » (Fischer, 1981, 19).

L'acteur n'est donc pas un stratège égoïste suivant une logique qui s'énoncerait ainsi: «Moi d'abord, les autres ensuite». Il n'est pas plus borné et attaché à ses valeurs ou à celles du groupe auquel il appartient qu'il n'est détaché et ubiquiste. On peut l'affubler de plusieurs qualificatifs[6]: acteur stratège, acteur multicasquette…, il est avant tout libre et contraint.

Dans la problématique relationnelle du développement technologique telle que nous la développons, nous observons que le rapport de l'individu à son espace-temps provoque les convergences et divergences. Cela s'explique par le fait que, n'étant pas un être isolé, l'acteur dans ses besoins et contraintes d'interactions est toujours appelé à s'ouvrir à l'altérité, tout en protégeant sa position. Les convergences et les divergences sont l'expression de cette dialectique de la fermeture et de l'ouverture à l'altérité et à la matérialité. Elles sont parfaitement observables pour autant que l'on considère l'innovation comme un processus et le réseau comme une forme d'organisation évolutive.

3.2.2. L'innovation et le réseau

L'innovation: expérience collective et état provisoire

Nous définissons l'innovation comme un processus, c'est-à-dire comme une démarche en cours, telle que définie de manière générale par les *science and technology studies* (STS) – et plus précisément, dans le milieu francophone, par la sociologie et l'anthropologie des sciences et des techniques: «L'innovation est une interprétation provisoire de l'état de la nature, des possibilités techniques, des stratégies concurrentes du marché et des intérêts; cet état va se trouver modifié rapidement par ce que les autres vont faire de l'innovation proposée» (Callon et Latour, 1986, 17), ce qui nous amène à définir l'innovation comme une expérience commune et un état des mondes technique et relationnel en présence, et non à une application de connaissances.

6 L'acteur stratège qui compose en permanence, négocie continuellement et conquiert du pouvoir (Callon, 1992b; Callon et Latour, 1986). L'acteur pluriel (Goffman, 1991) c'est-à-dire multicasquette qui parle pour lui et pour les autres; multifacette qui joue sur plusieurs registres (Boltsanski et Thévenot, 2001) et multiterritorial (Gumuchian et al., 2003).

L'innovation conçue comme un processus relationnel liant des individus et des collectifs permet d'appréhender aussi cette double dimension qu'est l'espace et le temps. L'espace et le temps sont déjà des contraintes pour les individus puisque l'espace est rare et le temps limité pour chacun. Le temps et l'espace sont en partie donnés. Ainsi, il y a souvent discordance entre l'intention et l'imagination qui permettent de dépasser ces contraintes et la pratique qui rappelle ces contraintes à l'individu (HÄGERSTRAND, 1989). L'espace-temps de l'acteur est donc construit de la synchronie – l'instantanéité de ses relations – et de diachronie – ses expériences sociales – de distance autant que de proximité géographiques.

En retenant l'hypothèse de l'encastrement de la sociologie économique pour laquelle toute relation marchande est inscrite dans des relations sociales et en le transposant à l'innovation, nous considérons que l'innovation est fortement ancrée dans des relations interpersonnelles et des relations plus structurelles. Nous trouvons donc pertinent d'associer la démarche de la nouvelle sociologie et l'anthropologie des sciences et des techniques à celle de la sociologie économique. Ainsi, pour comprendre la dimension à la fois technique et relationnelle de l'innovation, nous aurons recours au concept de réseau.

Le réseau: configuration temporaire des relations

Le réseau est à la fois un outil de compréhension des relations et une configuration de relations entre des éléments hétérogènes.

En tant qu'outil, le réseau nous permet de comprendre la mise en place des relations: «Le réseau, considéré dans sa dimension formelle, est un puissant outil pour suivre la mise en place de ces connexions et pour décrire les formes qu'elles prennent» (CALLON, 1999B, 14). Il faut ensuite comprendre comment un réseau évolue dans le temps et ceci renvoie au réseau défini comme une configuration provisoire de relations[7]. Cette définition du réseau met l'accent sur les ajustements, les alliances, les négociations entre les acteurs et les modes d'interactions que sont la technique, les relations sociales et des mécanismes institutionnels.

La première définition insiste sur le lien entre entités, la seconde sur les ajustements ou «traductions» successifs qui amènent les acteurs d'univers

7 Nous préférons le terme de configuration à celui de modalité de coordination (CALLON ET AL., 1995).

différents à converger le temps d'un projet commun. L'une renvoie à la genèse des relations, à savoir par qui, comment et dans quel contexte ces liens sont constitués, l'autre à voir comment évoluent les relations entre individus engagés par un même projet.

Nous pouvons établir une première relation entre réseau et innovation (figure 9), sur la base des définitions de l'innovation du CSI (CALLON ET LATOUR, 1986) et du réseau de Michel Callon (1999B).

Figure 9. Le réseau et l'innovation, concepts appropriés pour analyser les relations technologiques

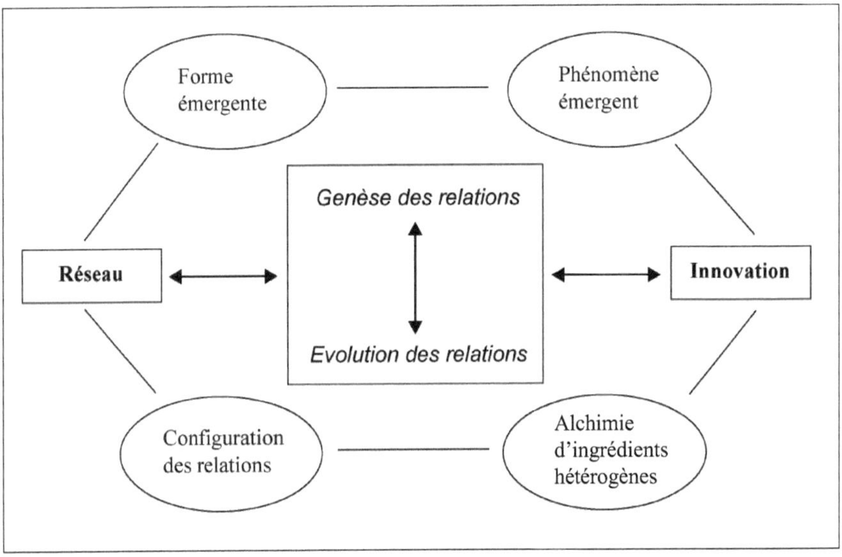

Cette figure montre, d'une part que le réseau et l'innovation comportent aux moins deux caractères communs: l'émergence et l'hétérogénéité. D'autre part, il offre une double lecture: économique et sociologique. En effet, selon Michel Callon (1992B, 59) pour les économistes, ce sont les choses (en l'occurrence la technologie) qui mettent en rapport les individus, alors que pour les sociologues, ce sont les relations établies entre acteurs au sein d'une structure qui font lien (les réseaux sociaux, professionnels…), raison pour laquelle nous retenons la technique et les relations sociales auxquelles nous ajoutons les mécanismes institutionnels comme modes d'interaction.

Par conséquent, nous pouvons lire ce schéma soit à partir du réseau, soit à partir de l'innovation. Que l'entrée soit le réseau ou l'innovation pour comprendre les relations technologiques locales, nous avons un passage obligé par la genèse des relations et leur évolution.

3.2.3. Le lieu, le milieu, le territoire

En partant des deux conceptions égocentrée et aménagée de l'espace, les concepts traduisant la dimension locale des relations sont le lieu, le milieu et le territoire. Tous les trois comportent cette double conception de l'espace égocentrée et aménagée. Les acteurs vivent leur espace et c'est donc de leur propos, après analyse, que le chercheur peut déterminer le lieu, le milieu et le territoire qui les affectent. Il sont présentés ici dans leur abstraction, en attente du sens que leur donnent les acteurs.

Le lieu

Dans son acceptation aménagée, le lieu est un point géo-référencé, c'est-à-dire un lieu accessible de tous points. Pour Jacques Lévy (2003, 560), cette définition se confond avec la localisation. Il s'agit pourtant d'une forme d'intégration des choix et des contraintes suscitées par la confrontation de l'altérité.

Lorsqu'on considère le lieu par sa «portée sociale», il se caractérise par les représentations et des pratiques de chaque acteur qui font lieu (GUMUCHIAN ET AL., 2003; LÉVY ET LUSSAULT, 2003). Il s'agit alors d'une conception égocentrée du lieu, du lieu construit dans le rapport à l'altérité. Le lieu est caractérisé par la coprésence.

Le milieu

Plus que la notion de lieu, le milieu fait référence à un collectif. Le recours au concept de milieu est ancien en géographie. D'après Paul Claval (1995, 56), le concept de milieu est d'abord appliqué à la géographie physique par Alexandre von Humboldt puis adopté par Vidal de La Blache et Max Sorre en géographie humaine. Aujourd'hui, le milieu suscite en géographie une certaine prudence et est associé à une forme de déterminisme ou de possibilisme. Les relations homme-milieu ont en effet été mises en avant par une géographie francophone pour justifier l'influence de l'un sur l'autre. Aux dires de Jacques Lévy (2003, 618), la notion de milieu définie comme un ensemble de conditions biologiques et sociales qui agit sur un groupe et qui en retour l'influence est perçue aujourd'hui comme une notion sclérosante et non scientifique. Aussi, en géographie, nous écartons volontiers le milieu au profit de la notion d'environnement – pour parler d'une interaction de l'homme et de la nature – ou de celle de territoire lorsqu'il s'agit des rapports sociaux. Parfois on a recours indifféremment au lieu, au milieu, au territoire, considérant que le lieu baigne dans le milieu ou que les lieux sont reliés entre eux pour former un territoire.

Par contre, le recours à la notion de milieu est important lorsque ce milieu devient innovateur, c'est-à-dire lorsqu'il comporte un ensemble d'acteurs localisés qui participent à une dynamique commune d'apprentissage et d'interaction. Dès lors, le milieu innovateur, approche proposée par l'économiste français Philippe Aydalot (1985), nous signale que l'innovation n'émerge pas n'importe où et ne se diffuse pas partout. L'innovation est donc le fruit d'une culture technique et d'un capital relationnel en renouvellement.

Le milieu innovateur est synonyme du territoire, mais distinct du lieu, si l'on considère que «le lieu a comme propriété finale la coprésence. Le territoire, comme lien et médium d'une société, exprime cette coprésence d'une manière originale qui est aussi dérivée du contrat: la solidarité. La proximité créée par l'unité que l'on appelle territoire rend les acteurs sociaux qui s'y déploient solidaires ‹de fait›, par-delà les différences» (Retaillé, 1997, 121).

Le territoire

Pour le GREMI et l'approche du milieu innovateur, le territoire est synonyme d'un système d'organisation de la production à des fins innovatrices. Cette définition paraît restrictive aux yeux d'Olivier Klein (2000) et de Georges Benko (2003, 620) qui déplorent un territoire réduit à sa dimension productiviste. Georges Benko parle de «quasi-personnification du territoire» et de «néopositivisme» marqué par une volonté modélisatrice. Le territoire de l'approche du milieu innovateur n'est-il donc pas celui du géographe?

La question est déjà relative à la conception modélisatrice. Lorsque Olivier Crevoisier parle du milieu innovateur, il le considère comme un idéal-type[8]. Pour lui, les milieux innovateurs tels que décrits par le modèle

8 Dominique Foray, économiste évolutionniste, rappelait combien les économistes ont recours à des idéaux-types, à des faits stylisés, pour expliquer et simplifier la réalité. Les géographes réalisent alors combien ils sont attachés à la réalité (colloque «Science & Marché», organisé à l'Université de Lausanne, les 19 et 20 février 2004, par Imédia [Interface Sciences, Médecine et Société], DIE [Département interfacultaire d'Ethique], PACTT [Bureau de transfert de technologie, commun au CHUV et à l'université de Lausanne]).

des trois paradigmes (territorial, organisationnel et technologique) est quasiment inexistant. La réalité observée tend vers cette conjoncture mais elle ne l'épouse pas. Le modèle est donc une caricature de la réalité. A partir du moment où cette approche met en évidence certains critères de dynamisme sans qu'il y ait convergence entre tous, nous pouvons imaginer le milieu innovateur comme un territoire en construction et en reconstruction, une organisation collective dynamique.

Ensuite, la question porte sur la définition du territoire par les géographes et à ce sujet, la discipline se reporte aux définitions rassemblées par Jacques Lévy et Michel Lussault dans «Le Dictionnaire de la géographie» et déjà présentée dans un ouvrage précédent par Jacques Lévy (1999). Les définitions les plus communes du territoire se réfèrent tantôt aux limites politiques et étatiques (un espace borné et un territoire administratif immuable), tantôt à sa dimension identitaire ou idéelle (espace approprié).

Le milieu innovateur est un territoire. Le territoire est donc une forme collective et organisatrice des différents éléments tangibles et intangibles de l'innovation: organisationnelles, individus, savoirs... Dans une problématique relationnelle, cette configuration est définie par les aménageurs et consolidée par les infrastructures matérielles, mais sans cesse remise en question par les acteurs et les réseaux auxquels ils appartiennent. Le territoire du GREMI est défini comme «une matrice et une empreinte» (CREVOISIER, 2001, 158). Cette définition du territoire sied aussi bien à la géographie qu'à l'approche des milieux.

Par conséquent, le concept de «milieu innovateur» du GREMI est plus approprié à l'analyse des relations technologiques que le concept de «milieu» du géographe, dans lequel la dimension sociale est souvent effacée au profit d'un substrat matériel et physique, raison pour laquelle les géographes lui préfèrent le territoire. Toutefois le milieu innovateur peut tomber dans le même excès que le territoire lorsque la dimension normative l'emporte sur la dimension organisatrice, l'étiquette des «valeurs» fait ombrage aux multiples convergences et divergences.

Comme le mentionne Valérie November (2002), l'hétérogénéité des acteurs – qu'elle qualifie d'humains et non humains en référence au principe de symétrie de Michel Callon et de Bruno Latour – est un élément essentiel de compréhension du territoire: «Pour la discipline géographique, ce constat donne l'occasion au débat de se distancier de la tension entre les éléments humains et non-humains. La discussion ne porte plus sur la direction de la flèche de causalité (humains vers non-humains ou non-humains vers humains?), mais sur les modalités de l'assemblage des éléments hétérogènes» (NOVEMBER, 2002, 294).

L'espace, qu'il soit lieu ou territoire, est structuré par une dialectique de la fermeture et de l'ouverture et par une opposition de contrainte-liberté qui s'exprime dans les lieux (le moi et les autres), et le dedans-dehors qui caractérise le territoire (l'*Ici* et l'*Ailleurs*) (FISCHER, 1981, 101-102).

3.3. Le projet, figure rhétorique et entrée méthodologique

Le projet est pour nous à la fois une figure rhétorique et une entrée méthodologique.

3.3.1. Le «pro» de l'anticipation, le «jet» de la réalisation comme métaphore utilisable?

Choisir la figure du projet s'explique par le fait que l'innovation est une réponse à l'obsolescence et que l'anticipation est une nécessité. Expérience, opportunité, environnement, incertitude, singularité, motivation, complexité… sont autant de mots communs au projet et à l'innovation. L'incertitude est, à notre avis, la caractéristique majeure.

Le projet permet d'appréhender, d'intégrer, de relier les opposés à savoir les projets individuels et collectifs, existentiels et techniques (BOUTINET, 1999). Il comporte cette double dimension de temps et d'espace. La dimension temporelle du projet est dans son histoire, ses étapes et dans les différentes trajectoires des individus qui permettent ou non l'innovation. Il exprime la durée du projet et l'agrégation de temps hétérogènes. La dimension spatiale, selon Jean-Pierre Boutinet (1999), est concentrée dans les ressources que l'acteur perçoit au sein de divers espaces, disponibilité qu'il rejette ou traduit en opportunité nécessaire au projet. Il s'agit d'une relation égocentrée à l'espace, un espace mis en mouvement par l'action (GUMUCHIAN ET AL., 2003).

Figure 10. Le projet: le processus et l'acteur

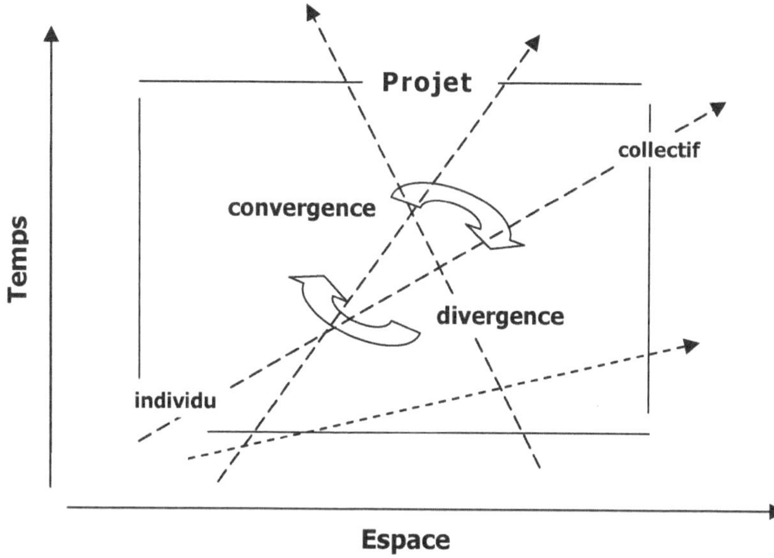

Le projet, en tant que cadrage d'une action, mobilise les caractéristiques du «monde extérieur» (GOFFMAN, 1991), c'est-à-dire de ce qui ne relève pas directement du projet mais qui l'influence. Il donne à voir un double encastrement entre les individus et entre les individus et les structures collectives (GRANOVETTER, 2000). Il établit aussi une relation entre le long terme et le court terme (GRABHER, 2002) des expériences passées et des rencontres ponctuelles et entre les étapes de l'idéation (ce qui s'élabore avant le projet proprement dit) et de la réalisation de l'innovation (CREVOISIER, 2001). Il articule des échelles locale et non locales.

Le projet correspond aussi au modèle culturel dominant actuellement «la culture à projet» qui accorde une grande importance aux activités d'innovation dans le but de valoriser l'immatériel (BOUTINET, 1999). Dans cette «culture à projet», les activités sont limitées au projet initial, c'est-à-dire au déroulement et à l'objectif imaginés au moment de la conception du projet. Cette conception du projet ne tient pas compte des innovations intervenant en cours de route et donc du fait que le résultat peut être tout autre que celui qui était prévu. Nous maintenons cependant la nécessité du projet pour fédérer les acteurs et permettre aux divergences et convergences de voir le jour.

3.3.2. Le projet: un processus en cours

Nous avons choisi de mettre en évidence l'alternance ou la simultanéité de convergences et de divergences entre les acteurs, particulièrement dans la phase d'émergence du réseau, en procédant à l'analyse d'une technologie émergente, en l'occurrence médicale, pour des raisons expliquées plus loin. L'observer en cours de développement (LATOUR, 1989) permet de comprendre l'innovation comme processus et non plus comme produit commercialisé. Il relève une caractéristique essentielle de l'innovation: l'incertitude, et de manière plus générale, montre que la création et la diffusion de l'innovation sont indissociables. En suivant les acteurs dans un projet en cours, nous évitons de présenter après coup une histoire embellie par le succès et le consensus.

Cette compréhension du processus passe par une description qui – si l'on veut vraiment prendre l'acteur au sérieux dans ses actes et paroles – doit absolument s'appuyer sur les propos d'acteurs (LUSSAULT, 2000).

3.3.3. Un deuxième niveau d'analyse

Face à l'erreur méthodologique courante qui définit l'échelle locale par un rayon d'action, une taille de population, des limites administratives…, il nous faut donc choisir un sous-ensemble pertinent capable de rendre compte de manière dynamique et suffisamment fine de l'interaction entre acteurs.

Lors des premiers entretiens informateurs, nous avons analysé les rapprochements entre les pôles médical, technique et économique à l'échelle régionale. Il s'en dégageait des observations générales: un rapprochement récent et progressif entre le Centre hospitalier universitaire vaudois (CHUV) et l'EFPL et un intérêt commun des médecins et des ingénieurs pour le bien-être et la santé d'une société, ainsi qu'un vocabulaire partagé; une intensification des partenariats entre le CHUV et les firmes, dans lesquels priment les relations interpersonnelles; des relations interfirmes qui vont de la confiance à l'ignorance; des interfaces jouant le rôle de «fermeture Eclair» mais un rôle catalytique modeste (Informateurs, 1999).

Il s'agit d'une description fonctionnelle des relations technologiques locales qui retracent une évolution des divergences vers une convergence en termes de langage, d'intérêts, de modes de relations; tendance explicable par le choix d'échelle spatiale (figure 11). Ces informations correspondent aux attributs de la petite échelle mentionnés par Jean-Bernard Racine et al. (1980): information structurante, phénomènes latents, tendance à l'homogénéité, valorisation de l'organisé et du productivisme.

Figure 11. 3 pôles – 3 institutions

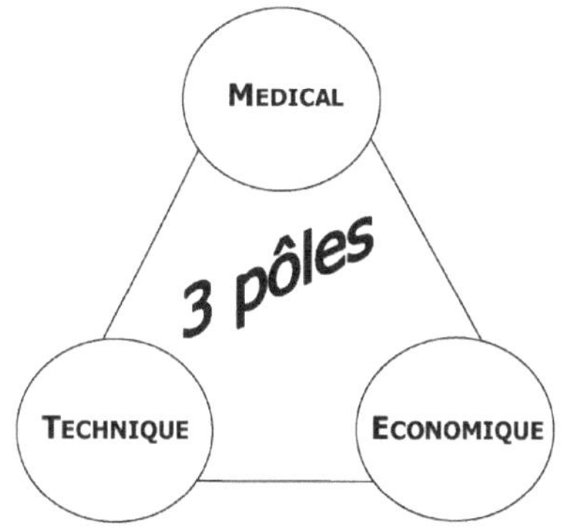

Système fonctionnel

- référence au territoire
- long terme, narration
- structures montrant des relations interpersonnelles
- histoire et cadres institutionnels (métiers, projets...)
- politiques publiques (repérage plus aisé)
- méso-échelle urbaine
- **convergences (intérêt commun, langage commun...)**

Or, en tant que géographe, nous savons que

> nous ne disposons pas encore d'une structure conceptuelle unifiée qui puisse incorporer aussi bien les dimensions spatiales (et temporelles d'ailleurs) du comportement, les caractéristiques contextuelles de l'environnement extérieur, les buts et les motivations des preneurs de décision individuels (RACINE ET AL., 1980, 89).

Le projet (figure 12) comporte les attributs de la grande échelle géographique: information factuelle, données individuelles, tendance à l'hétérogénéité, valorisation du vécu et de l'existentiel (RACINE ET AL., 1980).

Figure 12. 1 projet – 3 partenaires

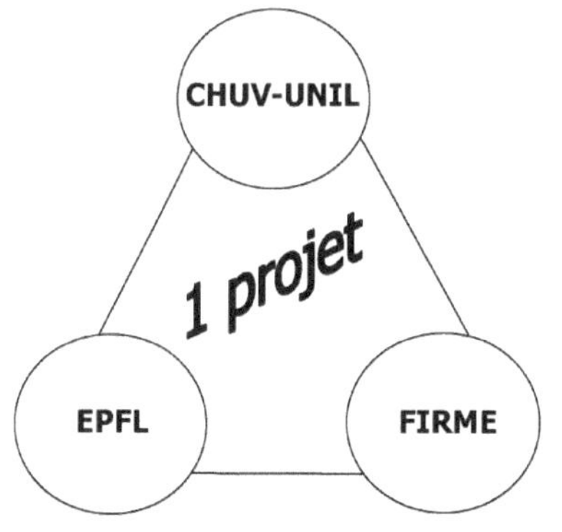

Système relationnel

- référence à l'innovation
- court et moyen terme, action et narration
- relations interpersonnelles montrant des structures
- trajectoires spatio-temporelles
- modes d'interaction (repérage plus aisé)
- diverses échelles spatiales
- **divergences (intérêts, acteurs multiples...)**

Les relations technologiques locales sont l'une des configurations possibles de réseaux d'innovation. L'action d'innover se développe à plusieurs échelles spatiales et temporelles et ce qui nous intéresse, c'est de voir comment se fait l'interaction entre les individus.

3.3.4. Pourquoi le choix d'une innovation technologique médicale?

Notre étude de cas consiste à interroger les acteurs sur la constitution et l'évolution du réseau propre à une technologie médicale de stimulation électrique du côlon, nommée ColoStim, dont l'objectif est de traiter la constipation chronique. Pratiquement, il s'agit d'une microanalyse qualitative du réseau d'acteurs d'une technologie médicale en cours de développement entre les organismes localisés dans l'agglomération lausannoise que sont le CHUV, l'EPFL et une firme multinationale. Cette analyse fait intervenir des acteurs de formation et de milieux de travail différents (médecins, ingénieurs, fermier...).

Cette observation peut être intéressante au regard d'options politiques, de choix institutionnels, qui comptent s'appuyer sur les réseaux, la proximité, les *clusters* pour rendre les investissements efficients – la recherche d'excellence – et élever les régions au plus haut rang de la compétitivité.

Cette thèse poursuit une réflexion engagée, il y a plus de dix ans, sur le système de santé et la nécessité de le comprendre, en intégrant les acteurs présents et actifs à l'échelle locale ou régionale, tout en observant des logiques plus globales.

Par une étude sur l'*Insertion professionnelle de la main-d'œuvre étrangère en Suisse*, menée dans le cadre d'un programme national de recherche «Migrations et relations interculturelles» (PNR 39), nous avons mis en évidence, à l'échelle régionale, l'ouverture nécessaire du système de santé à la main-d'œuvre étrangère, pour assurer son fonctionnement et son évolution (BOULIANNE, 2003; LEIGGENER, 2001). Cette ouverture des systèmes locaux à une échelle internationale se traduit notamment par des filières de recrutement internationales et la concentration de certaines nationalités au sein des institutions de santé. Parallèlement à ces mobilités internationales, nous avons relevé des mobilités intercantonales restreintes. Nous observions déjà à ce niveau des mécanismes d'ouverture et de fermeture, ainsi que des logiques contradictoires: une logique d'entreprise qui incite le personnel à se perfectionner, grâce à une grande mobilité d'un centre hospitalier à un autre, et une logique territoriale qui enracine son personnel qualifié dans un canton, voire dans un établissement, par le type de permis offert.

A la suite de cette étude, un *certificat de management des institutions de santé*, réalisé en 1998 dans le cadre des Hautes écoles commerciales (HEC) à l'Université de Genève, nous offrait une compréhension plus étendue de la gestion administrative. Il s'avérait toutefois que l'urgence des réformes de santé en cours dirigeait l'analyse dans une étude d'impacts pour répondre à des décisions politiques. L'impression qui s'en dégageait était qu'un bon nombre de chercheurs couraient au chevet de ce système de santé jugé malade, les empêchant de prendre suffisamment de recul pour penser la santé comme une filière, comprenant un ensemble d'acteurs aussi bien producteurs et financeurs de soins que producteurs de technologies y contribuant. Le mécanisme d'ouverture et de fermeture s'exerçait ici à un niveau intrarégional, entre des acteurs producteurs et consommateurs de technologies et des acteurs producteurs et consommateurs de soins.

Le processus d'innovation nous semblait alors constituer le trait d'union théorique entre les acteurs d'un système de soins et ceux d'un système industriel et technologique, présents à l'échelle locale. Le *master européen en société, science et technologie* que nous avons réalisé à l'EPFL en 2000 fut, à cet égard, d'un apport essentiel par l'ouverture qu'il procurait aux *science and technology studies* et à la conception constructiviste de l'innovation, c'est-à-dire à la prise en compte nécessaire, dans toute analyse de processus, d'une diversité d'acteurs, sans établir une séparation entre la technologique et la société.

Par ces recherches, nous avons acquis une compétence dans le domaine de la santé et de l'innovation. De surcroît, ces recherches ont orienté le choix de la technologie médicale comme objet d'étude de cas de notre thèse par le fait que la technologie médicale concerne tout un chacun. En effet, la technologie médicale illustre une mise en scène quotidienne dont les acteurs sont autres que les spécialistes de la question. Les problématiques de santé sont largement popularisées par des votations, des films et des séries TV…

L'orientation qui en découle pour tel ou tel type de médecine est justifiée par de nombreux impacts sur le bien-être d'une société, la qualité de vie des individus, la croissance générale ou le développement d'une région; autant d'évidences qui ne sont pas forcément expliquées. Avec le développement des biotechnologies, la densité de relations entre la science, l'industrie et le public est très forte.

En ce qui concerne ses réseaux d'acteurs, la technologie médicale est caractérisée par une plus grande influence des acteurs intermédiaires que sont les médecins (GLASSEY, 1998) et de l'acteur industriel (OCDE, 2000). Contrairement à d'autres technologies phares, comme les communications où l'usager est vivement sollicité à donner son avis, malheureusement en médecine le poids des usagers finals que sont les patients est encore faible. Le rapport médecin-patient est marqué par une asynchronie due à l'absence des patients et l'asymétrie d'information entre les concepteurs et les utilisateurs.

Nous ajoutons à ces caractéristiques générales, les spécificités mentionnées par les acteurs rencontrés[9] lorsqu'ils racontent leur innovation:

- Les rôles ou fonctions conférés aux techniques biomédicales: la saisie et le traitement de l'information, afin d'affiner le diagnostic médical et le développement d'outils thérapeutiques avec, pour finalité[10], de soigner l'humain, complexité accrue avec le développement du génie génétique qui fait appel à la compétence du biologiste moléculaire.
- Le temps de développement d'un produit à sa commercialisation *(time to market)* long (3 à 6 ans suivant la technologie) dû aux procédures d'expérimentation clinique auxquelles il est soumis, mais aussi aux normes sévères pour obtenir l'homologation (FDA, ISO...). Sur le long terme, ce temps de développement diminue mais les exigences des patients augmentent et la recherche de rentabilité des actionnaires et l'internationalisation des marchés tendent aussi à croître.
- Les spécialisations des techniques médicales relatives aux multiples usages et usagers (grands appareils en salle d'opération ou en laboratoire, système portable pour soins à domicile).
- La variété des technologies qui lui sont associées et par conséquent la diversité des savoirs nécessaires et des disciplines engagées (chimie, génétique, immunologie, optique, sciences des matériaux...).

9 Caractéristiques qui ressortent des entretiens réalisés en 1999.

10 Nous entendons ici la finalité ultime de la technologie médicale, d'autres finalités entrant en jeu: la concurrence entre domaines public/privé de la santé, médecines hospitalière/de ville, entre hôpitaux ou entre firmes et également concurrence régionale, sans compter la recherche de prestige et de reconnaissance individuelle.

- L'exigence de sécurité, car le bénéficiaire final étant l'humain, les essais cliniques ne se limitent pas au test de bon fonctionnement d'une machine. Sont en jeu la fiabilité du produit, la qualité et la durée de vie du patient. Cette exigence de sécurité est d'autant plus marquée qu'elle s'inscrit dans un système normatif de qualité, imposé à la production des biens et des services médicaux sur toute la filière allant de la firme à l'hôpital et ce, tant à l'échelle régionale (normes européennes ISO) que mondiale *(Food and Drug Administration).* Ceci incite l'entrepreneur à appliquer le principe de précaution avant de se lancer dans le développement d'une technologie[11], qui se doit d'être suffisamment innovante pour intéresser le marché, sans être radicalement innovante pour ne pas faire face au refus du FDA par exemple, à moins d'avoir les appuis financiers nécessaires pour prendre un tel risque.
- Les acteurs impliqués dans l'ensemble de la filière santé, tant institutionnels qu'individuels. Il s'agit des grandes familles d'acteurs que sont les ingénieurs, les médecins et les firmes, grandes ou petites, qui peuvent s'attaquer ou non à un marché, ainsi que la *Food and Drug Administration (FDA),* qui enregistre ou n'enregistre pas les produits, l'Office fédéral de la santé publique, qui édicte des ordonnances, l'Office fédéral des assurances sociales (OFAS), qui décide ce que les assurances ont à rembourser et qui devrait mener des études sur le coût social, les médecins intéressés et ceux qui restent à convaincre, sans oublier les patients qui demandent à être informés…
- Des logiques propres à chaque milieu : alors que le génie médical illustre la rencontre des savoirs scientifiques, techniques et économiques au point qu'il semble désormais difficile de tracer la frontière qui les sépare, ces mondes ont des logiques qui leur sont propres et qui, dans la réalité, entrent parfois en collision (propriété intellectuelle, normes de sécurité…).

Ce sont les tendances générales du développement des technologies médicales qui montrent que toute technologie ne peut être isolée du contexte qui la crée. Elles varient selon les acteurs, les phases du projet et les usagers.

11 On peut s'interroger sur la pertinence des systèmes qualité. S'ils permettent de tendre vers une qualité (qui reste encore à définir en matière de soins), ils pourraient aussi freiner l'intuition et la volonté d'innover (entretien, 1999). Dans l'immédiat, ces normes font entrer, dans l'ensemble de la filière, un lobby de consultants, conseillers en normes, qui sont des activités de service en forte croissance.

Elles sont particulièrement sensibles et visibles, parce que tout habitant se sent concerné.

3.4. Des méthodes qualitatives

Nous avons choisi, pour analyser sur le terrain les relations locales propices au développement technologique, une approche qualitative intensive, telle que décrite par la figure 13, faite à la fois d'une analyse documentaire fouillée et d'entretiens successifs. Nous entrons dans la logique propre à des acteurs sociaux, tout en sachant que «l'observateur le plus officiellement objectif ne comprend ce qu'il observe que sur le fond d'une analogie par laquelle l'autre, sujet humain comme lui, a des ‹réactions humaines›» (MUCCHIELLI, 1991, 15).

Notre étude comprend une analyse documentaire du génie médical lémanique et les interfaces entre milieux médicaux, économiques et scientifiques (programme de cours, programmes de recherche, organismes chargés d'établir ces relations…) permettant de saisir l'évolution des rapprochements institutionnels à un niveau local et de les situer dans un emboîtement de politiques publiques à plusieurs échelles: européenne, suisse, cantonale et locale. En effet, les mesures suivantes reflètent le rôle de l'Etat dans la constitution de ces rapprochements[12]: les objectifs de Lisbonne sur la construction du savoir, le Message de la Confédération sur l'encouragement à la formation, à la recherche et à la technologie pendant les années 2000 à 2003 (1998) ou l'Exposé des motifs et projet de loi sur la promotion économique de l'Etat de Vaud de mai 1999, présentant les aides de l'Etat.

Au-delà des textes, ce sont les entretiens réalisés auprès d'informateurs, puis d'acteurs d'une technologie spécifique, qui nous ont surtout permis de tracer les rapprochements locaux. Dans le détail d'un projet technologique et des propos des acteurs, les rapprochements institutionnels prennent alors la forme de chaînes de relations et ne se présentent plus comme des emboîtements successifs de la petite à la grande échelle géographique.

12 La LAMal ou Loi fédérale sur l'assurance maladie introduite en janvier 1996, soumise à révisions partielles et à initiatives populaires, a peu d'influence dans les rapprochements si ce n'est qu'elle instaure un principe de concurrence.

Figure 13. Une recherche géographique qualitative, de type intensif

	Intensive	*Extensive*
Research question	How does a process work in a particular case or small number of cases? What produces a certain change? What did the agents actually do?	What are the regularities, common patterns, distinguishing features of a population? How widely are certain characteristics or processes distributed or represented?
Relations	Substantial relations of connection.	Formal relations of similarity.
Type of groups studied	Causal groups.	Taxonomic groups.
Type of product produced	Causal explanation of the production of certain objects or events, though not necessarily a representative one.	Descriptive ‹ representative › generalizations, lacking in explanatory penetration.
Typical methods	Study of individual agents in their causal contexts, interactive interviews, ethnography. Qualitative analysis.	Large-scale survey of population or representative sample, formal questionnaires, standardized interviews. Statistical analysis.
Are the results generalizable?	Actual concrete patterns and contingent relations are unlikely to be ‹ representative ›, ‹ average › or generalizable. Necessary relations discovered will exist wherever their relata are present, e. g., causal powers of objects are generalizable to other contexts as they are necessary features of these objects.	Although representative of a whole population, they are unlikely to be generalizable to other populations at different times and places. Problem of ecological fallacy in making inferences about individuals.
Disadvantages	Problem of representativeness.	Lack of explanatory power. Ecological fallacy in making inferences about individuals.

Source: Sayer et Morgan, 1985[13], cité par John Eyles, 1988, p. 4.

13 « A modern industry in a declining region: links between method, theory and policy », in MASSEY Doreen et MEEGAN R. (eds), *Politics and method*, Methuen, London.

3.4.1. Des entretiens successifs

Notre analyse repose essentiellement sur des entretiens individuels réalisés de juillet à septembre 1999 et en juin 2002. Elles constituent le cœur de notre analyse empirique. Nous les complétons par les entretiens réalisés dans le cadre d'une étude collective (CEAT, 2001).

Le cœur de l'analyse

Les premiers entretiens que nous qualifions d'exploratoires auprès de treize acteurs informateurs sont orientés vers les thèmes particuliers que sont le génie médical lémanique, les relations science-industrie, les politiques technologiques et scientifiques – pour l'analyse du contexte institutionnel – et la technologie en question, s'il s'agit d'un acteur entrepreneur. Ils permettent de cerner le contexte institutionnel et de comprendre les relations technologiques qu'entretiennent les acteurs interrogés, aussi bien entrepreneurs que médecins ou responsables de transfert technologique.

Quant aux entretiens réalisés en mai 2002 (3 informateurs et 10 acteurs de la technologie), ils concernent essentiellement les acteurs d'une technologie médicale, dans le but de comprendre la construction des relations technologiques, dans un projet d'innovation spécifique. Les entretiens portent alors sur les trajectoires socio-professionnelles, l'évolution du projet en question et la constitution des réseaux d'innovation interpersonnels. Au-delà de l'action d'innover, ce sont la constitution et l'évolution des relations qui sont mises en évidence. Ces entretiens laissent ressortir les formes de divergence et de convergence relatives à la constitution des relations technologiques locales. Ils permettent notamment de définir le local, tel que les acteurs le vivent et se le représentent. Un entretien a également été réalisé par *courriel* avec le responsable de Medtronic Tolochenaz, aujourd'hui en poste à Minneapolis.

En fin d'analyse, nous avons procédé à un entretien informateur complémentaire pour des précisions sur la propriété intellectuelle, question surgie au cours des entretiens et non prévue dans notre grille d'entretien. Nous avons également rencontré le responsable du projet analysé, afin de lui soumettre la lecture de notre étude de cas et prendre connaissance de l'évolution du projet durant les deux ans qui ont suivi l'analyse de cas. Ces deux entretiens ont été réalisés sans grille d'entretien précise.

Ces entretiens, dont la durée avoisinait généralement une heure trente, ont été enregistrés avec l'autorisation des personnes interrogées. Puis ils ont été retranscrits pour que nous puissions nous baser sur les propos d'acteurs[14]. Ces entretiens ont été codés à l'aide du logiciel Atlas.ti-version 4.2., ce qui nous a permis d'établir, après la réalisation des entretiens, une grille des critères de convergence et de divergence que nous présentons ci-après.

Des sources complémentaires

L'étude collective (CEAT, 2001), à laquelle nous avons participé, pour le secteur biomédical lausannois, a pour objectif de comprendre le comportement spatial (localisation et proximité) d'entreprises de profil divers (*start-up*, industrie) ayant vécu un changement spatial récent (agrandissement, déménagement). Cette analyse offrait un regard complémentaire et général sur les mondes industriel et technique et, en particulier, sur les comportements spatiaux d'entreprises[15].

Nous mettons également à profit la connaissance du monde médical acquise lors des nombreux entretiens réalisés, auprès d'employés, d'employeurs et de responsables du système de santé (BOULIANNE, 1999; LEIGGENER, 1998).

L'ensemble de ces entretiens ont été complétés par des informations recueillies lors des journées d'information pertinente pour notre propos, notamment sur la propriété intellectuelle et les technologies médicales, par exemple le colloque le plus proche de notre problématique par le contexte spatial et pluridisciplinaire analysé, à savoir le colloque « Science & Marché », organisé à l'Université de Lausanne les 19 et 20 février 2004, par Imédia (Interface Sciences, Médecine et Société), DIE (Département interfacultaire d'Ethique), PACTT (Bureau de transfert de technologie commun aux Hospices cantonaux vaudois[16] et à l'Université de Lausanne).

14 Afin de respecter l'anonymat des acteurs de ColoStim interviewés, leur nom est remplacé par une lettre correspondant à la chronologie des entretiens.

15 Cette analyse confirmait notamment le besoin de prestige et le besoin de proximité des *start-up* avec leurs partenaires, à savoir leur centre de formation (UNIL, EPFL) – ce qui justifie l'existence de structure de type parc – mais en revanche, confirmait aussi le peu d'échanges noués au sein d'un parc scientifique.

16 Les Hospices cantonaux vaudois regroupent divers établissements de santé de la région lausannoise, juridiquement indépendants, dont le CHUV.

Ayant spécifié notre cadre théorique, conceptuel et méthodologique, nous établissons une grille d'analyse pour le cas d'étude et définissons les critères de convergence et de divergence retenus à cet effet.

3.4.2. Les critères d'analyse de convergences et de divergences

Les critères d'analyse de convergences et de divergences que nous présentons ci-dessous sont relatifs, d'une part aux définitions de l'innovation – un processus interactif – et du réseau – des liens entre des entités et des ajustements négociés –, d'autre part aux postulats de l'encastrement présents dans l'analyse des réseaux sociaux de Michel Grossetti et Marie-Pierre Bès, en partie dans celle des réseaux socio-techniques de Michel Callon, critères qui pourraient très bien figurer au programme du GREMI.

Ces formes d'encastrement peuvent être synthétisées de la façon suivante: les acteurs s'auto-influencent, les relations économiques (relations technologiques) sont des relations de personne à personne et ces relations interpersonnelles sont le fruit de structures sociales persistantes telles que la famille, l'amitié, le travail, qui s'inscrivent dans le temps et dans l'espace.

L'action d'innover est sociale, car elle est nourrie de motivations diverses qui ne peuvent être réduites à la maximisation d'un profit ou à l'objectif technique – argument défendu par la sociologie économique en général. A l'émergence du réseau, il nous faut donc analyser l'*intérêt* de l'acteur (ou la motivation personnelle) à adhérer au projet face à la raison avancée par la personne qui le contacte (thèse, produit commercialisable, publication, modèle informatique...). Ces intérêts reflètent aussi les missions spécifiques de chaque institution (produire un prototype, former, commercialiser). L'innovation est également sociale par le fait qu'elle met en jeu des acteurs producteurs de technologie *usagers*; qui, souvent absents, sont représentés dans le développement de la technologie. Cette adhésion des acteurs au projet se fait par la technologie, qui est à son tour confrontée à d'autres technologies concurrentes ou complémentaires.

Pour comprendre ces encastrements du projet dans des relations interpersonnelles et des acteurs dans des structures sociales, nous analysons également la qualité de la relation et la structure dans laquelle est née cette relation. Il s'agit de l'*acteur-clé*, à savoir la personne qui fait entrer un acteur dans le projet et le *type de lien* qui reliait ces acteurs avant le projet (famille, relations professionnelles, formation). Ainsi, « le contact n'appartient en fait que de manière marginale au réseau courant de l'individu: c'est par exemple quelqu'un avec qui l'individu a fait ses études ou un ancien collègue ou employeur, avec qui l'individu a conservé des relations épisodiques» (GRANOVETTER, 2000, 63). Sont mises en valeur des relations temporaires, distantes ou stables et locales.

L'encastrement signifie aussi que les acteurs n'agissent pas comme des atomes mais sont des individus en relation. Les acteurs s'influencent mutuellement tout au long du projet. L'identité de l'acteur évolue en permanence en fonction de l'objet technique et de la confrontation avec les autres acteurs (CALLON, 1999A). C'est ainsi qu'au regard des compétences attendues, les activités spécifiques au sein du projet débordent ou réduisent le champ initial de compétences de chaque acteur. L'évolution de la position de l'acteur et leur reconnaissance par les autres acteurs est également révélatrice de l'appartenance à tel ou tel métier *(identité de métier)* et la représentation qui lui est associée.

Une troisième forme d'encastrement a trait aux institutions qui sont une cristallisation de certaines relations interpersonnelles. Les institutions – économiques telle que le marché, mais également techniques ou médicales – sont donc des constructions sociales, des réseaux sociaux qui se sont figés au cours du temps. Preuve en est le fait que le mode d'interaction interpersonnel soit souvent évoqué. Il devient un lieu commun, au risque de passer sous silence les autres formes plus formalisées de relations que sont notamment *les contrats*, les programmes de formation et de recherche... De plus, la *trajectoire socio-professionnelle* des acteurs révèle les compétences acquises ultérieurement. Ces liens passés influencent le projet. De ces trajectoires individuelles ressortent des formes de mobilités professionnelle et/ou géographique qui évoquent les rapports de distance de chaque acteur ou groupe d'acteurs. Ces formes de mobilité contribuent aux rapprochements d'acteurs de milieux différents et la construction de réseaux d'innovation.

Quant au projet actuel ou projet futur éventuel de l'acteur, nous le mettons en relation avec le contexte régional *(projet territorial)*. Nous établissons ici de manière plus explicite le rapport entre les réseaux et les territoires. Il s'agit aussi d'un rapport idéel, des représentations qui lient le projet technologique à un projet territorial, des projets individuels à un projet collectif à une échelle plus vaste que celle du projet technologique.

Dans notre étude, ces critères sont appliqués à l'analyse d'un projet technologique bien spécifique. Ils permettent de comprendre comment les relations se mettent en place et comment elles évoluent en suivant ou en retraçant des chaînes d'interactions qui assurent parallèlement la diffusion de l'innovation. Nous relevons par la suite (partie III) la part locale des relations technologiques présentes dans des logiques d'apprentissage entre individus et dispositifs techniques en un lieu, des logiques de professionnalisation (formation et associations professionnelles) qui incombent aux cadres institutionnels propres à un milieu. Cette dimension locale prend également son sens au regard de ce qui se fait ailleurs, à d'autres échelles.

Nous classons ces critères en trois catégories: la technique, les relations (personnelles), les institutions. Ces trois modalités d'interaction correspondent aux trois dimensions de l'objet d'étude: relations – technologiques – locales. Le marché et la hiérarchie, autres formes de modalités (mentionnés par CALLON ET AL., 1995) sont écartées, puisque nous souhaitons avant tout comprendre les relations informelles.

LES ÉLÉMENTS À RETENIR (CHAPITRE 3)

Toute mise en réseau favorise l'émergence de convergences et de divergences. Cette dynamique de convergence et de divergence – à comprendre comme des états provisoires de consolidation ou de remise en question des relations – est nécessaire à l'innovation. Nous l'expliquons par le fait que tout individu en (inter)action est confronté à l'altérité et la matérialité. De ce fait, l'acteur est pris dans une tension entre une fermeture sur lui-même, dans la perception d'un conflit possible.

Pour cadre conceptuel, l'acteur individuel est central par le fait que c'est lui qui, dans l'action d'innover, est confronté à d'autres acteurs, d'autres technologies... C'est à lui que revient le choix de choisir avec qui il veut innover, comment et où, un choix limité par la présence d'autres acteurs et leurs choix. L'innovation et le réseau ont pour caractéristique commune l'aspect émergent et évolutif. L'analyse de l'un ne va pas sans l'autre puisque nous souhaitons montrer que la diffusion d'une innovation se fait conjointement à la construction de son réseau.

D'un point de vue méthodologique, le projet est le cadre d'analyse approprié des relations technologiques locales puisqu'il permet d'observer des divergences multiples et de ne pas s'arrêter à une analyse des rapprochements entre institutions qui indiquent plutôt une évolution des divergences vers les convergences.

Enfin, nous précisons encore la manière dont nous envisageons l'analyse de notre cas: démarche qualitative, intensive et critères de convergences et de divergences pour repérer, dans le cas d'une technologie médicale en cours de développement, la manière dont les acteurs s'affrontent et dont les relations technologiques se construisent sur la base de chaînes d'interactions existantes ou à construire.

La figure 14 représente les trois modes d'interaction choisis : la technique, les relations sociales et les mécanismes institutionnels qui ont l'avantage de situer l'action d'innover à diverses échelles. Pour nous, les objets (la technique et ses dispositifs), les humains (les relations) et leurs organisations (les mécanismes institutionnels) ont la capacité de lier ou de délier les réseaux d'innovation, c'est-à-dire de renforcer les réseaux existants ou d'en configurer d'autres. Ces chaînes, qui naissent de ces interactions tracent les liens entre les échelles spatiales, temporelles et sociales.

Figure 14. Les critères d'analyse de convergences et de divergences

3 facteurs d'émergence des convergences et des divergences	*Critères d'analyse des convergences et des divergences*	*Mise en évidence de chaînes d'interactions*
La technique	*Intérêts :* produit – formes de connaissances *Technologies :* complémentaires – concurrences *Usagers :* intermédiaire – final	Chaîne de traductions plutôt qu'intérêt commun pour un produit la traduction définit qui sont les acteurs et ce qu'ils veulent
Les relations sociales	*Acteurs-clés :* permanents – ponctuels *Types de liens :* formation – profession *Identité (métier) :* compétence – reconnaissance	Chaîne de relations plutôt que concentration d'acteurs la relation montre un lien existant ou établit un nouveau lien entre des individus
Les mécanismes institutionnels	*Mise en relation :* organisée – personnelle *Mobilités professionnelles :* établies – inexistantes *Contrats :* apprentissage – asymétrie de pouvoir *Trajectoires professionnelles :* échange – concurrence *Identité (territoriale) :* appartenance – méfiance	Chaîne de mobilités plutôt que transfert technologique *stricto sensu* la mobilité réunit des organisations à logiques, missions différentes

Partie II
L'étude d'une technologie

On est loin de l'époque où César Roux[1] quittait une opération pour se rendre dans son atelier et y forger un instrument dont il avait besoin pour terminer l'intervention.

Charles Hahn, *Chirurgien de cœur*

1 César Roux (1857-1934) fut le premier professeur de clinique chirurgicale à la Faculté de médecine de Lausanne.

Dans cette deuxième partie de l'étude, nous étudions empiriquement un cas et entrons dans l'histoire d'un processus en cours pour reconstituer l'origine des relations et leur évolution.

Dans le chapitre 4, nous abordons, l'étude de notre technique par des précisions méthodologiques sur *«Le choix du cas et les modalités d'analyse».* Au fil des rencontres et des entretiens des informateurs, il a été possible de dégager les techniques pertinentes pour cette analyse. Nous avons choisi, dans les différentes technologies présentes dans le Bassin lémanique, une technologie permettant un accès relativement aisé aux informations et aux acteurs. Il est certain qu'il n'est pas possible, dans ce type d'enquête, de se fier aux configurations de réseaux apparentes et à leur taille exiguë.

Ensuite, dans le chapitre 5, nous nous proposons de présenter *«Le projet ColoStim: une technologie, ses acteurs»*, à savoir un collectif d'acteurs – humains et animaux, pôles institutionnels et dispositifs techniques – qui s'engage par une présence constante ou ponctuelle dans la réalisation d'une projet technologique en trois actes. Le cadre dans lequel, et par lequel, cette action naît, est présenté. Il est urbain et prend place dans des dimensions politiques plus larges. Il s'agit d'une première description, statique, du projet.

Nous allons plus loin, dans le chapitre 6 *«ColoStim: à l'épreuve des convergences et des divergences»* et entrons dans la dynamique du projet, pas toujours perçue par les acteurs eux-mêmes. Les convergences et divergences suscitées par les dispositifs techniques, les relations sociales et les institutions sont narrées par ses acteurs. Ces interactions se situent dans un cadre spatial et temporel plus large que le projet ColoStim. Le projet est donc un moment d'observation fait d'instants de confrontation des acteurs à l'altérité et la matérialité, confrontations qui se déroulent dans *«Un jeu d'échelles sociales, spatiales et temporelles»* que nous présentons au chapitre 7.

La figure 15 situe l'analyse de cas (critères de choix de ColoStim, structure de l'étude de cas, les modes d'interaction et les critères de convergences et de divergences, les chaînes d'interactions) par rapport à la nécessité de définir l'innovation comme un processus, de choisir l'acteur individuel comme unité d'analyse et de retenir pour modes d'interaction aussi bien les dispositifs techniques que les individus et les mécanismes mis en place par les institutions.

Nous aboutissons à la conclusion que les trois dimensions: technique, relationnelle et institutionnelle doivent être prises en compte pour expliquer la dynamique de l'innovation.

Figure 15. Une étude de cas pour illustrer la dimension locale des relations

Redéfinition du local	*Critères de choix de ColoStim*	*Structure de l'étude de cas*	*3 modes d'interaction*	*Critères de C/D*
Définition de l'innovation	Acteurs hétérogènes impliqués dans un processus en cours	Description du projet technique	La technique lie et délie des réseaux existants (mode matérialisé: interaction de la technique et des acteurs)	Intérêts Technologies Usagers
Choix d'échelle d'analyse	Acteurs localisés à faible distance	Naissance et évolution des relations	Les relations interpersonnelles lient et délient des réseaux existants (mode personnalisé: interaction des acteurs avec d'autres acteurs)	Acteurs-clés Types de liens Identités de métier
Choix de modes d'interaction	Acteurs associés au projet par les modalités techniques, sociales, institutionnelles	Influence des cadres institutionnels	Les mécanismes institutionnels lient et délient des réseaux existants (mode formalisé: interaction des acteurs et des cadres institutionnels)	Mise en relation Mobilité prof. Contrats Trajectoire prof. Mobilité Identité territoriale

Chapitre 4

Le choix d'un cas d'étude et les modalités d'analyse

Les réflexions théoriques et analyses empiriques de la sociologie de l'innovation sur le développement en cours de technologie de Madeleine Akrich, Michel Callon et Bruno Latour, ainsi que celles de la nouvelle sociologie économique de Michel Grossetti et Marie-Pierre Bès sur la genèse des relations, ont influencé notre choix de technologie et notre méthode d'analyse.

Nous présentons les raisons qui ont contribué au choix de la technologie médicale de stimulation du côlon, nommée ColoStim, ainsi que la méthode suivie pour analyser cette technologie dans ses dimensions techniques, relationnelles et institutionnelles.

4.1. Le choix d'une technologie

Pour comprendre la construction de relations technologiques locales, les critères suivants, que sont l'échelle, l'innovation et les modes d'interaction, ont guidé le choix de la technologie retenue dans cette thèse, à savoir: des acteurs localisés à faible distance, des acteurs hétérogènes impliqués dans un processus en cours et des acteurs associés à un projet par diverses modalités.

4.1.1. Des critères spécifiques à notre objet d'étude

En ce qui concerne l'échelle, ColoStim est une technologie dont les acteurs-clés (économiques et scientifiques) sont localisés à une faible distance géographique, ce qui permet de qualifier ces relations de locales. Ceci correspond à la définition restrictive de la localisation retenue pour point de départ de l'analyse, à savoir une position dans l'espace. De plus, l'innovation étant définie comme un processus interactif, le processus d'innovation en question concerne d'emblée des acteurs hétérogènes se référant aux pôles médical, technique et économique. A cela s'ajoute la nécessité de comprendre les interactions au moment où elles se construisent, ce qui implique le choix d'une technologie en cours de développement. Les modes d'interaction sont personnalisés – puisque ColoStim est un projet né de l'initiative d'un ou deux individus qui ont cherché ensuite à constituer une équipe pour développer ce projet – matérialisés, puisque ColoStim s'appuie sur des compétences et dispositifs techniques existant déjà – et enfin formalisés, puisque ce projet s'inscrit dans un contexte institutionnel caractérisé par des contrats et des statuts.

Il faut ajouter le fait que le projet ColoStim ne correspond pas au cas de figure d'une équipe déjà constituée mettant sur pied un nouveau projet. De plus, il s'agit d'une équipe comprenant une firme multinationale localisée dans la région. L'assimilation quelque peu facile, entre un milieu replié sur lui-même ou un ingénieur bricolant seul dans son garage et l'innovation, est ainsi écartée. La présence locale d'une multinationale laisse supposer que ce ne sont pas seulement les acteurs locaux qui doivent s'inscrire dans un contexte global mais que les acteurs dits «globaux» ont aussi avantage à s'ancrer localement.

Au regard de ces critères, quelques technologies évoquées lors de nos précédents entretiens se prêtaient, à première vue, à notre recherche. Les entrepreneurs contactés ont exprimé toutefois une certaine réticence par crainte de devoir dévoiler des éléments techniques et financiers jugés confidentiels tant qu'un produit n'est pas commercialisé et le processus d'innovation ainsi bouclé. Par conséquent, il s'avérait que pour entrer dans le réseau d'acteurs d'une technologie, nous devions, nous aussi, intéresser un acteur-clé à notre recherche. Le fait que le chirurgien hospitalier en charge du dossier ne voyait aucune objection à ce que nous observions ce projet de recherche et de développement a contribué à retenir ColoStim. Nous obtenions un laissez-passer auprès des acteurs du réseau.

4.1.2. Des critères généraux: un choix de société

D'autres dimensions ont influencé le choix de cette étude de cas. Bien que ces critères n'aient pas la même importance que ceux précités, nous tenons à les préciser. En choisissant une technologie de type instrumental (appareillage médical), nous souhaitons montrer que, tout en étant classées dans des technologies médicales dites «classiques» par rapport à la nouvelle génération du génie biomédical que sont les biotechnologies, ces technologies apparemment plus simples suscitent néanmoins des ajustements continuels portant sur les mécanismes techniques, les relations ou les mécanismes institutionnels. Pour expliquer cette dynamique d'innovation, nous renonçons à un effet de mode qui consiste à choisir un cas d'étude parmi les technologies considérées comme «porteuses» pour une région. Certes, les imbrications entre la science et le marché sont avec les biotechnologies intensifiées et d'autant plus complexes. Cependant, le jeu d'alternance de convergences et de divergences que nous voulons démontrer par les modes d'interaction personnalisés, matérialisés et formalisés peut être déjà expliqué par un recours à des technologies plus traditionnelles et des réseaux moins importants dans leur taille. Il en aurait été autrement si notre propos visait à comprendre le développement régional et le choix d'un secteur dynamique. Dans ce cas, une technologie et les discours et controverses attachés aux biotechnologies auraient été la porte d'entrée privilégiée à une analyse, sur la base des mêmes critères de convergences et de divergences.

Aux débats que suscitent ces orientations technologiques, nous préférons un «petit débat» puisque, selon Michel Callon et Bruno Latour (1991, 28): «Lorsqu'on parle de controverses scientifiques, on pense souvent aux grands débats comme ceux du nucléaire, des manipulations génétiques ou de la mesure de l'intelligence. Or, ces grands débats sont d'emblée trop politiques, trop codés, pour qu'on puisse voir s'y créer la différence entre la politique politique et la politique scientifique». Il est, dans ces situations chaudes que Michel Callon nomme «forums hybrides» (CALLON, 1999A), difficile de faire la part des choses tant la confusion est grande face au nombre et à la diversification des acteurs. Dans les situations «plus froides», le risque existe de simplifier l'analyse, lorsque la position et le nombre d'acteurs semblent arrêtés, comme l'est à première vue le réseau d'acteurs ColoStim.

A l'effet de génération technologique, voire de mode, qui caractérise les orientations technologiques régionales s'ajoute ce que nous nous permettons de nommer «la hiérarchie des organes». Les poumons, le cœur et aujourd'hui les gènes, ont nourri et nourrissent bon nombre d'études socio-techniques[1]. L'intestin, lui, n'a pas la cote dans l'imaginaire populaire et scientifique:

> Ce n'est pas très à la mode tout ce qui est du système digestif. Je dirais même qu'au niveau des projets prioritaires de la Confédération, il y a plus tendance à drainer tout l'argent pour une ou deux questions qui ont été jugées prioritaires, puis qui laissent moins d'argent, moins d'opportunités pour des projets qui sont hors de ce pôle [...] Ce sont des organes qui ne sont pas à la mode. Il y a plus d'argent pour travailler sur le système cardio-vasculaire, la génétique (ColoStim, 2002, 24).

Il y a d'un côté des problèmes vécus par une population et d'un autre, peu d'intérêt pour cette cause au regard des sujets traités en médecine. D'ailleurs, c'est en évoquant cette inadéquation que le médecin justifie sa recherche, démonstration à l'appui:

> Si je tape dans PUBMED – le moteur de recherche n° 1 en médecine – je trouve 7 490 articles avec uniquement le terme ‹constipation› dans le titre, ce qui est ridicule. *hips* [hanches] = 40 423 articles (ColoStim, 2002, 15).

4.2. Le choix d'une méthode d'analyse

4.2.1. La trajectoire de nos entretiens

Notre choix technologique arrêté sur ColoStim, il a fallu dresser une première ébauche de son réseau d'acteurs, faite à partir d'un entretien avec le chirurgien, responsable du projet. Ces entretiens portent sur les trajectoires socio-professionnelles, l'évolution du projet en question, la constitution des réseaux d'innovation interpersonnels et les formes de médiation issues des politiques publiques. En construisant le réseau d'acteurs tel qu'évo-

1 L'analyse très instructive de Charles Hahn (1987) sur le développement de la cardiologie lausannoise et les échanges avec les équipes étrangères montre que la santé est aussi une industrie d'importation et d'exportation. Des approches STS : Stuart Blume (1992) pour le développement de la radiothérapie. Les analyses de Marc Berg et Annemarie Mol (1998) sur les pratiques médicales.

qué par la personne interrogée, il fallait relever les relations ponctuelles ou disparues, qui ont toutefois participé à ce projet. En plus du projet d'innover, c'est l'articulation entre les réseaux personnels et institutionnels qui est mise en évidence.

4.2.2. Le générateur de noms comme technique d'enquête

Pour reconstituer les réseaux d'innovation et plus spécifiquement le réseau personnel de chaque acteur, nous nous référons à la méthode du «générateur de noms» telle que présentée par Alain Degenne et Michel Forsé[2]. Le générateur de noms est y défini comme «une liste d'occasions grâce auxquelles le contact s'établit avec d'autres personnes» (1994, 65). Selon cette méthode, deux voies sont possibles.

La première consiste à partir d'une structure – famille, proximité spatiale, travail en commun… – pour établir avec l'enquêté une liste de liens virtuels à partir desquels on explore les liens réels. Il faut préciser que la différence entre liens virtuels et liens réels ne tient pas à l'existence, ou à l'absence, de contact de l'enquêté avec les personnes évoquées mais à un principe de reconnaissance: «Le lien familial, la proximité spatiale, le travail en commun, un contact antérieur ne sont rien d'autre que des principes de reconnaissance auxquels l'enquêteur fait référence pour tracer la carte des liens virtuels sur laquelle il fonde son interrogation qui, elle, peut concerner le contenu, la forme et la fréquence des échanges». Pour reprendre la métaphore de ces auteurs «Tout se passe comme si le sociologue travaillait à la manière d'un électronicien ayant devant lui un câblage et regardant si le courant passe ou ne passe pas» (Degenne et Forsé, 1994, 26).

Cette manière de procéder peut s'inverser. La possibilité consiste alors à interroger directement l'enquêté sur ses liens actifs – sans passer par les liens virtuels – et de voir ensuite quel en est le principe de reconnaissance, à savoir les configurations sociales et leur spatialité.

Dans notre cas, il s'agit de repérer les personnes avec lesquelles l'acteur a été ou est encore en contact – le contact étant une forme de lien actif – dans le cadre de l'innovation en question. Nous complétons la liste de noms évoqués en relançant l'acteur sur d'éventuelles relations rompues et

2 Méthode suivie également par Michel Grossetti et Marie-Pierre Bès dans leurs études.

en vérifiant avec lui que toute personne importante à ses yeux y figure. Le double repère des contacts, d'abord indirectement par l'évocation du processus technologique et directement par l'établissement de la liste des acteurs avec l'interviewé, permet d'éviter des oublis dus au fait que toute personne ne retient souvent que les liens marqués par des contacts fréquents ou par un enjeu important[3]. A partir des noms évoqués dans la première partie de l'entretien portant sur le processus d'innovation, nous tentons, par quelques questions, de cerner le contenu des échanges.

Cette méthode diffère de celles utilisées par la sociométrie, qui retracent généralement les individus et leurs liens les plus forts:

> Elles ne peuvent donc pas prendre la mesure exacte de l'importance des liens faibles dans le processus de diffusion. En outre, même lorsque ces études sociométriques recensent une information plus importante, elles ne cherchent presque jamais à retracer directement les chemins interpersonnels exacts que suit une idée, rumeur, ou innovation (GRANOVETTER, 2000, 54).

4.2.3. Les propos d'acteurs

Les propos d'acteurs sont restitués tels qu'ils ont été énoncés lors des entretiens.

Cette manière de faire consiste à prendre les acteurs au sérieux dans leurs actes et dans leurs paroles. Il s'agit d'être au plus près de l'action pour diminuer – et non supprimer – la part d'interprétation de l'observateur. Pour Michel Lussault (2000, 29): «Ce que les acteurs disent de leur pratique spatiale et des espaces n'a pas à être démasqué, débarrassé d'une quelconque charge de mensonge, lavé de la souillure de la subjectivité, mais forme un matériau signifiant à prendre au pied de la lettre, dont il faut appréhender les logiques, les différents plans de fonctionnement et les systèmes de valeurs, et les grandeurs qui le fondent et qu'il médiatise».

En décrivant le processus d'innovation par les mots des acteurs et non seulement par les concepts des chercheurs, nous renforçons la part fonda-

3 Idéalement, Alain Degenne et Michel Forsé (1994) suggèrent de procéder en deux entretiens. Ceci n'a pas été jugé nécessaire, tenant compte que la même configuration de réseau se dessinait avec, en plus, les nuances que chaque acteur y apportait. Une cohérence s'en dégageait. Il n'y a eu ni contradiction, ni oubli notoire relevé au fil des entretiens. De plus la richesse des entretiens apportait suffisamment d'éléments relatifs aux dimensions techniques, relationnelles et institutionnelles.

mentalement relationnelle et collective de ce processus. Cette manière de faire contribue à dépasser l'idée d'une séparation marquée entre des mondes – un monde scientifique enfermé dans une tour d'ivoire, un monde industriel forcément interactif[4] – tout en montrant les logiques propres à chaque domaine.

4.3. Une première impression: le cercle restreint

Lorsque nous observons le réseau d'acteurs du projet ColoStim dans sa première phase, il apparaît quelque peu rigide et étroit dans le sens où il met directement en jeu trois institutions – ce qui est un critère de sélection majeur du cas d'étude – mais pas plus de dix acteurs permanents qui évoquent à chaque entretien les mêmes partenaires, laissant à l'observateur une impression de redondance. Cette précision sur une première impression permet de relever certains aspects méthodologiques et de contrer quelques lieux communs.

4.3.1. Une question de méthode: tout en suivant les acteurs

Cette première impression est en partie liée à la méthode d'enquête. Déjà le fait que nous ayons été introduite auprès des acteurs par un même acteur, le chirurgien responsable du projet[5], nous amène à découvrir, dans un premier temps, «son réseau» et à tracer son émergence:

> Je [A] me suis tout d'abord approché de Medtronic [B] qui finalement a donné son accord à cette collaboration. Puis ensuite, de l'Institut de physiologie de l'UNIL dont [C] est un fin connaisseur de physiologie du tube digestif, puis de l'EPFL, en particulier du Laboratoire de traitement des signaux où les gens [D] ont une compétence en matière d'enregistrement et d'analyse des signaux, en particulier électriques, de ce qui se passe au niveau de la paroi colique, qu'il était indispensable d'obtenir. Puis on s'est

4 Meric S. Gertler et Sean M. DiGiovanna (1997) tempèrent le fait que les firmes collaborent entre elles.

5 Qui a fait part, à ses partenaires de ColoStim, de la recherche et des contacts en vue d'entretiens.

> rendu compte qu'il y avait un prix à ce projet. Pour que ce prix puisse être honoré, il fallait du fric et ce fric on l'a demandé à la CTI [E]. On a monté donc un projet, une demande de fonds qui a été honorée et c'est ce qui est devenu concret à partir d'avril de l'année dernière. Puis on a aussi engagé des collaborateurs juniors: un chez moi [F] qui est à 100% avec moi, dans le contexte clinique. Un à l'EPFL au LTS [G], et puis un troisième [H] qui travaille en physiologie et est impliqué dans la mesure du temps de transit par *magnet tracing*. On s'est encore adjoint un gastro-entérologue [I] et finalement un anesthésiste [J] car la maîtrise du modèle expérimental, le cochon, passait par une meilleure anesthésie (ColoStim, 2002, 16).

Dans cet état du réseau, tous les éléments sont évoqués: acteurs, institutions, compétences, déroulement. Le responsable du projet pourrait cependant écarter certains membres qu'il juge inintéressants ou inverser la mise en place.

Cependant les mêmes questions posées aux différents acteurs (vérification par paire) permettent de repérer des acteurs oubliés, non pas parce qu'ils sont jugés inopportuns mais parce que la perception de leur importance dans le réseau varie d'un acteur à un autre. Ce qui est proche pour les uns ne l'est pas pour les autres. Cette proxémie explique déjà certaines formes d'amnésie que la genèse des relations a l'avantage de combler. Par exemple, le fait que nous nous intéressions au fermier produisant les porcs paraissait incongru au responsable du projet. Par contre cet acteur a été spontanément mentionné par deux assistants, qui se sont déplacés à la ferme pour réaliser sur le site quelques expériences:

> Ça me fait penser qu'il y a encore une autre personne qui n'a pas une importance centrale, qui ne travaille pas au CHUV, c'est le paysan qui s'occupe de tous les animaux. Sauf erreur de tous les gros animaux pour les expériences au CHUV. Il est extrêmement serviable. On a eu l'idée de faire des mesures à la ferme avant, parce que le problème dans ce projet c'est de connaître l'influence d'un cochon complètement sous narcose, sur table d'opération. Ce qui influence totalement la manière dont réagit le système digestif. C'est pour ça qu'on voulait avoir un maximum d'information sur le cochon dans une position physiologique la plus proche de la physiologie normale, ce qui était possible avec le *magnet tracing*. Il nous a énormément aidés sur place, très intéressé. Il nous a invités à manger chez lui (ColoStim, 2002, 24).

La vérification des relations par paire permet donc d'établir une relation et de vérifier son origine, alors qu'elle a été oubliée par le premier acteur concerné. Cependant, lorsqu'un acteur tait l'origine de la relation – si elle relève de l'ordre de l'intime ou du secret médical, par exemple – elle peut ne pas être révélée par le deuxième acteur concerné. Il reste une part d'inconnu ou d'imprécision qui échappe à l'observateur lorsqu'il s'appuie sur les propos d'acteurs, ce qui ne l'empêche en rien d'extraire des éléments récurrents, liés à la problématique de sociabilité et de spatialité.

Ainsi, en établissant la liste d'entretiens de personne à personne avec notre premier interlocuteur[6], nous nous préparions à suivre son réseau tel que narré précédemment. La narration trace un système de relations qui se présente étape par étape: A s'adresse à B, puis à C..., donc de manière linéaire, successive. Elle décrit un état, un faisceau de relations entre individus A, B, C..., c'est-à-dire des entités liées les unes aux autres, des points et des lignes.

[A] □ [B]□ [C] □ [D] □ [E] □

——————————————————→ **Temps**

La narration ne mentionne pas les trajectoires des relations (successives et simultanées), celles qui se construisent avant la mise en relation et donc des acteurs ponctuels, aujourd'hui absents du réseau ColoStim. Toutefois, le double repère de contacts (cf. le générateur de noms) ainsi que l'attention portée aux relations rompues ou oubliées permettaient de découvrir des acteurs absents du réseau actuels, parfois ponctuels et même distants mais dont l'absence, la faible fréquence des échanges et leur faible nombre n'exclut pas leur importance dans le développement et la diffusion de ColoStim.

4.3.2. Variations en fonction de l'échelle d'observation

La configuration apparemment étroite de ce réseau s'explique aussi par l'échelle d'observation. La remarque précédente relative à l'évocation d'acteurs distants introduit déjà la question des échelles d'analyse; échelles spatiales en l'occurrence, qu'une première narration de réseau ne comporte pas toujours et qui apparaissent en cours d'entretiens et par la double vérification de l'origine des relations. Quant aux spécificités d'un lieu ou d'une région, elles se forgent et se construisent dans les interactions que ce lieu a avec un autre lieu (MASSEY, 1996), ce qui n'est pas perceptible à

6 A chaque entretien, un réseau d'acteurs est évoqué, ces acteurs devenant à leur tour des interlocuteurs.

première vue. Les lieux favorisent les relations, les relations caractérisent les lieux, autant de processus dont il faut pondérer l'analyse en fonction du lieu et du moment de l'observation.

A cela s'ajoute l'échelle temporelle. Nous observons un processus qui, comme tout processus, est mouvant. Ce qui paraît stable, fermé à un temps 0 d'observation ne doit pas faire oublier les mécanismes de coordination précédant cette stabilité et ne peut en rien prédire l'évolution technique du projet et la continuité d'un tel réseau. Le projet passe de phases d'idéation à réalisation (CREVOISIER, 2001) et le réseau prend des formes émergente et consolidée (CALLON, 1999B). La consolidation observée n'est parfois qu'un stade provisoire et non un aboutissement. La configuration du réseau peut encore évoluer selon l'évolution du projet[7].

En ce qui concerne l'échelle sociale, d'une part les différences, notamment culturelles entre ces acteurs peuvent ne pas être visibles à l'échelle du réseau dans son ensemble et le deviennent davantage au fil des entretiens individuels, si bien que la complexité des relations croît en fonction de l'état d'avancement des entretiens et de la compréhension détaillée du processus. D'autre part, cette complexité tient au fait que l'acteur joue différents rôles: son intérêt, ses compétences évoluent en permanence, non seulement en fonction de l'objet technique, mais aussi de la confrontation avec les autres acteurs (CALLON, 1999A). Ces relations sont complexes parce qu'elles se présentent ainsi à l'observateur, au fur et à mesure qu'il aiguise son observation par un changement d'échelle sociale d'analyse et parce que l'acteur rencontré est un être en mutation.

4.3.3. Un réseau étroit: une apparence trompeuse ou temporaire

Ces remarques nous protègent d'une interprétation rapide et simpliste des réseaux d'innovation.

Ce réseau étroit, tel qu'il se présente à première vue, ne doit pas *a priori* être défini comme une communauté d'amis se connaissant de longue date, partageant aussi bien loisirs que projets de recherche et appartenant au même milieu géographique. Ce type de réseau existe bel et bien. S'il est

7 Il est possible que le réseau de ColoStim change de configuration entre la réalisation des entretiens 2002 et la rédaction finale de cette étude. Par contre, la genèse des relations perdure. Les réseaux gardent en mémoire les liens passés et ponctuels.

prédominant dans l'imaginaire populaire[8], il est dans la réalité une parmi d'autres configurations de réseau possibles. Parmi les trois configurations de réseau-projet présentées au chapitre 2 : un projet cherchant équipe, une équipe développant un projet, un cadre conventionnel, ColoStim correspond à la première lorsqu'on part du chirurgien responsable du projet. Dans ce premier cas, tout est à construire, aussi bien les équipes que le cadre conventionnel. Seul le projet est lancé. Au fur et à mesure des entretiens, nous réalisons que ColoStim met en jeu des relations constituées par d'autres projets (en cardiologie, en stimulation des nerfs sacrés…) et que l'implication de l'acteur industriel est favorisée par un contrat cadre signé entre l'institution hospitalière et la multinationale. Ceci confirme l'aspect évolutif et interactif des réseaux ; une configuration étroite et observable à un moment 0 d'observation peut suivre et évoluer encore vers une configuration de plus grande taille ou se réduire comme peau de chagrin au point de menacer la poursuite du projet.

Les éléments à retenir (chapitre 4)

Le choix d'étudier ColoStim correspond à la fois à des objectifs théoriques, et à des objectifs méthodologiques : considérer plusieurs acteurs localisés à faible distance géographique et concernés par une technologie en développement.

La configuration particulière de ce réseau (faible taille, acteurs se connaissant) ne permet aucune généralisation quant au dynamisme d'innovation, la qualité des relations et leur spatialisation. En fait, pas plus le nombre d'acteurs que le nombre de fois où ils sont évoqués et qu'ils se sont rencontrés, individu par individu, ne laissent présumer les mécanismes qui sous-tendent les réseaux d'innovation et la qualité de la relation et tirer des conclusions sur la dimension locale des relations.

Pour rendre compte des relations technologiques, la méthode du générateur de noms et la vérification par paire qui s'ensuit permet de retracer les relations, en partant d'un individu pour aller vers les autres.

8 Qu'il s'agisse de milieu d'affaire, de crime organisé, la représentation de type « grande famille » nous vient d'emblée à l'esprit ainsi que l'impression d'un consensus, d'une solidarité à toute épreuve.

Chapitre 5

Le projet ColoStim: une technologie, ses acteurs

Dans ce chapitre introductif, nous présentons ColoStim, une technologie médicale en cours de réalisation. Pour des raisons évidentes de discrétion par rapport à un projet en cours, nous restons délibérément vague sur certains points.

Il s'agit d'une innovation technologique qui comprend un programme de réalisation par étapes dans le but d'atteindre un objectif, en l'occurrence un produit, tout en ayant des incertitudes et des difficultés d'ordre technique à surmonter. A la dimension technologique s'ajoute la dimension relationnelle constituée par l'ensemble des acteurs individuels et institutionnels que la technologie regroupe. Cette technologie s'inscrit dans un cadre institutionnel qui participe à sa réalisation.

L'on peut également suivre, tout au long de cette description, les caractéristiques du processus d'innovation mentionnées précédemment: imprédictible malgré un scénario fixé, coproduit et interactif par une variété d'acteurs, temporel et spatial comme toute action.

5.1. Le scénario technologique

L'incursion d'un observateur de sciences sociales dans le monde technologique débute par une simple question: ColoStim, qu'est-ce c'est?

ColoStim[1] est une technologie spécifique: elle est caractérisée par l'incertitude, comme toute innovation. On retrace ses débuts, on imagine une suite mais on ignore encore son déroulement.

1 Pour des questions de concurrence industrielle, nous n'avons pas eu accès à des documents écrits décrivant la technique ColoStim, à l'exception des rapports transmis à la CTI (Commission pour la technologie et l'innovation).

5.1.1. Une réalisation en trois actes

ColoStim est un projet de recherche expérimentale en biologie qui s'étend sur trois ans. Commencé officiellement en avril 2001, il prendra fin au printemps 2004. A long terme, le but est la mise au point d'un stimulateur colique électrique, implantable chez l'humain, pour traiter la constipation chronique, ce qui signifie en termes médicaux un dispositif électrique permettant de stimuler le péristaltisme et la vidange du côlon. Le contenu novateur de ce projet réside dans la stimulation et la modélisation informatique de l'activité électrique du côlon alors que la stimulation électrique est déjà exploitée dans de nombreux domaines, tels que la cardiologie, la neurologie… ColoStim concerne les troubles fonctionnels (constipation) et non des lésions métaboliques ou organiques (diabète, tumeur…).

La méconnaissance des mécanismes du côlon et plus précisément sa motilité[2] constitue la difficulté majeure à surmonter dans ce projet :

> Vous avez tout un système nerveux dans la paroi de vos viscères, ça s'appelle le système nerveux entérique. Vous n'êtes pas conscient du tout de ça, mais ça marche, ça génère des rythmes, des réflexes. Quand vous avez un animal que vous avez anesthésié, vous ouvrez la cavité, vous implantez des choses, vous anesthésiez également son système nerveux avec. Vous vous occupez d'un organe que vous pouvez faire fonctionner avec des électrodes mais vous avez une vie à côté soit une quantité de neurones qui sont disséminés et dont on ne connaît pas les circuits. Curieusement, on connaît beaucoup les circuits dans le cerveau, dans la moelle épinière mais là, on ne les connaît pas vraiment. C'est ça la difficulté majeure (ColoStim, 2002, 18)[3].

A ce jour, le marché est potentiellement important mais peu d'études permettent de mesurer l'incidence de la constipation sur la population[4].

2 La motilité : fonctionnement mécanique, ordonné par un système nerveux, de la contraction intestinale dans le but de faire avancer le contenu de l'intestin (ColoStim, 2002, 16).

3 Pour rappel : les entretiens d'acteurs de ColoStim sont réalisés en 2002 et classés par ordre chronologique alors que les entretiens des divers acteurs informateurs sont mentionnés sous l'appellation « Informateur », suivie de l'année de leur réalisation, à savoir 1999, 2002 ou 2004.

4 Douglas A. Drossman et al. (1993) estiment que plus d'une personne sur six a des symptômes de constipation, sans consulter pour autant un médecin. Samuel Nurko (2000) évalue à 34% le pourcentage des enfants de 4 à 11 ans affectés de troubles de la constipation et estime que plus de la moitié d'entre eux le resteront à l'âge adulte.

Tel que décrit dans un rapport intermédiaire remis à la CTI (Commission pour la technologie et l'innovation)[5] en fin mars 2002, ColoStim comprend trois, voire quatre phases successives : 1) l'investigation des stratégies de stimulation électrique du côlon ; 2) sa validation clinique ; 3) l'analyse des résultats et 4) l'implantation humaine.

Au moment où nous l'étudions, en mai 2002, cette technologie est en fin de première phase de recherche. Cette phase porte sur l'enregistrement des activités électrique et mécanique du côlon de l'animal, avec pour but la modélisation informatique de l'activité électrique spontanée et des stimulations provoquées :

> La première phase du projet de recherche ColoStim avait pour objet de mettre au point un modèle animal spécifique, de parvenir à enregistrer l'activité électrique et mécanique spontanée du côlon, de démontrer la faisabilité d'une stimulation électrique de ce dernier, de déterminer les sites les plus propices à l'application de celle-ci et de définir les caractéristiques optimales d'une stimulation générant une contraction. Un développement parallèle de stimulation de l'activité électrique et mécanique par modélisation informatique a également été initié (Rapport CTI, mars 2002, 2).

De son anticipation (Demande de subside CTI accordée le 11 octobre 2000) à sa réalisation (Rapport scientifique CTI du 31 mars 2002), ColoStim, dans sa première phase, a déjà dépassé les difficultés techniques relatives à l'anesthésie du porc, les choix d'électrodes, de confrontation à d'autres technologies, pour arriver à un résultat en termes de stimulation et de modélisation, autant de difficultés mentionnées en quelques lignes dans le rapport CTI. Cependant, dans l'écrit, ces difficultés ont été « lissées »

5 La CTI est rattachée au Département fédéral de l'économie et dépend de l'Office fédéral de la formation professionnelle et de la technologie CTI. Elle est l'instrument-clé de la politique fédérale en matière de technologie. Son initiative MedTech, lancée par l'Office fédéral de la formation professionnelle et de la technologie (OFFT) en 1997 a pour but d'encourager la coopération entre les laboratoires de recherche universitaires et l'industrie dans les projets communs de R&D dans les domaines des prothèses, implants, diagnostics biochimiques, instruments et procédés de chirurgie. Il s'agit d'un programme conçu pour correspondre aux besoins des entreprises suisses et les aider à être plus compétitives sur le marché. Pendant la période 1998-1999, MedTech a lancé plus de 35 projets et aider une demi-douzaine d'entreprises à obtenir la certification d'ISO 9000 et EN 46000.

au profit d'un bilan clair alors que la narration faite par les acteurs évoque les tâtonnements propres à toute innovation:

> On a commencé. On ne connaissait rien, donc on a dû essayer plein de choses et tester différentes fréquences de stimulation, à plein d'endroits. On est parti de rien, on a fait dix cochons, on a essayé un peu tout et on a vu ce qui marchait le mieux et on a fait un rapport sur ça. On a identifié certaines configurations de fréquences, configurations sur le côlon qui marchent, sur plusieurs cochons et maintenant, ce qu'on va faire, c'est une phase de validation. Donc l'année prochaine, on va de nouveau prendre dix ou quinze cochons et on va faire toujours la même chose. On va aussi réveiller les cochons et on va voir si effectivement, on arrive à accélérer le temps de transit à travers le côlon (ColoStim, 2002, 20).

5.1.2. Un bilan provisoire

Pour que le projet puisse entamer sa deuxième phase de stimulations sur des porcs anesthésiés, il passe par une nécessaire validation de l'instance publique qu'est la CTI (Commission pour la technologie et l'innovation) pour obtenir un financement et par l'évaluation qu'en font ses acteurs:

> Pour la première étape, c'était douze mois donc jusqu'au 31 mars, c'était le développement d'un modèle expérimental et c'était la mesure de l'activité électrique spontanée et de l'effet de stimulation préliminaire sur le côlon, chez le cochon. On a présenté notre rapport d'activité à la CTI qui l'a trouvé excellent et qui de ce fait a pris la décision de nous financer la suite (ColoStim, 2002, 17).

Chaque acteur en ses termes tire le bilan de cette première phase, en fonction de ses propres objectifs:

> L'ignorance totale a diminué un peu mais ça continue. J'ai déjà implémenté trois modèles qui j'ai trouvé expliqués sur des articles [...] La prochaine étape sera de vérifier des enregistrements réels avec les signaux de synthèse qu'on obtient des modèles et voir, par exemple, si le comportement du modèle est semblable à celui du côlon qu'on voit dans la salle d'op. C'est un tiers du travail, le prochain tiers, ce sera d'essayer de vérifier et puis le dernier tiers sera de résumer un peu tous les résultats et écrire la thèse (ColoStim, 2002, 23).

5.1.3. Le projet en devenir

La deuxième phase du projet peut donc être envisagée :

> La deuxième année c'est la confirmation de l'expérience de la première année mais très rapidement son élargissement à de nouveaux horizons et d'avancer significativement dans la démarche qui consiste à appliquer quelque part sur le tube digestif un courant électrique et à observer que ce tube digestif non seulement se contracte sur place mais se contracte avec des ondes propulsives de manière à pouvoir faire avancer… C'est le problème central de la deuxième année. Après en troisième année, on arrivera à implanter des *pacemakers* chez l'animal et par extension faire de l'expérimentation humaine (ColoStim, 2002, 17).

Le projet en devenir suit les phases décrites initialement, en intégrant une nouvelle technologie qui consiste à suivre la motilité du côlon par des aimants. Ce projet en amène un autre puisque les acteurs lancent parallèlement un nouveau projet pour effectuer des tests sur l'humain :

> On met en route maintenant le deuxième volet du projet qui consiste à poursuivre l'expérimentation sur l'animal et à mener en parallèle une nouvelle expérimentation qui a pour objet la mesure des temps de transit digestif chez l'homme, en utilisant une méthode développée ici en physiologie, le *magnet-tracing* (ColoStim, 2002, 17).

Tant que ColoStim n'est pas commercialisé, nul ne peut encore se prononcer sur la forme définitive du système de stimulation et sur le réseau d'acteurs qui la construit :

> A la fin du projet, on aura peut-être une idée sur ce que doit être le *pacemaker* du côlon, le stimulateur. Après il y aura des tests cliniques encore au moins pendant deux ou trois ans avant d'arriver à un dispositif qui soit commercialisable (ColoStim, 2002, 21).

De nouvelles incertitudes apparaissent au fil des réponses techniques et en fonction de problèmes plus organisationnels. Ainsi, l'on se demande encore quelle forme prendra ColoStim et qui seront les nouveaux acteurs : un expert externe pour apporter un regard critique et ses conseils, un nouvel assistant en médecine pour l'organisation des prochaines opérations.

Malgré l'élaboration d'un scénario, ColoStim est un processus fait d'incertitude et de tâtonnements, avant d'être un produit commercialisé. Les obstacles dans le courant du projet sont à la fois menaces et stimulations à la poursuite du projet et autant de convergences et de divergences déjà techniques, qui incitent à chaque fois les acteurs à s'interroger sur l'ouverture éventuelle à d'autres dispositifs techniques, d'autres technologies, d'autres acteurs.

5.2. La présentation des acteurs

En mai 2002, dix opérations chirurgicales ont été réalisées. Qui est entré en jeu? – des acteurs, des connaissances, des systèmes techniques…

5.2.1. Des pôles, des disciplines et des dispositifs techniques

En tant que projet pluridisciplinaire, ColoStim associe des disciplines relatives au pôle médical du CHUV (chirurgie, gastro-entérologie, anesthésiologie) et de l'UNIL (physiologie), au pôle technique de l'EPFL (traitement des signaux et microtechnique) et au pôle industriel représenté par Medtronic[6]. Dans le cadre de ColoStim, ces trois pôles sont soutenus financièrement par la CTI (Commission pour la technologie et l'innovation) qui lui assure un subside fédéral de près de la moitié du coût total budgeté à Fr. 906000.–, l'autre moitié étant à charge du partenaire industriel, comme le stipulent les conditions nécessaires à l'octroi d'un tel soutien financier.

Selon le Rapport scientifique de la CTI, du 31 mars 2002, treize personnes au sein des pôles ont collaboré, à titres et responsabilités variés, durant la première phase du projet, à savoir:

6 Medtronic Europe SA a déménagé son siège social en 1997 de Maastricht à Tolochenaz, à une dizaine de kilomètres à l'est de Lausanne, «au cœur de l'Europe». Ce site regroupe des fonctions de marketing, de production et juridiques. L'essentiel de la recherche et du développement pour l'Europe se fait à Maastricht, avec son centre d'étude clinique et son centre de production de prototypes. Les électrodes et stimulateurs de ColoStim proviennent donc de Maastricht. Tolochenaz est également un centre de production pour l'Europe, l'Asie et l'Afrique; les USA ayant leur centre de production à Porto Rico. En ce qui concerne la production, il s'agit d'une chaîne d'assemblage dont les composants proviennent de Minneapolis et de Phœnix. Ainsi, la firme ne s'appuie pas sur des sous-traitants locaux.

Figure 16. Les acteurs locaux et leur statut

Pôles	*Instituts*	*Services*	*Collaborateurs*[7]*/ titres*	*Responsabilité*
Médical	CHUV	Service de chirurgie	1 Prof. médecin	requérant principal
		Service de gastro-entérologie	+ 1 assistant	
			1 Dr médecin	partenaire
	UNIL	Service d'anesthésiologie	1 MER médecin	
		Institut de physiologie	1 Prof. médecin	partenaire
			+ 1 assistant EPFL*	
Technique	EPFL	Département de microtechnique	*1 assistant ingénieur	co-requérant
		Laboratoire de traitements des signaux	1 Dr ingénieur	
			+ 1 assistant ingénieur	
Economique	Medtronic	Medtronic Europe, Tolochenaz et	3 administrateurs	partenaire
		Medtronic Europe, Maastricht	+ 1 Dr ingénieur	

Ces acteurs médecins, ingénieurs, industriels, au sein du même projet, ont des statuts hybrides puisqu'ils couvrent parfois trois fonctions : recherche, formation, production (de soins, industrielle) formalisées par leur titre de professeur, maître d'enseignement et de recherche, assistant… Au-delà des fonctions propres à chaque institution, les statuts hybrides – tels que l'assistant ingénieur engagé par les deux institutions technique et médicale (* dans le tableau) et le médecin tantôt chercheur à l'UNIL, tantôt praticien dans son cabinet – montrent que les frontières entre pôles ne sont pas aussi rectilignes que tracées dans ce tableau.

Plus que leur fonction de chercheur, d'enseignant, de soignant…, ils se reconnaissent dans des rôles multiples de mentor, d'expert, de fourmi, de contact, de conseiller… et pondèrent ainsi leur position au sein d'un projet. Certains occupent une position centrale et d'autres plus périphérique, sans que leur influence n'en soit pour autant diminuée. De même, l'origine de

7 Collaborateurs interviewés, à l'exception des administrateurs de Medtronic.

ces acteurs est variée : à dominante suisse pour le pôle médical, à dominante hollandaise pour le pôle économique et franco-suisse pour le pôle technique. Principalement, trois pôles et cinq institutions sont présents dans ColoStim dont les connaissances couvrent aussi bien l'anatomie digestive de l'humain, l'enregistrement de signaux électriques, la modélisation informatique, le design des électrodes...

> Il y a la connaissance théorique qui, même si elle est pauvre en ce qui concerne le côlon, est importante. Là, la physiologie est constamment consultée. Il y a la chirurgie, puisque vous ne pouvez pas faire cela in vitro. C'est exclu de prendre un segment d'intestin et puis de le stimuler. Il faut le faire sur un animal qui est proche de l'homme si possible. Dans une première étape, on le fait sur l'animal anesthésié, puis dans une seconde étape pour remettre ce système nerveux entérique en fonction, il faut le faire sur un animal libre qui portera donc les électrodes et un pacemaker. Ça c'est le domaine du chirurgien : manipuler l'animal, l'ouvrir, l'implanter, le refermer et réfléchir sur les dangers potentiels, infections potentielles. Puis ensuite vient celui qui fait les électrodes et le stimulateur. C'est le domaine de prédilection de Medtronic. Et il y a des signaux qu'on récolte tout au long de l'étude, à partir de l'intestin de l'animal. Le physiologiste vient avec sa technique d'enregistrement et les spécialistes de l'EPFL analysent ces signaux très souvent rythmiques, dont la rythmicité est variable. En temps réel, elle vous échappe, c'est une petite fluctuation très lente mais à long terme, ils peuvent extraire cette rythmicité et ils peuvent nous dire ‹ mais voilà quand vous avez stimulé, je vois que vos rythmes sont changés, sont déphasés ›. Ils visent finalement à une modélisation mathématique, c'est-à-dire une description dans un langage mathématique du fonctionnement global de ce côlon. Donc à partir des contractions de la musculature, ils essaient d'en extraire des généralités (ColoStim, 2002, 18).

C'est ainsi que chaque discipline contribue au développement d'une technologie en mettant à disposition des connaissances et dispositifs techniques aussi variés qu'une salle d'expérimentation animale du CHUV, des capteurs développés par les laboratoires de la micro-technologique de l'EPFL, des électrodes et les stimulateurs conçus à Maastricht par Medtronic, sans compter la caméra numérique, les pinces crocodiles et câbles...

Au déploiement des ressources humaines et des systèmes techniques, les institutions ajoutent encore des technologies complémentaires. Le laboratoire de traitement des signaux fait bénéficier ColoStim des programmes de modélisation du tissu cardiaque. Medtronic rouvre son dossier de stimulation électrique de l'estomac. La gastro-entérologie s'appuie sur un projet avancé de stimulation électrique des nerfs sacrés et la physiologie apporte son dispositif de suivi de trajectoire par aimants. Ces technologies regroupent d'ailleurs plusieurs acteurs figurant dans le tableau précédent.

Aux dispositifs techniques et aux technologies s'ajoutent encore les dispositifs financiers – le financement direct de la Confédération par l'intermédiaire de la CTI et de Medtronic en provenance de Minneapolis – et contractuels puisque les trois pôles sont liés par deux formes de contrats. Le premier, celui de la CTI, est un contrat de soutien de la Confédération à l'innovation[8]. Il associe les pôles médical, technique et industriel. La deuxième forme de contrat est relative à la propriété intellectuelle entre le pôle médical et le pôle industriel.

Figure 17. Des connaissances pour stimuler le côlon porcin

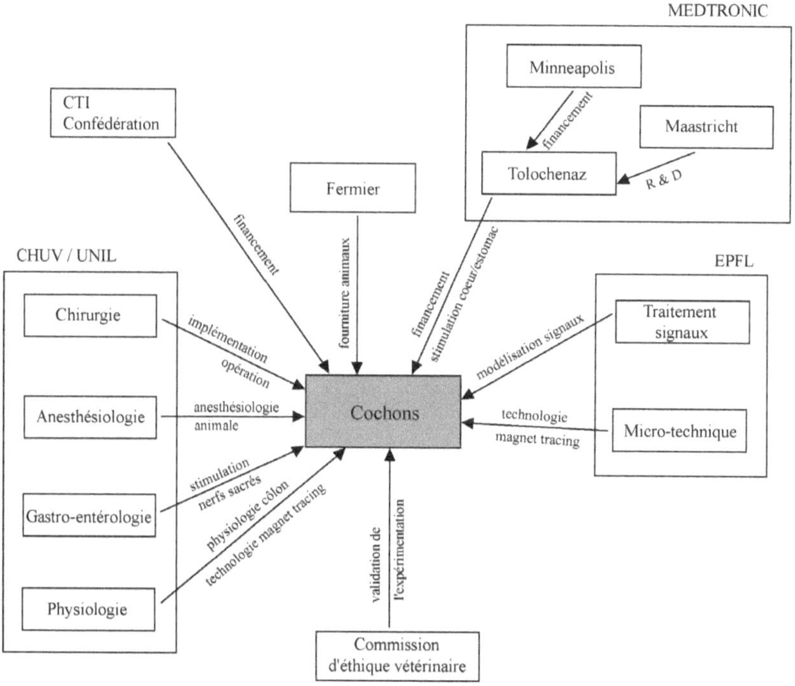

8 L'initiative MedTech de la CTI, repose sur une étude réalisée par le Fraunhofer-Institut für Systemtechnik und Innovationsforschung à Karlsruhe en 1996, auprès des entreprises suisses produisant des technologies médicales. Cette étude a mis en valeur les compétences des entreprises et des hautes écoles et un potentiel de développement dans les trois domaines suivants: les dispositifs implantables (orthopédiques et microélectroniques), le diagnostic biochimique (microsystèmes) et les instruments, systèmes et procédés chirurgicaux. A la suite de cette étude, trois professeurs, un expert par domaine, ont été chargés de rencontrer les entreprises afin de «voir ce qu'elles savaient faire, ce qu'elles voulaient faire et ce qu'on pouvait leur faire faire» (Informateur, 1999).

L'ensemble des dispositifs techniques et financiers lie matériel et individus autour d'un élément jugé pertinent par tous: la stimulation électrique du côlon.

5.2.2. Des acteurs humains, non humains

Concrètement, la première phase consistait en une dizaine d'opérations se déroulant sur une journée, en un lieu – la salle d'expérimentation animale du CHUV – et sur un être vivant – le porc.

Le choix du porc s'explique par sa dimension et sa physiologie proches de l'homme. Sa participation doit être toutefois validée par une commission vétérinaire. Bien que l'animal se prête à l'expérience, il soulève des difficultés qualifiées de «handicap majeur» (Rapport CTI du 31 mai 2002) puisque son anatomie diffère de celle de l'humain.

En entrant en jeu, l'animal entraîne aussi son lot d'acteurs individuels et collectifs: un fermier, un anesthésiste et ses connaissances en anesthésiologie animale et la commission vétérinaire. Avec cette dernière, la scène s'ouvre à la controverse de la vivisection.

On ne saurait ignorer l'animal, d'une part parce qu'il est choisi en fonction de sa physiologie, d'autre part, parce qu'il prend la place de l'humain et que sa réaction dépendra la poursuite de la recherche.

5.2.3. Des acteurs personnifiés et impersonnels

Au fur et à mesure des entretiens, le même réseau d'acteurs se dessine, dans un ordonnancement toutefois différent selon la fréquence des relations, des affinités professionnelles, des étapes du projet, des difficultés rencontrées. Tous portent un nom, voire un prénom, car dans la pratique, on collabore avant tout avec des individus. Cependant, certaines institutions ne sont évoquées que par leur fonction et sont en ce sens des acteurs impersonnels: la CTI, la Commission vétérinaire, la propriété intellectuelle. Si dans les propos d'acteurs, cette forme de mise à distance écarte quelque peu ces instances de la scène centrale, ces dernières influencent aussi le projet et jouent un rôle non négligeable, les détails des rapports établis pour la demande CTI et l'autorisation de la Commission vétérinaire en attestent.

Qu'elles allouent un financement ou qu'elles autorisent une vivisection, ces instances sont autant de critiques pour le projet. Elles interrogent les acteurs afin qu'ils clarifient à chaque étape leurs intentions et objectifs. En tant qu'acteurs publics, ces instances donnent au projet une reconnaissance sociale dans le sens où elles intègrent ce projet spécifique dans un contexte social plus large : une recherche de croissance par le transfert de connaissances en applications commerciales pour la CTI ou une volonté populaire de limiter le recours à l'expérimentation animale pour la Commission vétérinaire. Elles valident le projet en lui assurant une reconnaissance sociale, et cela en le cadrant dans les limites et les choix éthique et économique d'une société.

Par conséquent, le cadre institutionnel est plus étendu que celui constitué par les trois pôles médical, technique et industriel. C'est la société et ses choix qui sont également présents dans la technologie.

5.3. Le cadre général : institutionnel et urbain

Pour reprendre l'expression d'un acteur, tout se fait dans « un mouchoir de poche ». Mais il en est du mouchoir de poche comme de l'échelle locale, c'est une question de taille : où commence-t-il, ou s'arrête-t-il ?

Ce mouchoir de poche renvoie au cadre de coordination essentiel qu'est la « salle d'op » (salle d'expérimentation animale) ; lieu de pratique et lieu de savoir. Il se réfère aussi à ces quelques kilomètres de distance qui permettent, le même jour, « d'aller chercher la bécane » à l'institut d'à côté, de quitter un patient, de donner un cours et de se plonger dans le projet en cours. C'est encore un espace dont les spécificités se dessinent au regard d'autres pôles médicaux et des orientations politiques plus larges.

ColoStim prend donc place à la croisée de contextes institutionnels : l'innovation comme fait urbain (contexte métropolitain), l'Europe du savoir (contexte politique) et celui de la vie des sciences (contexte des sciences de la vie).

5.3.1. La «salle d'op»: l'espace de l'expérience

L'hôpital universitaire dispose d'une salle d'expérimentation animale, communément appelée «salle d'op» par les acteurs. Lieu d'expérimentation, il rassemble à chaque opération l'ensemble des acteurs et leurs dispositifs techniques autour de l'animal. C'est là que se confrontent les savoirs, les hiérarchies, les intérêts, avec pour objectif commun la stimulation du côlon. A dix reprises, dans cette phase de réalisation du projet, les acteurs renouvellent leur volonté exprimée en début de projet, d'aboutir à un dispositif implantable.

Point de rencontre et espace d'ajustements, la «salle d'op» est l'espace de l'action, de la mise à l'épreuve et de l'apprentissage auquel se réfèrent explicitement les acteurs.

5.3.2. La ville: l'espace du quotidien

Ce petit monde urbain est relatif au temps du quotidien. Ces pratiques évoquent la forte présence institutionnelle qui caractérise la ville. Un premier regard sur la région lémanique (cf. carte à la fin du chapitre) met en évidence une ceinture urbaine de l'Arc lémanique: deux agglomérations (Lausanne et Genève) et une variété d'institutions de recherche, de formation et de services, au service de la filière de la santé: le Centre hospitalier et universitaire vaudois (CHUV) et l'Université de Lausanne (UNIL), les établissements de formation et de recherche que sont l'Institut suisse de recherches expérimentales sur le cancer (ISREC), l'Institut Ludwig de recherche sur le cancer.

D'autres organismes régionaux participent à ce développement dont: les Hôpitaux universitaires de Genève (HUG), le Centre suisse en microtechnique (CSEM) à Neuchâtel, l'Ecole polytechnique de Zurich (EPFZ) et les autres centres universitaires de Suisse et d'ailleurs.

Ce monde urbain se caractérise déjà par sa dimension matérielle et son bâti (deux pôles scientifiques ralliant, du sud-ouest de la ville au nord-est, les trois sites du biomédical que sont les sites de l'EPFL, du CHUV et l'ISREC). L'urbanité est également présente dans les dimensions symbolique et productive, puisque ces lieux sont autant producteurs de services que symboles du savoir. Ceci laisse supposer un vivier de chercheurs, des soins de pointe, des PME croissantes et des *start-up* innovantes.[10] L'agglomération présente un ensemble productif caractérisé par l'existence d'acteurs multiples que sont les PME spécialisées ou non dans les technologies, indépendantes, concurrentes et/ou coopérantes, souvent de petite taille, et les institutions privées, semi-publiques ou publiques comprenant les centres de formation et de recherche et des interfaces (financier, politique, associatif...) favorisant les liens interfirmes, firmes/centre de recherche, firmes/institutions publiques, firmes/organismes financiers.

Cette offre répond à une demande intérieure dont le pouvoir d'achat rend une clientèle (médecins et patients) exigeante en technologies médicales, qui s'offre encore des infrastructures de soins et de formation de haut niveau, puisque cinq hôpitaux universitaires (à Lausanne, Genève, Berne, Bâle, Zurich) desservent le territoire suisse, pour le moment[11]. Le monde urbain de la recherche et de la formation prend aussi appui sur le monde rural. Dans notre technologie, celui-ci est représenté par le fermier et ses cochons.

5.3.3. Un pôle d'envergure : l'espace du futur

Le projet ColoStim est ancré aussi dans le long terme et dans de plus grands espaces. L'héritage technique profile une région et le devenir d'une région renouvelle à son tour la culture technique. Les intentions d'excellence et de compétitivité influencent déjà le sentiment d'appartenance des acteurs et de type de technologie des pôles nationaux ou plus régional comme celui des « sciences de la vie ».

Le contexte politique souligne la nécessaire compétitivité des régions afin de répondre à l'objectif fixé à Lisbonne par l'Union Européenne de devenir la région la plus dynamique du monde, d'ici 2010. Cet objectif se

10 Cf. Répertoire dressé par l'Etat de Vaud (1999A) : au niveau suisse plus de 500 entreprises sont actives dans les technologies médicales, près de 200 entreprises vaudoises offrent des compétences diversifiées et pointues en fourniture de produits plutôt que de services, dont septante sont prioritairement, voire exclusivement, consacrées aux technologies biomédicales. Wolf Zinkl et Jürg Schnetzer (2000) déplorent le manque d'une étude globale sur la branche médico-technique en Suisse.

11 Fusionner les facultés de médecine en trois grands centres, voire en une école... diverses propositions de réforme du système médical universitaire sont avancées (CRUS, 2004).

répercute au niveau des politiques de la recherche et de l'innovation de chaque pays pour lesquelles les réseaux doivent assurer la spécificité de certaines régions et la coopération transnationale. A cet effet, la Suisse a défini des pôles nationaux afin d'assurer une production de savoir, via le financement de la recherche. Les répercussions consistent en une concentration des ressources dans les domaines stratégiques[12], d'où une hiérarchisation des disciplines ainsi qu'une contrainte de collaborations pour les universités et les écoles polytechniques (BENNINGHOFF ET LERESCHE, 2003).

A l'échelle intercantonale, c'est un projet triangulaire commun aux universités de Lausanne, de Genève et à l'EPFL. Ce programme nommé «Sciences, Vie, Société», lancé en 2001, a notamment pour objectif la création d'un pôle de développement en sciences de la vie. Il s'oriente depuis peu (février 2004) vers la création d'un Centre de cancérologie et d'un Centre de génie biomédical.

Le Pôle lémanique des Sciences de la vie regroupe désormais, en plus des trois entités de départ (UNIL, CHUV, EPFL), l'Institut suisse de recherche expérimentale sur le cancer (ISREC) et l'Institut Ludwig de recherches sur le cancer. Il s'ensuit un réaménagement institutionnel. D'une part, l'ISREC sera intégré dans le budget de l'EPFL. D'autre part, ce vaste projet va redessiner, d'ici 2008, la géographie du secteur médical lausannois par une répartition sur deux sites au lieu de trois comme aujourd'hui: la recherche fondamentale réunie sur le campus universitaire de Dorigny-Ecublens (UNIL et EPFL) près du lac Léman et la recherche clinique sur le site du Bugnon (CHUV). Présenté comme le premier «cancéropôle» de Suisse, cette orientation montre comment un projet, relativement vague en ses débuts et fédéré autour des sciences de la vie, s'est spécifié.

Le génie médical lémanique réunit en effet les compétences nécessaires et couvre l'ensemble des domaines (implants, biotechnologies...). Il est à la fois plurisectoriel et sélectif, puisque la région doit être compétitive face aux régions qui se profilent également en *medical valleys*[13]. C'est dans ce contexte que les acteurs définissent les spécificités de ColoStim.

12 Trois premiers pôles ont été attribués à la région lausannoise: l'oncologie moléculaire (ISREC), les systèmes mobiles d'information et de communication (EPFL) et la photonique quantique.

13 Parmi les «Valleys d'Europe», quelques pôles médicaux: la Silicon Fen près de Cambridge (UK), la Glen Valley en Ecosse, le Genopole d'Evry près de Paris, (Le Monde Interactif, 19 avril 2000) et Gerland à Lyon, l'Europole de Montpellier.

Les éléments à retenir (chapitre 5)

Dans le détail de la description, ColoStim, comme tout projet comporte dans sa description technique un existant à transformer: une pathologie qu'est la constipation, un existant à atteindre: la stimulation du côlon et un inexistant à façonner: un dispositif implantable.

Pour y arriver, le projet regroupe une palette d'acteurs avec des stratégies et des statuts diversifiés (humains et non humains, personnifiés et impersonnels). Leur positionnement par rapport au projet varie: acteurs centraux (l'équipe ColoStim à proprement parler) ou acteurs périphériques (acteurs conseillers ou garde-fous). Il est également soumis à la validation sociale représentée par la CTI et la Commission d'éthique animale.

Dans sa dimension temporelle, le projet s'appuie sur des trajectoires en amont (expériences et compétences personnelles, projets parallèles) et en aval (devenir du projet) ainsi que des formes validation (sociale, économique) et de négociations (projets précédents regroupant les mêmes acteurs):

> La technique, c'est beaucoup de gens dont peu, finalement, sont techniciens. C'est aussi beaucoup d'objets mais souvent très ordinaires: pâte à modeler, papier et crayon, ratés de production. La technique, c'est aussi des symboles, souvent simples: des lignes, des cercles, des chiffres et des noms parfois étranges. C'est aussi des organisations, toujours un peu compliquées. C'est des passions, des habitudes, des valeurs pour lesquelles des ingénieurs vont se battre, des contraintes économiques qui vous tombent dessus, des projets de sociétés, plus écologiques par exemple (Vinck et al., 1999, 8).

Devant cet inventaire à la Prévert, nous quittons la linéarité de l'énoncé écrit du projet et de son anticipation pour entrer dans la simultanéité et la succession de convergences et de divergences qui font le dynamisme de l'innovation.

Figure 18. L'Arc lémanique, pôle médical

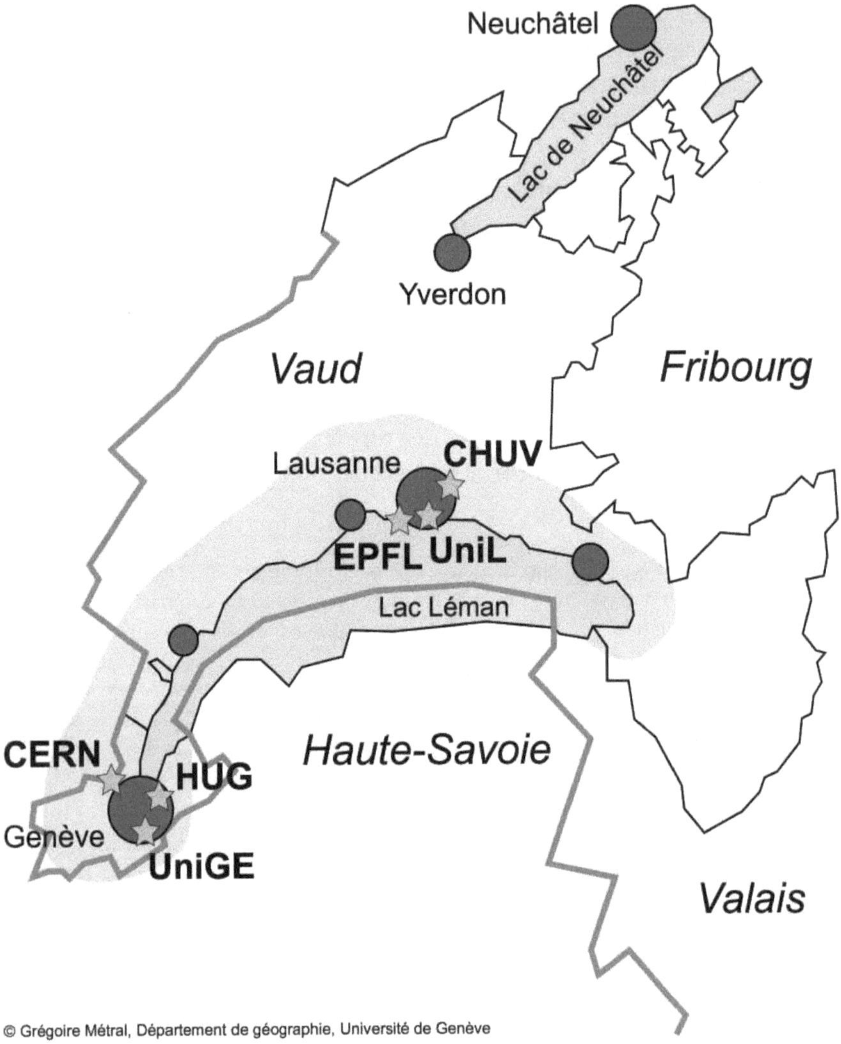

Chapitre 6
ColoStim, à l'épreuve des convergences et des divergences

Nous défendons l'idée que les rapprochements entre milieux technique, économique et scientifique vont permettre aux convergences et aux divergences d'émerger. Ces convergences et divergences s'expliquent par le fait que dans l'innovation, les individus sont confrontés aux autres et que cette confrontation comporte un potentiel conflictuel qui se traduit par une alternance de convergences et de divergences. Cette dynamique naît de la confrontation de l'acteur à d'autres identités humaines et matérielles. Elle est toutefois nécessaire au projet puisque cette dynamique de convergence et de divergence fait que la technologie progresse et que, parallèlement, la construction du réseau s'opère. Cette dynamique se reflète dans l'ambivalence des critères retenus: technologies complémentaires-concurrentes, liens permanents ou ponctuels, contrats facilitateurs ou limitatifs... La technique, les relations sociales et les mécanismes institutionnels exacerbent déjà ces jeux de convergences et de divergences, pour ensuite jouer leur rôle de mode d'interaction. Il est important de repérer ces convergences et ces divergences car elles sont porteuses de conflits possibles et donc susceptibles de faire échouer le projet, de l'améliorer ou de le modifier.

6.1. La technique comme facteur de l'émergence des convergences et des divergences

Malgré les intérêts divergents, des incompréhensions de langages, des modèles incompatibles, des technologies concurrentes..., la technique évolue. Face à ces points de vue, à ces confrontations, qui entretiennent l'incertitude d'une poursuite de projet, on en vient à se demander ce qui fait que les acteurs adhèrent à un projet. En quoi ColoStim intéresse-t-il les acteurs? Qui parle au nom de qui? Comment se négocie la confrontation avec d'autres technologies?

6.1.1. Des intérêts: l'objectif technique et des motivations personnelles

Les acteurs de ColoStim ont tous en commun un objectif: un dispositif implantable – encore incertain. Certains pensent encore au bien-être du patient – encore plus hypothétique – et chacun vise un objectif personnel immédiat, qu'il s'agisse d'une thèse, d'un article, d'un modèle… De ces objectifs, lequel prime: le produit final, le bien-être social, des bénéfices personnels?

De l'intérêt commun pour un produit final incertain

Il est évident que tous les acteurs se projettent dans la réalisation de la dernière phase du projet. Aussi bien les ingénieurs, les médecins ou les industriels souhaitent à terme la commercialisation d'un dispositif pour en faire bénéficier le patient ou occuper une part de marché.

Ce qui se dessine dans les entretiens de ColoStim et précédemment, lorsque nous parlions de ces rapprochements lors de nos premiers entretiens, c'est un intérêt de l'ingénieur pour l'humain, qui l'amène à s'ouvrir à la médecine:

> Je voulais travailler dans le médical. A l'époque, je trouvais que c'était quelque chose qui me bottait plus que de faire des nouveaux cellulaires pour des gens pressés ou des hommes d'affaires […] On a l'impression de faire quelque chose d'un peu plus utile. Du moins au début, quand on commence (ColoStim, 2002, 20).

Tout ingénieur de ColoStim et d'autres projets se prononçant sur la technologie médicale avance le même argument: travailler sur l'humain attire. En retour, le médecin ne peut concevoir sa pratique sans avoir recours à la technologie. Ceci est plus marqué dans le contexte actuel où les sciences de la vie et ses disciplines – génie médical, ingénierie tissulaire, génétique, génomie, cancérologie… – constituent des technologies phares, porteuses de projets à développer et d'investissements à rentabiliser:

> Les sciences de l'ingénieur sont un outil et probablement l'outil le plus puissant pour faire avancer les sciences de la vie. Si vous vous intéressez au métabolisme d'une cellule,

> à une réaction quelque part dans le cerveau, à une fonction de la mémoire que sais-je... Pour pouvoir approcher cette réalité de la science de la vie, vous êtes obligé d'avoir des moyens. Et ces moyens techniques, ce sont les ingénieurs qui les possèdent. Par contre, ce que possèdent les gens du médical, c'est les connaissances de ce que les sciences de l'ingénieur vont leur permettre d'analyser (Informateur, 2002).

Cependant, le produit final et sa justification sociale ne suffisent pas à expliquer l'adhésion des acteurs à ColoStim. Il y a dans l'intérêt de chaque acteur pour ColoStim une double motivation, une première d'ordre général qui a trait à l'humain et à son bien-être et une seconde, plus stratégique et personnelle, qui fait que l'acteur adhère à ce projet spécifique de stimulation du côlon.

Des intérêts personnels immédiats

Au regard de cet intérêt commun pour le produit, les acteurs ont des intérêts personnels immédiats:

> C'est un challenge [...] Contrairement au cancer du côlon où il y a pléthore d'intéressés, les domaines fonctionnels et en particulier celui-ci ce sont des domaines carentiels et c'est l'idéal d'y travailler parce qu'il n'y a pas foule, donc on a le mérite et l'avantage de la situation insolite (ColoStim, 2002, 17).
>
> Le but commun de ColoStim ce serait de trouver un outil qui permette la stimulation du côlon. Mon but c'est de réussir à modéliser ou d'avoir des bons résultats sur la modélisation de l'intestin (ColoStim, 2002, 23).
>
> Mon projet de thèse s'intéresse plutôt à la partie du diagnostic ou enregistrement des mouvements de l'aimant, alors que la partie centrale de ColoStim, c'est les stimulations (ColoStim, 2002, 24).
>
> Ce qui m'intéressait c'était de pouvoir travailler sur un domaine qui était compréhensible pour moi et que ce ne soit pas un truc d'éprouvette (ColoStim, 2002, 22).
>
> C'est bien de participer à un projet qui réussit, éventuellement ça peut avoir des retombées pour notre laboratoire et puis ça incite à faire des publications dans le domaine et donc d'avoir des objectifs académiques aussi, en souhaitant très fort que la réalisation industrielle se fasse (ColoStim, 2002, 21).

ColoStim est pour chaque acteur un dispositif technique, mais un dispositif technique traduit dans l'immédiat, en fonction des objectifs personnels, en un nouveau domaine de recherche pour un chirurgien expérimenté, une partie pratique d'une thèse dont l'objectif est de modéliser l'intestin, une opportunité de comparer les enregistrements produits par deux technologies, dont l'une est le sujet d'une thèse, une incitation à publier. L'acteur se comporte ici en stratège. En évoquant un objectif général et son objectif personnel, il s'assure que ce dernier puisse se réaliser. Cette justification plus ou moins consciente relie l'acteur au projet et lui permet de réaliser son objectif personnel.

Dans la pratique courante du chercheur, de l'entrepreneur, de l'innovateur, ce sont des intérêts multiples et immédiats qui font que l'acteur adhère ou non au projet. Dans le cas de ColoStim, il y a convergence entre la problématique de la recherche – la stimulation du côlon – et les formes de savoir que chaque acteur compte produire sous la forme d'une thèse, de publications, de modèles. L'élément pertinent de convergence est ici la stimulation du côlon. Ce n'est point un intérêt commun pour un produit dont on ne sait quelle configuration il prendra. Dans le court terme, c'est sur cette problématique que se fait l'adhésion de chaque acteur au réseau. La convergence d'intérêts dans cette problématique s'exprime aussi par une convergence de langages.

Des langues multiples pour une traduction commune

En effet, on peut parler de convergence dans le sens où chacun traduit en termes qui lui sont propres ce que l'autre démontre sur la stimulation du côlon, mais chacun garde son langage.

Par exemple, l'interaction de mondes aussi différents que le traitement des signaux et la gastro-entérologie amène les acteurs à partager leurs différentes conceptions de la stimulation du côlon, c'est-à-dire à comprendre le langage de l'autre :

> Pour moi, c'est fabuleux de penser qu'il y a un type qui analyse tous les signaux possibles et qui arrive à les reproduire, à les interpréter. Ce genre de personne qui quand il explique ce qu'il fait on comprend à peine, s'il me demande de regarder une courbe de stimulation colique, je sais ce que ça veut dire sur le côlon et là je peux comprendre un peu plus. Sinon c'est du chinois. Dans ce contexte-là, lui a les mêmes questions et des parcours parallèles et tout à coup on se touche, on se croise. C'est comme ça qu'on invente des trucs et on fait avancer le projet (ColoStim, 2002, 22).

Chacun garde le langage (vocabulaire, modèle) propre à sa discipline sans le perdre au profit d'un langage commun et sans intégrer le langage de l'autre[1]. Dans les faits, il y a échange, voire compréhension des langages

1 Ce qui est soit une forme rare et extrême de convergence (Callon et al., 1995), soit à notre avis un leurre de l'interdisciplinarité.

médicaux et techniques. Les frontières persistent mais se déplacent au fur et à mesure de la pratique de projet et de collaborations entre médecins et ingénieurs.

Nous voyons donc que cet élément technique qu'est la stimulation du côlon permet de stabiliser des intérêts multiples, parfois divergents – publier un article, protéger la recherche –, et rend compréhensibles les langages propres à chaque discipline.

6.1.2. Des usagers: la confrontation dans l'expérimentation

Dans la première phase du projet, dix porcs ont été mis à disposition de l'expérimentation, non sans difficultés. La première exprimée par le temps d'obtention d'une autorisation est relative à la sensibilité de la société contemporaine à toute forme de sacrifice animal. Quant à la deuxième difficulté, elle relève les différences d'anatomie entre l'humain et l'animal et montre le rôle prépondérant du médecin, usager intermédiaire.

L'animal et la société: un rapprochement sensible

La participation de l'animal à l'expérience exige déjà une autorisation du Service vétérinaire cantonal et de la commission d'éthique vétérinaire.

> Il aura fallu trois mois de mise au point notamment pour obtenir l'autorisation de la commission d'éthique vétérinaire (ColoStim, 2001, 15)

puisque la demande soumise à mi-février est suivie d'une réponse affirmative à mi-mai. Cette autorisation concerne la première phase de mesure de l'activité électrique. La deuxième phase de stimulation électrique sera également soumise à autorisation.

Cette procédure administrative détaillée – à voir les rubriques de la demande – et lente aux dires du coordinateur, tient à un fait de société qui, par le truchement démocratique a renforcé, ces dernières années, son contrôle de l'expérimentation animale:

> C'est une commission très sensible [...] Nous avons des informations claires concernant les types d'investigations qu'on peut faire, selon un questionnaire précis qui est évalué d'abord dans le canton puis à Berne. Il y a des rubriques où on doit préciser quel est le degré d'inconfort qui est infligé à l'animal. Avec justesse, les exigences fédérales sont très élevées. Je pense que nous avons actuellement une législation qui est la plus

> stricte au monde, par rapport à cela. C'est une réponse à une pression populaire qui se traduit par des référendums (ColoStim, 2002, 19).

Cette forme d'implication de la société dans le projet médical nécessite des négociations sur la manière de traiter l'animal. Elle a des répercussions également sur son financement:

> Et puis un financement complémentaire, nettement moins important. C'est celui des Hospices qui nous donnent aussi de l'argent pour financer un peu de logistique et les porcs, car la CTI et la Confédération en général ne veulent pas mettre leur doigt dans la couverture financière d'expérimentation animale. Ils ont trop peur, sujet à controverse (ColoStim, 2002, 17).

La société est présente dans la configuration de ColoStim par l'intermédiaire de ses institutions. Ces dernières (CTI, Commissions d'éthique) ont un rôle à la fois de «poteau indicateur» et de «garde-fou». Elles expriment l'ouverture d'une société vers des perspectives de développement à long terme et actionnent la fermeture à des prétentions technologiques irréalisables ou trop personnelles. Elles représentent, au sein de ColoStim, les choix et les craintes d'une société.

L'animal et l'humain: des anatomies divergentes

La réaction du porc à l'expérimentation influence la trajectoire de l'innovation. En effet, la première difficulté majeure et imprévisible est relative à la technique d'anesthésie adoptée initialement, puisque les drogues utilisées arrêtaient toute activité de contraction intestinale:

> La technique d'anesthésie qu'ils avaient utilisée initialement rendait manifestement les intestins complètement atones et leur modèle expérimental n'allait pas puisqu'ils devaient absolument trouver une solution où ils devaient pouvoir stimuler cet intestin et avoir une contraction comme réponse (ColoStim, 2002, 19).

Pour préserver à la fois l'activité colique et un effet sédatif et antalgique suffisant – plus clairement dit: pour anesthésier le cochon sans anesthésier son côlon – un autre dosage des drogues a été déterminé sur la base de conseils d'un anesthésiste et a été vérifié sur un animal à l'état de veille. De plus, pour une anesthésie péridurale, il fallait savoir exactement où poser le cathéter puisque le porc a plus de vertèbres que l'être humain. L'animal pose problème et les acteurs présents ne couvrent pas l'ensemble des savoir-faire, d'où le recours à un anesthésiste:

Il y a l'anesthésie, l'hydratation de l'animal, la ventilation, l'intervention. Parfois des animaux meurent, ils [chercheurs débutants] ne comprennent pas pourquoi, ils ne sont pas anesthésistes (ColoStim, 2002, 19).

La méthode d'anesthésie corrigée, il a donc été possible de procéder à d'autres opérations sur l'animal, qui ont apporté leurs résultats en termes de stimulation électrique et de modélisation.

Les usagers intermédiaires, finals

Une autre difficulté, d'ordre prévisible, reste à résoudre. L'anatomie du porcin diffère de celle de l'humain et le passage du modèle animal à l'application sur l'humain doit encore tenir compte des différences que présentent les deux espèces.

Le patient n'est pas présent physiquement, peu présent dans les propos. L'animal le représente. Il y a dans l'expérimentation une confrontation continuelle entre le porc et le patient par l'intermédiaire qu'est le clinicien gastro-entérologue, lequel joue le rôle de porte-parole du patient:

Je dis: ça ce n'est pas applicable, pas réalisable ou intéressant par rapport à l'implantation humaine. En ayant toujours cette projection dans le futur, garder cet œil clinique du futur, pour le jour où ce sera applicable puis, ensuite, chaque fois confronter la physiologie du porc, puisqu'on travaille sur le porc, et la physiologie humaine[...] Je serais la personne principale chez qui on adresse un patient qui a un problème, qui pourrait bénéficier de ColoStim (ColoStim, 2002, 22).

ColoStim, comme toute autre technologie médicale, est caractérisée par le rôle essentiel des usagers intermédiaires que sont les médecins. Ils parlent au nom du patient. Dans la trilogie médecin–animal–patient, le patient pose la pathologie à résoudre – la constipation – et révèle la complexité de son système entérique mais il est, à ce stade, représenté par l'animal pour sa morphologie et par le chirurgien et le gastro-entérologue pour sa pathologie.

6.1.3. Des technologies parallèles: une complémentarité et une concurrence

Sous la rubrique «liens avec d'autres projets» – projets de recherche suisses ou européens – de la Demande de subside CTI du 11 octobre, aucun projet n'est mentionné. En effet, aucun contrat ne lie ColoStim à un autre projet de recherche puisqu'il ne s'intègre ni dans un programme européen, ni dans un programme national.

Cependant, il y a dans tout projet technique une coexistence inévitable de plusieurs projetsqui coopèrent, s'ignorent, se neutralisent ou se combattent : stimulation électrique de l'estomac, du cœur, des nerfs sacrés, *magnet-tracing*. Cette coexistence tient au développement continu de la science et de l'industrie et à la caractéristique d'obsolescence de toute innovation qui en appelle une autre.

La stimulation des nerfs sacrés et de l'incontinence, projet débuté en Angleterre par le gastro-entérologue, est un projet parallèle mais différent :

> Il s'agit aussi de stimulation intestinale mais stimulation au niveau des nerfs sacrés et de l'incontinence. Ça c'est un projet parallèle, différent, mais avec les mêmes techniques. Il y a aussi des électrodes, aussi des *pacemakers*, aussi des ingénieurs mais on est déjà en phase d'application clinique. La technique marche, elle a été publiée. On a implanté des patients en Angleterre, en Amérique, en France, j'ai participé à ça en Angleterre et puis on a commencé ici (ColoStim, 2002, 22).

Projet plus avancé que ColoStim puisqu'il est au stade de la reconnaissance par les assurances sociales, la stimulation des nerfs sacrés partage avec ColoStim les mêmes acteurs et dispositifs techniques sans qu'il n'y ait concurrence.

Par contre, les projets de stimulation de l'estomac et de trajectoire par aimant influencent l'orientation de ColoStim. ColoStim bénéficie d'emblée de l'expérience de Medtronic dans la mise au point d'une technique de stimulation électrique de l'estomac, qui aurait dû profiter aux patients souffrant de gastroparésie. Cette technologie intervient au moment de l'étude de faisabilité. Quant au *magnet-tracing*[2], c'est une technologie développée par la collaboration du professeur de physiologie de l'UNIL et de l'assistant de microtechnologie de l'EPFL. Elle confronte les données de la stimulation électrique et qui pourrait réorienter le projet en sa faveur.

Une technologie en amont: bénéfice technique, abandon financier

Projet précédant ColoStim, la stimulation électrique de l'estomac mise au point par Medtronic pour réguler les stimulations de l'estomac de patients souffrant de gastroparésie a contribué à l'étude de faisabilité du projet ColoStim actuel :

2 Le traçage par aimants de la motilité gastro-intestinale digestive permet en temps réel de suivre l'activité spontanée ou l'activité provoquée par la stimulation électrique du côlon.

> C'est un projet [stimulation du côlon] sur lequel il y a encore très peu de recherches qui ont été faites. Alors mon ancien chef m'a chargée, avec [l'acteur-auteur], de faire une pré-étude de faisabilité. Là j'ai été à Maastricht récupérer les documents qu'ils avaient utilisés pour le *pacing* de l'estomac, puis je les ai ramenés ici. On a fait quelques mesures et par rapport à ça, on a vu qu'on pouvait mesurer les choses. Ça a quand même pris une année pour cette étude de faisabilité (ColoStim, 2002, 20).

Cette technologie a donc permis de compléter le peu de données avancées par la littérature scientifique sur la stimulation électrique du côlon. Elle aurait pu également contribuer au financement du projet ColoStim. En effet, ce stimulateur d'estomac était en phase d'étude clinique sur les patients lorsque Medtronic a renoncé à sa commercialisation au regard des coûts engendrés[3] et ce, à la même période où les auteurs du projet comptaient sur le financement de Medtronic. Ce renoncement a donc orienté la trajectoire de ColoStim, avant même que le projet ne porte son nom, puisqu'en renonçant à cette branche d'activité, Medtronic classait ColoStim dans les projets à risque et ne lui accordait qu'un financement limité. Les acteurs se sont retournés vers la CTI.

La coexistence entre la stimulation de l'estomac et ColoStim aurait pu se poursuivre : l'une et l'autre échangeant leurs données et leurs expériences durant la poursuite de leur trajectoire parallèle. La convergence a eu lieu au niveau technique pour établir l'étude de faisabilité. La fin de la trajectoire de l'une a réorienté celle de l'autre, en la classant dans les projets à risque et en forçant ainsi les acteurs à pallier le manque de ressources financières qui en découlait, par les moyens disponibles :

> Disons que dans ce projet, on n'avait pas beaucoup d'argent, donc on est obligé de faire avec les moyens de bord. On avait besoin d'une sonde de pression pour mesurer la pression dans le côlon et la sonde coûte vingt mille dollars sur un projet. Je ne sais pas quel est le budget annuel, mais Medtronic donne cinquante mille francs par année pour ce projet. Donc vingt mille dollars par rapport à ce qu'on donne par année, c'est beaucoup trop. Alors on a dû utiliser d'autres moyens et c'est des projets de recherche tellement fondamentale qu'on ne peut pas intéresser les gens de chez nous pour mettre beaucoup d'argent [...] On ne va jamais donner un million pour un projet dont on ne sait pas si ça va donner quelque chose (ColoStim, 2002, 20).

3 Sous la pression exercée aux USA d'une personnalité politique, il est encore produit à « but humanitaire » et ne peut donc à ce titre profiter qu'à quelques patients gravement atteints, sans avoir passé tous les tests de certification.

Cette rencontre de deux technologies s'est faite dans la phase d'élaboration du projet. Par conséquent, elle ne figure pas dans les rapports présentant les étapes de réalisation. Elle a son importance lorsque l'on sait que les phases initiales d'un projet sont déterminantes (l'idéation) dans l'adhésion des acteurs, notamment financiers.

Un projet parallèle: de la complémentarité à la réorientation du projet

Des petits aimants, une matrice de capteurs de champs magnétiques... voici en quelques mots les composantes techniques du *magnet-tracing*:

> C'est un petit aimant qui suit le parcours. On peut repérer sa position avec des capteurs extérieurs et c'est beaucoup plus précis et ça donne une information beaucoup plus riche que les techniques qu'il y avait avant où typiquement on faisait avaler aux gens des petites lettres visibles aux rayons X et on voyait combien de temps ça prenait aux lettres pour se déplacer, avec les problèmes de rayons X et de mesures toutes les semaines. Là on peut voir ce qui se passe seconde par seconde (ColoStim, 2002, 21).

La complémentarité entre ColoStim et *le magnet-tracing* se fait sur le mode de la réciprocité puisque le *magnet-tracing* procure des enregistrements et ColoStim est un champ d'application pour la microtechnologie. Il est possible de comparer les enregistrements électriques de ColoStim avec les enregistrements de l'aimant:

> Tout ce qu'on fait comme mesure de la motilité c'est très nouveau. Par contre, on n'a pas beaucoup de comparaisons avec d'autres méthodes habituellement utilisées en médecine. Tandis qu'avec ColoStim, on a des enregistrements électriques et des enregistrements avec l'aimant en même temps. On a déjà là des comparaisons. On peut dire «voilà, quand on voit ça avec l'aimant, on voit ça sur les signaux électriques», des signaux électriques que les médecins ont beaucoup plus l'habitude de voir (ColoStim, 2002, 24).

Une concurrence interne: un champ des possibles

Le *magnet-tracing* prend de plus en plus d'importance, par les données que cette technologie procure, par les possibilités qu'elle laisse envisager et par son état d'avancement, qui permet déjà une diffusion dans le corps médical et un intérêt des équipes:

> Il y a ColoStim qui prend le *magnet-tracing* mais qui n'avait pas le *magnet-tracing* au début. Ensuite, on a différentes collaborations pour le *magnet-tracing*. Il y a ce qui s'est fait l'année passée sur les volontaires humains. Il y a ce qu'on a été faire au Canada.

> Puis, maintenant, il y a un projet avec [le coordinateur de ColoStim], aussi sur le côlon mais sur le côlon humain, qui va nous donner les informations de base sur le côlon humain, qui ne fait pas partie de ColoStim mais qui va donner des informations importantes pour ColoStim aussi (ColoStim, 2002, 24).

Il s'agit d'une complémentarité qui débouche sur une concurrence et une réorientation possible du projet:

> Le *magnet-tracing*, ils ont des tas d'ouvertures, de possibilités. Il y aura peut-être que ça de tout ce projet qui va marcher (ColoStim, 2002, 22).

Cette compétition interne au projet est un facteur de dynamisme puisqu'elle permet d'envisager une alternative au projet actuel, ce qui a déjà été discuté au moment d'établir le rapport de la première phase:

> On avait donc prévu une ou deux alternatives, vraiment complètement différentes, à rediscuter encore. Mais comme ce qui a été présenté, ils l'ont pris comme quelque chose d'assez encourageant, je pense que la priorité sera de continuer ce qui était prévu plutôt que de changer complètement [...] C'était justement au cas où il y aurait quelques critiques importantes sur le projet, qu'on puisse donner quelque chose. Mais aussi parce que, au sein du groupe, il y a trois professeurs et que chacun a une idée. Il y avait deux points de vue un peu différents (ColoStim, 2002, 24).

Dans l'immédiat, la rencontre des deux technologies débouche sur l'élaboration d'un deuxième projet:

> Maintenant oui, parce qu'il a vu que la technique que j'offre est puissante. Alors on a décidé, du fait qu'on connaît mal le côlon, de s'y attaquer. Récemment cette demande a été approuvée par le comité d'éthique. Ce qu'on va essayer c'est de suivre pendant très longtemps des volontaires. Il faut que quelqu'un le fasse une fois. Ça veut dire que vous avez un aimant à l'intérieur de vous et vous serez d'accord de rester avec nous pendant trois jours (ColoStim, 2002, 18).

Quant à la réorientation du projet, elle figure pour le moment dans l'ordre des possibles:

> Quand on fait des approches comme celle-là, à la fois empirique et scientifique, on apprend énormément et il se trouve que même l'idée initiale peut changer et la solution peut être trouvée non pas tout à fait dans l'approche que j'ai pensée mais à côté. C'est inhérent à toute recherche, à toute innovation (ColoStim, 2002, 18).

Dans sa réalisation, tout projet coexiste avec d'autres projets. Ce qui nécessite une négociation, un équilibre entre le repli sur le projet initial au risque de l'échec et l'ouverture à d'autres projets qui le concurrencent et le stimulent. Cette concurrence interne est plutôt saine.

En définitive, la technologie médicale est un imbroglio de projet de société, de projet de carrière, de considérations humanitaires. Elle intègre des contextes collectifs plus larges. Il est difficile de démêler ce qui relève de l'intérêt commun pour un produit commercialisable, de sa justification sociale en terme de bien-être du patient ou de la société ou des intérêts personnels. Seule la stimulation électrique est le point d'accrochage au réseau. Tout est axé sur cette problématique: les résultats que l'on obtient sur le cochon au regard du patient, les articles ou les modèles que l'on compte produire sur cette stimulation, la compréhension commune malgré des langages différents.

La technique de ColoStim, qui consiste à stimuler le côlon, force des acteurs hétérogènes, voire étrangers les uns aux autres, à coordonner leurs intérêts et leurs technologies, à ajuster leur langage, le tout dans le but de faire évoluer ce projet. Cette opération de «traduction» – terme emprunté à Michel Callon et Bruno Latour à propos de l'acteur-réseau – fait qu'autour de l'objet technique se dessinent des actions et des intentions nécessaires à l'évolution du projet et au renforcement de son réseau d'acteurs.

Dans cette interaction, les frontières s'estompent: plus de séparation nette entre ce qui relève de la technologie pure (un implant de stimulation, des technologies intégrées), d'un modèle (animal), ou de la société (justification sociale, ambitions personnelles, demande des patients). A chaque confrontation d'intérêts, d'usagers et de technologies, le projet ColoStim se renforce dans son aspect technique. Lors de ces ajustements, le réseau d'acteurs se consolide également.

Cette confrontation des intérêts, des usagers et des technologies rend le projet ColoStim plus complexe qu'il ne le paraissait dans la description statique faite en début d'analyse de cas. Cette confrontation contredit une vision linéaire du processus d'innovation, traçant une ligne de conduite du «pro» de l'anticipation au «jet» de la réalisation, marqué d'étapes successives et gratifié d'un produit final tel qu'imagé lors de la conception du projet.

Figure 19. Le projet de l'intention à l'action[4]

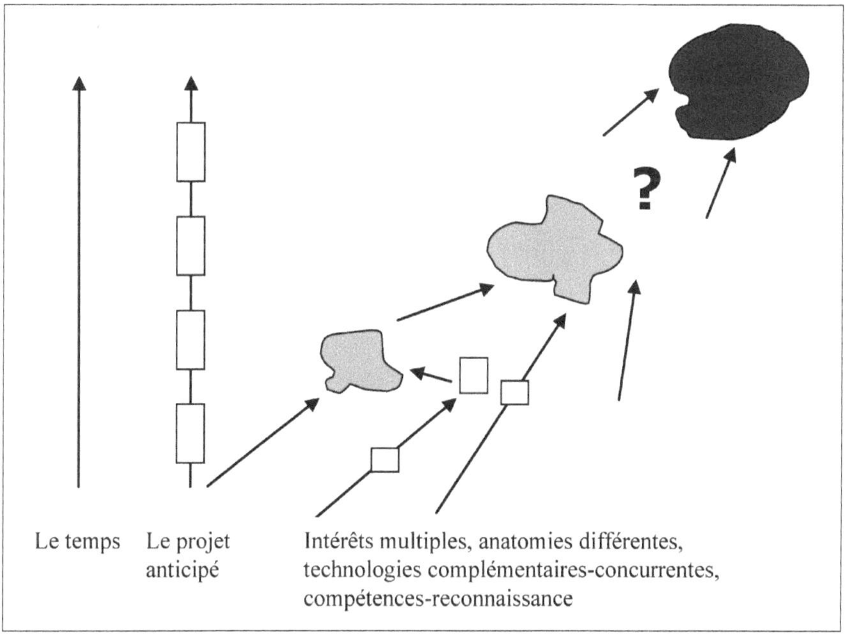

Le scénario en quatre phases (mentionné sous « projet anticipé » dans la figure) et le produit final tel que décrit dans les rapports adressés à la CTI, relèvent de l'anticipation. Il suit un temps linéaire découpé en quatre phases. Dans l'action et dans la confrontation des intérêts, des usagers concernés et des technologies associées, la technologie ColoStim suscite encore l'inconnu (? de la figure).

C'est une pâte à modeler (formes grises dans la figure) qui change de formes lors des manipulations (validation par les instances publiques, justification sociale…). C'est un volume dont on ne sait de quoi il adviendra : « La recherche ou l'innovation consiste en une série d'essais et d'erreurs, de tâtonnements, de bricolages qui découvrent, en même temps qu'il se trace, le chemin suivi » (CALLON, 1999, 43).

Les convergences et divergences provoquées par la stimulation du côlon montrent combien l'incertitude règne dans un projet et combien il est difficile d'anticiper ce que pourrait être un produit final. La façon linéaire de concevoir tout projet sert toutefois de repère tant à l'équipe directement concernée par le projet qu'aux acteurs qui le valident et le financent (la CTI, par exemple).

4 Figure inspirée de Torsten Hägerstrand (1981).

La technique lie les acteurs et forme des chaînes de traductions tout au long du projet. Cependant les interactions ne sauraient être limitées à un jeu de traductions provoquées par la technique de stimulation des acteurs. Les acteurs ont aussi la capacité de lier les acteurs et de faire évoluer le projet.

6.2. Les relations sociales comme facteur de l'émergence des convergences et des divergences

Jusqu'ici, nous avons montré comment la technologie configure le réseau d'acteurs en fonction des problèmes spécifiques qui se présentent sur sa trajectoire tels celui de l'anesthésie de l'animal ou de l'évolution d'autres technologies. Cette confrontation se fait sur fond technique, même si les enjeux sont également sociaux (bien-être social, expérimentation animale, développement régional).

Dans le chapitre qui suit, nous mettons l'accent sur l'autre pôle de la relation entre technologie et réseau d'acteurs, en démontrant que ce sont les individus et les structures sociales auxquelles ils appartiennent qui font lien, non sans difficultés.

Quand et comment les acteurs sont-ils entrés dans le réseau? Quels liens entretenaient-ils auparavant? Partons de l'émergence du réseau:

Il faut d'abord analyser l'entrée des acteurs dans le réseau, puis ensuite l'origine de leurs relations et les ajustements entre acteurs qui amènent les relations à évoluer[5]. Ces liens interpersonnels suffisent-ils ou doivent-ils être renforcés par de plus organisés?

5 Cette analyse part des relations les plus simples, c'est-à-dire les plus directes et bilatérales (d'un acteur à un autre), dans un cadre donné (pôle médical localisé au CHUV), à un moment donné, à savoir l'entrée dans le réseau. Nous étendons ensuite l'analyse à la mise en relation des autres acteurs (de pôle à pôle). Ce passage d'un cadre d'analyse à un autre ne correspond pas forcément à la chronologie du projet mais au premier mouvement esquissé par l'acteur-auteur. Si l'acteur-auteur du projet appartenait au pôle technique, nous aurions appréhendé le projet par l'EPFL.

6.2.1. Des acteurs-clés: permanents et ponctuels

Tout acteur n'occupe pas la même position au sein du réseau. Des plus centraux aux plus périphériques, leur influence se décline du simple conseil à la mise en relation. Leur relation se fait parfois au sein de la même organisation mais s'opère aussi entre une entité locale et un autre centre de R&D en Europe. Observons d'abord les acteurs-clés, c'est-à-dire ces acteurs, souvent ponctuels, qui ont la capacité de mettre en relation les autres acteurs.

Le pôle médical: pas de projet sans auteur

Dans le pôle médical, la mise en relation se fait directement. Lorsque le chirurgien auteur du projet a besoin d'un gastro-entérologue [I] et d'un physiopathologue [C] – ses partenaires essentiels – et plus tard d'un anesthésiste [J], il sait d'emblée vers qui se tourner, déjà parce qu'il s'agit de disciplines complémentaires à la sienne et qu'il a, au fil du temps et dans un même lieu, repéré les compétences nécessaires à son projet:

> A-C: «Je le connais de réputation et aussi un peu personnellement car on se connaît du conseil de faculté de l'hôpital mais on n'avait jamais collaboré. En physiologie, il s'intéresse à la motricité du tube digestif, raison pour laquelle je lui ai présenté mon projet et lui demandé ce qu'il en pensait et lui demandé ensuite s'il était d'accord de collaborer» (ColoStim, 2002, 17).

> A-I: «Je le connais car il a fait une formation postgraduée dans cet hôpital. Il est gastro-entérologue et n'est pas chirurgien. Il a travaillé dans notre service et puis il a fait un complément de formation en Angleterre, à Londres, la Mecque mondiale de son domaine. Je l'avais fait aller là-bas et il a été capable de faire une formation dans le domaine fonctionnel du tube digestif. Avant qu'il parte, on avait déjà mis au point une unité interdisciplinaire de colo-proctologie fonctionnelle [?] entre le service de gastro et la chirurgie, dans laquelle G a été un des partenaires déterminants. Quand il est rentré, je lui ai dit que j'avais développé un projet de recherche, que j'aimerais bien l'associer à celui-ci parce qu'il a des compétences et un savoir complémentaires au mien et aux autres partenaires» (ColoStim, 2002, 17).

> A-J: «C'est un anesthésiste de la maison, avec lequel je travaille presque tous les jours au bloc opératoire et qui a une bonne connaissance de l'expérimentation animale. Il en a fait dans sa formation à un moment donné. Quand on a eu ces problèmes pratiques, qui sont principalement des problèmes de drogue, qui avaient un impact anesthésique non seulement sur le personnage du cochon mais aussi sur son intestin, ce qui est bien connu avec certaines drogues, il fallait qu'on trouve une drogue qui soit efficace sur l'anesthésie du cochon mais pas sur son côlon. On a demandé son aide, il est venu, on

a mis au point une modification de la technique anesthésiologique avec lui et grâce à lui» (ColoStim, 2002, 17).

Un contact direct s'établit qui ne passe pas par un intermédiaire, puisque l'acteur-auteur les repère et met directement ses partenaires en relation, ce que ceux-ci confirment:

C-A: «C'est A qui est venu un jour me consulter et me demander ce que je pensais de cette idée d'implanter chez l'homme des électrodes pour stimuler la fonction colique» (ColoStim, 2002, 18).

I-A: «C'était au début, en août 1998. A m'a contacté et m'a dit ‹écoute, ce serait sympa qu'on bosse sur ce projet ensemble› et de voir si c'était possible de faire des collaborations» (ColoStim, 2002, 22).

J-A: «J'ai eu un contact direct avec A, qui a sollicité mon avis qui initialement aurait pu se résumer à quelques conseils en répondant à leurs questions et j'aurais pu m'arrêter là» (ColoStim, 2002, 19).

La mise en relation est donc personnelle et directe. Elle dessine une configuration en étoile et ne trace pas une chaîne de relation linéaire allant de l'acteur-auteur à tel médecin qui fait connaître tel médecin et qui amène à tel partenaire… (figure 20). L'enchaînement linéaire n'est pas nécessaire puisque ces partenaires médecins se connaissent entre eux, ce que nous observons dès que nous élargissons les trois relations établies par l'acteur-auteur A (A-C, A-I, A-J)[6] – présentées ci-dessus – aux relations duales entre partenaires (I-C, J-I, J-C):

I-C: «[C']était professeur quand j'étais étudiant mais je ne m'adressais pas à lui. C'est un des professeurs que j'ai beaucoup apprécié et j'étais intéressé à bosser avec lui parce qu'il travaillait sur la motilité colonique et je me cherchais un domaine d'intérêt de recherche […] Donc j'avais déjà envie de bosser avec C parce que j'aime bien ce bonhomme. La première fois que je l'ai rencontré officiellement, et il a aussi eu du plaisir à me voir parce qu'il m'appréciait, c'était dans cette première réunion ColoStim» (ColoStim, 2002, 22).

J-I: «Non, nous nous sommes retrouvés là-bas. On avait eu des contacts antérieurs par rapport à son projet […] On travaillait également cliniquement, on se connaissait» (ColoStim, 2002, 19).

6 A ces trois relations, nous pouvons ajouter la relation A-F correspondant à la relation du chirurgien avec son assistant. Malheureusement, ce dernier a quitté le réseau pour raison médicale. Dans la phase préparative de notre étude, il nous a accordé un entretien sur la technologie de la stimulation du côlon sans que nous abordions la construction de son réseau. C'est par les propos d'autrui que nous évoquons donc cet acteur.

> J-C: «Il était ... de la commission d'éthique vétérinaire cantonale [...] il représentait officiellement la faculté de médecine dans le cadre de ce groupe» (ColoStim, 2002, 19).

L'acteur-clé, autrement dit l'acteur qui fait entrer d'autres acteurs médicaux dans le projet ColoStim, est le chirurgien auteur du projet ColoStim. Plus qu'un intermédiaire, l'acteur-auteur est le rassembleur ou créateur d'un nouveau système de relations. Toutefois, même s'ils se connaissent déjà, il faut que l'acteur-auteur ravive ces relations. Il doit les intéresser à son projet (cf. intérêts).

Il évalue leur apport possible pour le projet et identifie ainsi leur positionnement par rapport au projet: acteurs ressources, acteurs confrontants dans leur critique, acteurs conflictuels... L'acteur-auteur du projet est ici central dans la mise en relation. Il établit directement des contacts et ravive des relations déjà existantes. Il le fait en connaissance d'un contexte local. Ceci est d'autant plus important que ces relations sont épisodiques, malgré l'appartenance à des structures sociales relatives à la profession médicale: commission, formation...

Le pôle technique: de personne à personne, de projet en projet

Nous pourrions poursuivre la construction du réseau ColoStim au sein de l'EPFL et des ingénieurs, mais nous y découvririons les mêmes enchaînements: de personne à personne, de projet en projet, par formation continue... mais dans un contexte de formation encore plus marqué:

> Comme il a fait ses études à l'EPFL, l'étudiant qui travaillait pour moi le connaissait très bien. Mais je ne le connaissais pas spécialement (ColoStim, 2002, 21).

Les acteurs se connaissent déjà entre eux mais, à la différence du milieu médical, les relations s'établissent davantage, par relais, de personne à personne:

> J'étais en train de fêter au bar de l'EPFL avec un ami qui a terminé une semaine après moi et c'est lui qui m'a dit «écoute, il y a [D] qui m'a proposé de faire une thèse mais moi je n'ai pas envie». On a commencé à parler de ça et [D] est aussi entré dans le bar et il m'a proposé d'aller le rencontrer puis de discuter de ça, parce que j'étais très intéressé de faire une thèse dans ce laboratoire du traitement des signaux. Il m'a présenté [D], on a discuté une dizaine de minutes et après il m'a dit «bon, demain si tu as le temps, tu peux passer, on discute plus tranquillement». Le jour après, il m'a expliqué les deux choix qu'il pouvait me donner. J'ai pris une semaine pour réfléchir et je suis retourné et j'ai dit «écoutez, il y a le projet ColoStim qui m'intéresse beaucoup» (ColoStim, 2002, 23).

Il n'y a donc pas d'acteur de liaison au sein du monde technique comme dans le monde médical (figure 20). Aucun acteur-clé ne se profile à l'EPFL pour rassembler le monde technique. Ceci est de moindre importance puisque initialement, il revient à l'acteur-auteur de repérer les acteurs et les savoir-faire qui lui sont nécessaires pour développer ColoStim.

Figure 20. Une mise en relation par un acteur-clé ou par relais

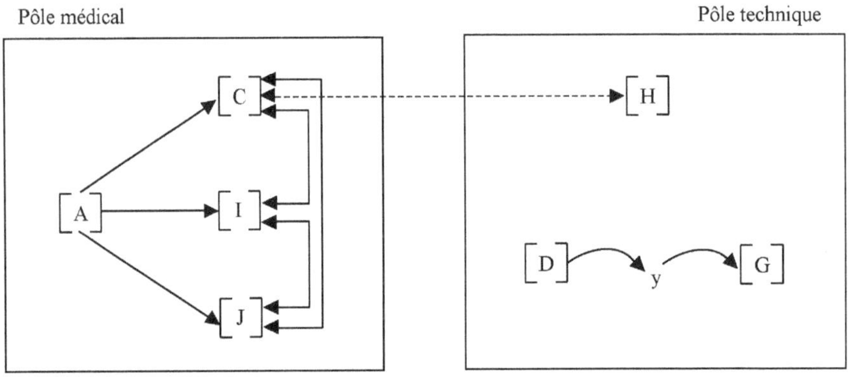

Il faut souligner que ce système de relations plus diffus, moins coordonné, qui caractérise les ingénieurs EPFL de ColoStim, tient au fait que ces derniers participent en commun à d'autres projets avec le milieu médical et le milieu industriel, à leur entrée dans ColoStim. Par conséquent, le passage d'un système de relation à un autre se fait de projet en projet: de projets communs aux trois milieux (en cardiologie, en neurologie, en physiologie) à un autre (ColoStim).

De pôle à pôle: des acteurs relais essentiels

Ce qui importe le plus en termes de projet pluridisciplinaire, c'est la mise en relation entre deux pôles dont les objectifs, les formations, les systèmes d'organisation divergent plutôt que la structuration des relations au sein d'un pôle. Chaque projet nécessite une configuration nouvelle d'acteurs. Si l'on connaît certains, il faut faire appel à d'autres.

Il est essentiel d'observer comment se fait la mise en relation entre les pôles, en partant à nouveau de l'acteur-auteur et de son ouverture aux pôles technique et industriel.

Trouver des partenaires industriels et techniques sont les difficultés majeures évoquées par le responsable de projet :

> Au début, il a fallu faire passer la bonne parole à des partenaires, puisque j'étais tout seul. Avec Medtronic, qui était le premier que j'aie approché, ça a pris un certain temps. C'est un projet novateur car relativement peu de choses ont été faites ou étudiées au niveau du tube digestif distal. On connaît pas mal de choses de la physiologie du tube digestif proximal. La problématique distale est moins connue car réputée très difficile et c'est une des raisons pour lesquelles les gens l'ont peu étudiée. Il y a aussi des alternatives thérapeutiques, en particulier les laxatifs. Soit différentes raisons qui font que l'intérêt n'était pas manifeste. Il a fallu faire comprendre à Medtronic, qui avait un enjeu qui n'était pas banal et maintenant ils l'ont compris. Maintenant ils intègrent cette démarche de l'analyse de fonction intestinale et de la stimulation de celle-ci dans les différents projets et même dans des produits qu'ils ont pu commercialiser donc il y a un marché.
>
> Le deuxième problème, je ne dirais pas difficulté, ça été de trouver des partenaires non industriels et c'étaient les gens de l'EPFL et de la physiologie. Il a fallu là aussi prêcher la bonne parole et discuter avec eux pour les rallier à notre cause (ColoStim, 2002, 17).

La difficulté de mise en relation est perceptible dans la gradation des termes. On ne se contente pas de demander de l'aide, de solliciter un avis. Il s'agit de «prêcher la bonne parole», de «faire comprendre» et donc de s'allier un nouvel acteur.

Pour contacter l'acteur économique, le chef de projet sait, par la littérature et par réputation, quelle firme est susceptible d'être intéressée par son projet. Cependant, aucun de ses membres ne figure dans son carnet d'adresses. De plus, la firme n'est à ce moment-là pas encore localisée dans la région. Aussi lui faut-il un intermédiaire – un collègue cardiologue – pour entrer en contact :

> C'est par [X], le cardiologue, qui lui est un partenaire de Medtronic de très longue date puisqu'il, non seulement, implante des pacemakers mais en a développé avec eux expérimentalement depuis de nombreuses années. C'est à lui que je m'étais ouvert en tout premier en lui disant «est-ce que tu crois que [...]» et qui m'avait dit «je vais te donner des noms et je vais essayer d'intervenir pour toi pour que tu puisses être reçu pour leur raconter ton histoire». C'est comme ça que ça a commencé (ColoStim, 2002, 17)).

Le même acteur – le cardiologue – sert d'intermédiaire avec le pôle technique, l'auteur-acteur du projet ignorant les compétences techniques nécessaires :

> [X] m'a aussi introduit à [B] avec laquelle il travaille aussi. Quand on a commencé à parler concrètement, [B] a dit «il nous faut une troisième personne» et c'est [D] (ColoStim, 2002, 17).

Le cardiologue lui présente alors une ingénieur de Medtronic avec laquelle il a déjà collaboré qui, à son tour, l'introduit auprès d'un autre ingénieur de l'EPFL et ainsi se crée la chaîne de personne à personne:

> Puis [A] a présenté ce qu'il voulait faire et comme je travaillais avec [X] déjà et que je connaissais bien le CHUV, il a dit «Viens avec moi, on va regarder si ça t'intéresse, si on peut faire quelque chose». Là, j'ai eu mon premier contact avec [A] (ColoStim, 2002, B).

Dans les deux trajectoires vers l'industrie et vers la technique intervient le même acteur, un collègue cardiologue, qui est en relation de long terme avec la firme en question. Son rôle est central puisqu'il met en relation deux pôles, alors que sa position est périphérique puisqu'il n'entre pas en considération sur le projet. Son intervention est ponctuelle, le temps de la mise en contact.

De même, un autre acteur ponctuel mais non local, intervient: un ingénieur free-lance, rencontré par l'un des médecins:

> ColoStim, c'est une vieille histoire parce qu'il y a quatre-cinq ans j'avais rencontré, par mon ancien patron sous le couvert duquel je suis parti à Londres, un jour j'ai rencontré un ingénieur de Medtronic avec qui on a parlé de stimulation gastrique et intestinale. Et puis en parlant de stimulation gastrique et intestinale, on a fait plusieurs hypothèses de comment stimuler l'intestin, pourquoi le stimuler, quelles sont les options envisageables, quelles sont les stratégies etc. Et puis on a fait pas mal de brainstorming ensemble, on s'est revu trois-quatre fois dont lors de congrès où l'on s'est croisé. Et puis, c'est un peu comme ça que démarrent des projets, c'est-à-dire c'était totalement inofficiel (ColoStim, 2002, 22).

En effet, la mise en relation du monde médical avec le monde économique, d'une part, et le monde technique d'autre part, se fait par l'intermédiaire d'acteurs ponctuels, périphériques au projet mais essentiels à sa diffusion:

Figure 21. Des acteurs ponctuels, périphériques et essentiels

- chirurgien → **cardiologue** → firme
- gastro-entérologue → son patron → **ingénieur free-lance** → firme
- chirurgien → **cardiologue** → ingénieur Medtronic → ingénieur EPFL.

Où qu'ils soient et quelle que soit leur fonction, le rôle joué par ces acteurs est à souligner:

> Il est sorti de l'histoire mais il m'avait fait pénétrer dans Medtronic et m'avait fait connaître de ces gens-là comme quelqu'un qui avait peut-être des idées. Il avait retenu mon nom comme quelqu'un de l'institution à contacter en cas de projet digestif, intestinal, gastro-entérologique. Ce qui a été le cas. Donc il m'a ouvert la porte et l'envie de bosser avec des ingénieurs (ColoStim, 2002, 22).

L'ingénieur formée à l'EPFL joue également un rôle clé, car elle est entraînée aux projets biomédicaux dans un post-doctorat et employée maintenant par la firme:

> Elle a été notre personne de liaison avec Medtronic pour la régulation de tous les problèmes pratiques, la réalisation du projet. Elle m'a fait connaître d'autres personnes à Medtronic. C'est une personne de liaison-clé avec Medtronic. Et puis, elle est ingénieur, donc elle a une grande expérience de la stimulation électrique du cœur et des pacemakers (ColoStim, 2002, 17).

Cette ingénieur est un acteur-clé d'autant plus important qu'il s'agit d'un acteur permanent de ColoStim et fait profiter à long terme le réseau de ses compétences multiples, ayant intégré les logiques scientifique et marchande. La firme multinationale, pour sa part, acquiert en l'engageant une connaissance des relations technologiques locales.

Nous avons pris connaissance du moment et de la manière dont les acteurs ont découvert ColoStim. Cela met en évidence le rôle central d'acteurs permanents, tel l'acteur-auteur du projet qui rassemble au sein du pôle médical des acteurs collègues. Des acteurs ponctuels non moins importants se distinguent comme le cardiologue et ponctuels mais distants, comme l'ingénieur rencontré en colloque (figure 23).

En précisant la manière dont ils ont adhéré au projet ColoStim, ces auteurs ont en partie mentionné les liens qui existaient entre eux avant ColoStim.

Figure 22. Des acteurs de liaison essentiels, locaux et non locaux

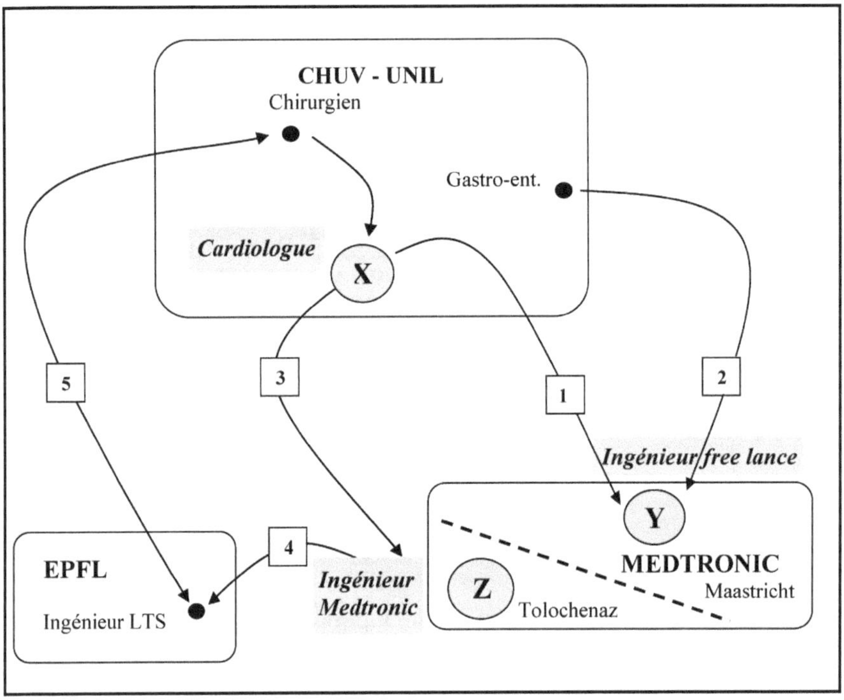

Cette figure retrace les chaînes d'interactions de manière chronologique. La chaîne (1) part du chirurgien qui sait, par la littérature, quelle firme pourrait être intéressée par ColoStim. Pour cette mise en relation, il s'adresse à un collègue cardiologue (X) qui le mettra également en relation (3) avec l'ingénieur de Medtronic ; cette dernière fera le lien (4) avec l'EFPL qui se prolongera par une mise en relation (5) avec le chirurgien. Parallèlement au chirurgien, le gastro-entérologue rencontre (2), lors d'un colloque, un ingénieur en contact avec Medtronic (Y).

Deux ponts s'établissent avec l'industrie, dont les modes d'entrée en relation varient mais dont les intermédiaires ont pour caractéristiques de n'intervenir que ponctuellement et de n'occuper qu'une position périphérique dans ce projet, qu'il s'agisse du cardiologue (X) ou de l'ingénieur free-lance (Y). Les réseaux d'innovation gardent donc en mémoire ces relations ponctuelles. Par contre l'ingénieur de Medtronic (Z) est un acteur encore permanent dans le réseau.

6.2.2. Le type de lien: formation et profession

Quels liens entretenaient les acteurs avant le projet ColoStim? Il s'agit de remonter à l'origine des relations et les structures sociales, locales, dans lesquelles ces relations naissent. Ceci montre la capacité des acteurs à raviver des relations existantes et à les modifier au fil de nouvelles rencontres.

Des structures professionnelles pour les médecins

> C-A: «Je savais très bien qui c'était car j'étais dans la commission de sa nomination à l'époque. Je savais donc que c'était quelqu'un d'extrêmement compétent mais par le papier. Ensuite il est venu tout seul. Il m'a exposé son idée de ColoStim, il y a deux ans environ parce qu'il savait que je faisais des travaux de recherche sur l'intestin» (ColoStim, 2002, 18).

> I-A: «Ça fait longtemps, dans le cadre du CHUV, du travail clinique, sur des patients. Ça date de dix ans. On n'a jamais fait de recherche ensemble. C'est parce qu'il avait envie et besoin d'un médecin gastro-entérologue dans l'histoire et que j'avais aussi des compétences dans le domaine de la motilité» (ColoStim, 2002, 22).

> J-A: «Je le connais depuis mon arrivée au CHUV en 1985, dans le cadre de l'activité clinique [...] On se retrouve une ou deux fois dans des commissions» (ColoStim, 2002, 19).

Lorsque l'on remonte à l'origine de ces relations dans le milieu médical, les liens s'inscrivent dans des structures sociales qui sont le marché du travail et la pratique professionnelle quotidienne.

La formation pour les jeunes ingénieurs

Dans le cas de ColoStim, les relations entre ingénieurs sont moins ancrées dans le long terme d'expériences communes ou de réputations que le sont les relations médicales. Les ingénieurs de ColoStim sont d'ailleurs plus jeunes que les médecins, et par conséquent ont une position moins élevée dans la hiérarchie. Ce ne sont dès lors ni conseils de facultés, ni commission de nomination qui établissent des relations à long terme. On sent plutôt chez eux le poids de la formation comme structure commune.

Figure 23. Formation et activités professionnelles à l'origine des relations

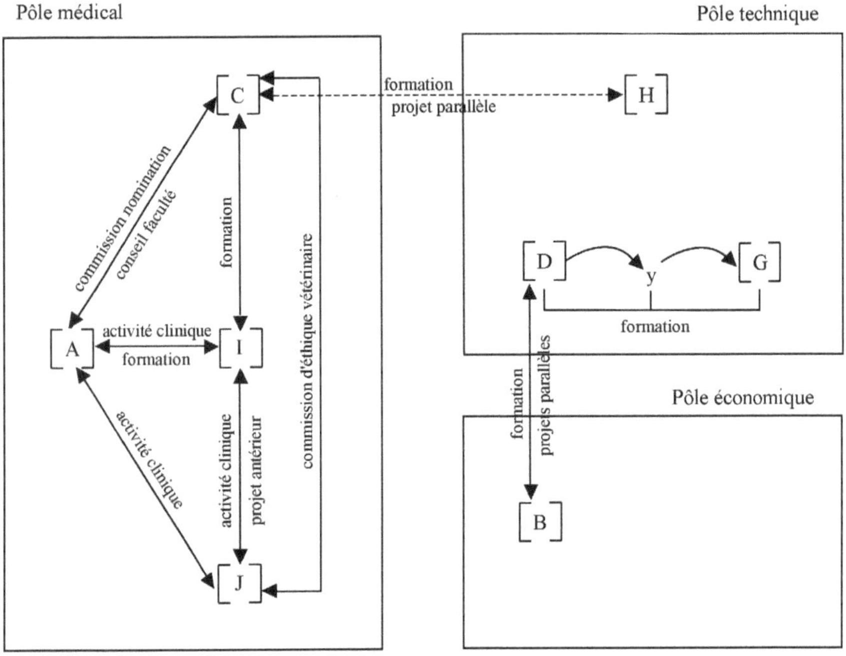

L'origine des relations et les structures dans lesquelles les relations s'inscrivent sont essentiellement professionnelles: des contacts au sein du conseil de faculté, d'une commission de nomination ou de suivi de patients pour les médecins et en laboratoire ou en salle de cours pour les ingénieurs.

La faiblesse des liens

Aussi locales que puissent être ces relations, elles sont limitées au temps d'une formation et à l'exercice d'une profession et ne reposent pas, ni ne débouchent sur d'autres types de structures sociales telles que la famille, l'amitié, l'appartenance à des clubs d'ordre non professionnel. Ce sont des acteurs qui s'apprécient et se rencontrent parfois au sein de leur formation et dans le cadre de leur profession, puis selon leurs projets communs et le projet ColoStim.

Ceci se vérifie dans l'évolution des relations puisque, au-delà de relations professionnelles ou du projet de ColoStim, les acteurs n'entretiennent pas de relation, même s'ils partagent des intérêts communs et que le terme d'amitié est parfois évoqué:

> J-A: «On s'apprécie bien parce qu'il a aussi une bonne connaissance et sensibilité à la peinture. On parle souvent de culture liée à la peinture [...] on s'est retrouvé à des ouvertures d'exposition ou à des expositions, mais c'était plutôt le hasard» (ColoStim, 2002, 19).

L'expression «par amitié» manifeste une forme de reconnaissance de l'autre, sans qu'il y ait de relations sociales entretenues. Plutôt qu'un réseau fondé sur l'amitié, c'est-à-dire des rencontres régulières, des affinités partagées, il s'agit de relations de «bonnes connaissances», des liens qui restent faibles. On ne peut pas s'arrêter à l'évocation du terme de l'échange et en déduire qu'il s'agit de liens forts, mais il faut en vérifier le contenu pour qualifier ces liens de faibles.

L'intensité des relations et leur fréquence est aussi une question de temps. Hormis l'appartenance aux même structures professionnelles et de formation, les relations de ColoStim sont aussi relatives à une structure d'âge en trois groupes: les professeurs seniors, les professeurs intermédiaires et les assistants, répartition que l'on retrouve aussi bien dans la description du réseau, la fréquence des relations, l'intensité des affinités. Les plus jeunes sont en train de créer leur propre réseau social et professionnel et par conséquent ces réseaux ne sont pas suffisamment consolidés pour qu'ils puissent chevaucher d'autres réseaux sociaux.

Par la genèse des relations, nous faisons un lien entre des structures sociales (formation, profession et âge) et les relations technologiques au sein du projet. Pour prétendre que ces structures sociales débouchent sur des relations d'amitié, qui à leur tour amènent d'autres projets, nous devrions nous situer sur le moyen terme du projet ou sur le long terme des relations locales.

6.2.3. Une identité de métier: la compétence et ensuite la reconnaissance

Les acteurs n'agissent pas comme des atomes mais sont des individus en relations. Cette interaction amène les acteurs à évoluer. Quelle que soit leur appartenance professionnelle et les fonctions et représentations qui leur sont associées, leur identité évolue en cours de projet, des ajustements ont lieu.

De la fonction aux rôles: des compétences attendues aux activités réelles

Chaque acteur est recruté directement ou indirectement en fonction d'une compétence liée à la fonction et construite par des expériences de collaboration.

En adhérant à ColoStim, les acteurs sortent du cadre quotidien défini par la hiérarchie institutionnelle pour entrer dans un cadre où priment les compétences spécifiques, afin de répondre aux besoins du projet. Dans ce nouveau système relationnel, les acteurs sont choisis par l'acteur-auteur pour leur compétence spécifique, médicale (anesthésiste, physiologiste, gastro-entérologue...) ou technique (microtechnique, traitement des signaux, conception d'électrodes...) nécessaire au projet. Hormis leur connaissance en anesthésiologie, physiologie et gastro-entérologie, chacun apporte un plus: anesthésiologie animale, expérience du praticien en cabinet, une nouvelle technologie...

En cours de projet, par la confrontation avec les autres acteurs et selon l'évolution du projet, leur identité évolue encore au point de renforcer leur caractère hybride et de dépasser les tâches initiales que désignait leur fonction.

Ceci est particulièrement marqué chez les assistants, puisque c'est à leur niveau que les rencontres sont les plus fréquentes et l'apprentissage le plus marqué. L'assistant responsable de la partie technique de la mesure avec l'aimant filme également les opérations. Un autre enregistre et analyse tous les signaux mais «donne un coup de main en salle d'op» en aidant à la dissection. L'assistant médecin, qui organise et fait le compte rendu de chaque opération et ensuite s'associe aux deux précédents pour des expériences sur le cochon *in vivo* à la ferme. Ces expériences non prévues amènent d'ailleurs le paysan à fournir les animaux, tel que le prévoit sa fonction, et à aider au déroulement des opérations. Cela ne relève pas de sa fonction d'élever et de produire des animaux d'expérimentation.

> Tout le monde a sa place mais tout le monde peut interagir avec les autres (ColoStim, 2002, 23).

C'est ainsi qu'au regard des compétences attendues, les activités spécifiques au projet débordent le champ initial de compétences pour en développer de nouvelles en cours de projet.

La rencontre du mandarin et du garagiste: de la représentation à la pratique

L'évolution de la position de l'acteur et sa reconnaissance par les autres acteurs est également révélatrice de l'appartenance à tel ou tel métier et des représentations qui lui sont associées. Les représentations qui forment l'identité de chaque métier s'expliquent par les valeurs accordées à telle profession (le prestige du médecin), également par des jeux de pouvoir (les moyens de la firme internationale) et aussi par l'organisation du travail propre à chaque profession (hiérarchique ou par projet). Les acteurs se réfèrent d'ailleurs à un cadre collectif pour expliquer leurs divergences:

> Je fais partie d'une vingtaine de structures scientifiques, professionnelles, associatives [...]. On n'a pas du tout le même métier, lui est ingénieur. On n'a pas de société commune (ColoStim, 2002, 18).

Nous empruntons aux acteurs de ColoStim ou autres acteurs rencontrés précédemment, les termes de mandarin et de garagiste:

> Ce n'est pas général mais il y a toujours un petit aspect mandarin qu'on retrouve encore chez les médecins et qu'on trouve moins dans le milieu des ingénieurs. Dans tous les projets que j'ai eus sur des années, il y a quand même toujours, au début, un manque de compréhension, un manque de connaissance sur les attractions mutuelles qu'on peut avoir. L'impression que j'ai c'est, qu'au début, les médecins pensent toujours qu'on est un peu des manoillons[7], c'est-à-dire qu'on va leur apporter des solutions techniques simples, leur faire deux ou trois choses de base et puis en général, par la suite, ils se rendent compte qu'effectivement on peut apporter plus que simplement le fait d'être capable d'enregistrer des signaux et de faire juste une bête analyse fréquentielle (ColoStim, 2002, 21).

De la firme profiteuse aux professeurs inaccessibles, chaque relation s'ouvre d'abord sur une représentation:

> On voit Medtronic comme quelqu'un qui a beaucoup d'argent, qui veut profiter des gentils qui font de la recherche au CHUV. Parfois, on a un peu l'impression d'être les méchants américains pleins d'argent qui viennent profiter, payer de la recherche à bon marché au CHUV ou à l'EPFL. C'est vrai que parfois Medtronic a eu tendance à envoyer des gens qui faisaient plutôt de la vente que des projets de recherche [...] ils ne connaissaient pas trop [...] Et moi, donc les gens testent pour savoir ce qu'on peut apporter au projet. Est-ce qu'on va profiter d'eux, est-ce qu'on va les exploiter, etc. (ColoStim, 2002, 20).

7 Terme vaudois pour désigner un manœuvre.

> Mais quand vous êtes professeur au CHUV, vous êtes un personnage assez impressionnant, assez inaccessible au début [...] et souvent ces gens ont la réputation d'être des gens intransigeants, absolument difficiles à juger (ColoStim, 2002, 20).

Cette représentation construite dans le long terme, les acteurs de ColoStim et d'autres projets l'expliquent par la méconnaissance du médecin de la compétence de l'ingénieur:

> Il y a toujours une barrière. La barrière c'est que j'ai fait huit ans d'études, donc autant qu'un médecin et je serai toujours considérée au départ par un médecin comme un pur technicien, quelqu'un d'inférieur à un médecin, alors que j'ai quand même fait huit ans d'études pour arriver où j'en suis. Mais un médecin ne va jamais voir ça. Si sa machine à ECG tombe en panne: «est-ce que vous ne voulez pas réparer la machine à ECG?». Je lui dis: «Je ne sais pas réparer la machine à ECG». J'ai fait des études peut-être de plus haut niveau et je ne suis pas capable de réparer une machine à ECG. C'est comme ça. Tout comme je ne répare pas les télévisions, comme lui il ne va pas réparer à cœur ouvert. C'est des choses pour lui qui sont un peu difficiles à comprendre. Et c'est aussi difficile pour lui, il dit «faites un modèle du cœur!» comme [A] dit «faites un modèle du côlon!». Mais ils ne se rendent pas compte qu'il y a des limitations. Pour eux, c'est juste qu'il faut passer le temps qu'il faut dessus mais ça peut se faire, alors que si quelqu'un connaît bien la technique, il se rend compte qu'il y a quand même des limites et qu'on ne peut pas tout faire (ColoStim, 2002, 20).

Ils l'expliquent aussi par une organisation de travail plus hiérarchique chez le médecin que chez l'ingénieur:

> La hiérarchie est beaucoup plus forte chez les médecins. Chez nous on discute à égalité avec le premier assistant [...] En salle d'opération, il faut quelqu'un qui décide et quelqu'un qui exécute. Je ne sais pas comment en dire plus [...] Je pense spécialement chez les chirurgiens, il y a un esprit de hiérarchie qu'il n'y a pas du tout ici (ColoStim, 2002, 24).

Ces distances cognitives dues à la méconnaissance de l'autre compétence et à l'organisation du travail propre à chaque milieu créent dans le premier temps de la relation une dissymétrie des rapports renforcée par le fait que c'est le milieu médical qui médiatise, valorise et utilise l'innovation:

> J'essaie toujours de donner la parole au médecin avec qui on travaille. Moi je suis beaucoup dans l'ombre, je n'essaie pas de [...] S'il y a un communiqué de presse, mon nom ne sera jamais mentionné, c'est toujours le médecin avec qui on travaille (ColoStim, 2002, 20).

Ceci montre une fois de plus le rôle essentiel de cet usager intermédiaire qu'est le médecin dans la technologie médicale. Ce corps professionnel agit sur toute la chaîne d'interaction: choix des acteurs (cf. acteurs-clés), représentation du patient (cf. expérimentation), médiatisation de l'innovation.

La pratique de projet et les structures de formation

Ce qui nous importe, c'est de voir que dans la pratique de collaboration, ces mondes spécialisés et diversifiés tendent à s'accorder:

> Moi je crois avec les médecins et surtout les médecins influents comme [A, X], il y a différentes phases. Donc au début, vous les rencontrez, ils sont très très méfiants. Moi je le raconte, parce que pour les deux, c'était le même cursus. Donc au début ils ne veulent rien entendre parler de vous. Vous êtes quelqu'un qui n'est rien. Et puis après, il y a une phase de test. Ils vous testent. Vous devez prouver que vous savez des choses, que vous savez faire des choses. Et puis après, passé cette phase, normalement si tout va bien, vous êtes intégré et après c'est pour toujours. Après vous pouvez lancer des projets nouveaux, tout ira bien (ColoStim, 2002, 20).

Ce que nous qualifions à première vue de divergences «culturelles» doit être dépassé, car en parlant de divergences culturelles, nous nous arrêterions aux caractéristiques de chaque groupe, à leur apparente unité: le pouvoir des médecins, les conceptions abstraites des ingénieurs. La remarque pourrait être faite également pour le monde des ingénieurs dont certains déplorent de ne pas connaître ce que font les autres laboratoires. Ces divergences, gommées par la mise en contact de personne à personne dans le court terme d'un projet ou dans le long terme des collaborations entre institutions, montrent l'existence de communautés ayant chacune leur mode de fonctionnement et leur représentation, mais dont l'interaction amène à de nombreux ajustements.

Cet apprentissage à collaborer se fait donc en cours de projet, mais il peut aussi être initié dans un type de formation dont le programme est d'emblée constitué pour regrouper ingénieurs et médecins, ce qui est le cas du postgrade en génie médical. Certains acteurs de ColoStim y participent, soit en tant qu'enseignants, soit en tant qu'élèves.

6.3. Les mécanismes institutionnels comme facteur de l'émergence des convergences et des divergences

Par les convergences et divergences institutionnelles, nous mettons en évidence des mécanismes institutionnels, dans le sens où ils sont mis en place par les organisations et échappent de ce fait à l'initiative des individus. Ces mécanismes cadrent l'innovation par le fait qu'ils insèrent le projet dans des contextes plus larges. Nous précisons ainsi les éléments avancés dans les premier et deuxième chapitres, qui montraient comment la technique puis les relations entre individus, font lien par les mécanismes institutionnels, contribuant à leur tour à la construction de la technologie ColoStim et de ses réseaux. A quoi servent les mécanismes institutionnels ?

Dans ce chapitre, la question est relative aux logiques de professionnalisation (création de formation, normalisation des pratiques, valorisation de la recherche…) qui incombent aux cadres institutionnels. Un lien s'établit entre l'échelle micro du projet et l'échelle méso des interactions entre les pôles au sein d'une région, ce qui permet de mettre en valeur des continuités et des discontinuités d'échelles d'observation. Nous nous référons davantage aux entretiens d'informateurs.

Parmi les mécanismes institutionnels, mentionnés par les acteurs de ColoStim, nous relevons une gradation du cadrage de l'action qu'ils exercent. Alors que dans les modes personnalisés d'interaction, il revient à l'individu de choisir son mode d'interaction en fonction des besoins ; avec la propriété intellectuelle ce cadrage se rigidifie. Ceci diminue la liberté de contracter des parties engagées, à moins qu'elles aient, en connaissance de cause ou par expérience, prévu des clauses de négociation. De fait, cette gradation de cadrage explique que les dernières formes sont les plus sujettes à divergences.

6.3.1. La mise en relation : personnelle et organisée

Les relations interpersonnelles : une évidence

Les relations personnelles de ColoStim se nouent, pour la plupart, dans un cadre professionnel ou de formation. Il ressort également qu'aux dires des acteurs, les relations personnelles priment et le face-à-face est toujours nécessaire. Ce mode interpersonnel est-il pour autant suffisant? Peut-on le substituer par des modes plus organisés?

Au sein d'un même pôle ou entre des pôles dont les missions et les stratégies sont divergentes, les relations sont toujours interpersonnelles.

C'est une évidence:

> A chaque rencontre formelle, il y a très souvent une rencontre informelle [...] Quand on va à un colloque pour une chose ou quand on va à un congrès ou à une conférence, la personne qu'on rencontre avant dans le hall ou la personne à côté de qui on est assis ou la personne avec qui on boit l'apéro à la fin du colloque est un sujet de discussion. C'est extrêmement riche. Il y a plein de projets qui ont vu le jour comme ça (ColoStim, 2002, 22).

Quel que soit le mode d'entrée en relation et la logique qui le sous-tend (de marché, d'institution ou de réseau), le contact personnel persiste. Il évolue en fonction des structures mises en place, de l'expérience des acteurs et de l'évolution des projets. Cette persistance est expliquée par les acteurs de ColoStim et d'autres projets par leur besoin d'être dans l'action en interaction avec d'autres individus:

> On collabore parce que les personnes collaborent. Si on avait dû le [en parlant d'un projet] démarrer de a à z, ça aurait été plus difficile car il faut connaître la bonne entreprise, le bon service universitaire, les gens, voir avec qui on va travailler, s'ils sont capables de travailler et de faire ce type de prestations. Là on connaissait déjà les personnes, donc on a gagné du temps (Informateur, 1999).

Le contact de personne à personne représente un gain de temps, une interaction non différée, une compréhension précieuse entre mondes ne parlant pas le même langage et dont la distance cognitive ne peut être gommée par des moyens techniques:

> Pour les signaux, on pourrait les traiter ici et envoyer les résultats par mail et demander l'avis des gens. C'est beaucoup mieux d'aller sur place, de montrer ça aux gens, d'avoir le suivi tout de suite. Ça reste très important. Je suis rétrograde de ce point de vue là, je suis très attaché au contact direct et j'ai une confiance limitée dans les moyens multimédias (ColoStim, 2002, 21).

> La rencontre, c'est ce qui marche le mieux mais la rencontre est facilitée, suscitée, provoquée par les colloques et l'Internet [...] Mais c'est très difficile d'arriver à avancer un projet qu'avec du *chat* ou par Internet, parce qu'il y a l'effet de temps, il faut écrire, etc. Il faudrait arriver à faire des vidéoconférences extrêmement performantes pour qu'on puisse bien se parler, se comprendre (ColoStim, 2002, 22).

Le besoin de face-à-face est étroitement lié à la gestion du temps et au besoin de communication directe.

Un foisonnement d'interfaces

Une évidence s'impose: les relations sont toujours interpersonnelles. Dans leur enchaînement, ces relations mettent en évidence d'autres modes d'interaction plus organisés: les colloques, les programmes communs de recherche, des rencontres ponctuelles, des interfaces privés ou publics. Ces moyens que l'on peut nommer sous le vocable d'«interface» ont pour caractéristique essentielle de lier des milieux hétérogènes à des fins d'innovation.

Le recours à ces modes d'interagir évoluent avec le temps: le temps des relations régionales, le temps de l'expérience, le temps du projet, une évolution qui se repère au niveau institutionnel dans les programmes de cours des institutions et au niveau personnel, dans la trajectoire professionnelle des individus.

Lorsqu'on se situe au niveau institutionnel, on observe une progression dans le temps de relations interpersonnelles rares, peu organisées, peu valorisées à des relations de plus en plus organisées. Les premières formes de collaboration des années 1970 étaient loin d'être médiatisées. A cela s'ajoutent une réticence des milieux économiques et le peu de crédit qu'avait la recherche appliquée.

On a donc passé, en trois décennies, d'une période héroïque où quelques individus médecins et ingénieurs se rencontraient pour échafauder d'éventuels projets communs et essayer de convaincre leurs pairs:

> car on mettait en doute l'intérêt de la collaboration en se disant qu'en étant médecin ça suffisait à avoir des idées sans avoir besoin des ingénieurs pour aller de l'avant. Cette idée initiale de dire qu'on a besoin de l'autre parce qu'on ne comprend pas tel problème n'était pas bien vue, surtout du côté médical (Informateur, 1999).

à une diversité d'interfaces reliant tantôt la science et le marché, tantôt le milieu médical et technique, voire les trois pôles technique, médical et économique.

Les preuves les plus tangibles des rapprochements des dix dernières années sont au niveau régional: la formation postgrade en génie médical, la création d'un office de transfert technologique au CHUV, la création d'un pôle «Sciences, Vie, Société», l'agrandissement du parc scientifique (PSE) sur le site de l'EPFL, la mise sur pied d'un office de transfert technologique rattaché au CHUV (PACTT), la trajectoire professionnelle et la mobilité des cadres d'une institution à une autre[8]. De plus, l'EPFL a créé un Management des Technologies (MoT), en collaboration avec les HEC de l'UNIL et une Chaire d'Entrepreneurship & Innovation (CREATE). Dans ce foisonnement d'interfaces, il faudrait ajouter les initiatives de soutien financier.

Cet échantillon d'interfaces ne couvre de loin pas la totalité des initiatives de soutien et de renforcement des relations entre la science, la technique et l'industrie[9].

Dans la pratique quotidienne et de l'expérience, les échanges entre ces milieux se font plus spontanémentet l'organisé ne remplace pas la relation interpersonnelle:

> Les choses se sont améliorées par rapport au passé. Les médecins nous appellent plus facilement et c'est vrai qu'il y a tellement de contacts qui se sont faits que les choses se passent plus vite (ColoStim, 2002, 21).

> Ce sont des gens qui nous contactent eux-mêmes, c'est-à-dire que les médecins prennent l'initiative de contacter Medtronic (ColoStim, 2002, 20).

La présence de nombreux interfaces contribuent à ce que les acteurs collaborent. Ces interfaces n'excluent pas les relations de personne à personne, de face-à-face, au contraire elles les renforcent en les rendant plus spontanées.

Par les ponts que ces interfaces créent entre les disciplines, ces programmes sont des «bâtisseurs de réseaux hétérogènes». Dans ColoStim, le programme Medtech de la CTI et la formation postgrade de l'EPFL en biomédical remplissent cette fonction. Hormis le financement, la CTI construit ces réseaux par les conditions qu'elle pose à tout programme: présence de l'industrie et des équipes de chercheurs. La formation postgrade en biomédical a pour public aussi bien des ingénieurs que des médecins. Sa capacité

8 – Le président de l'EPFL est un médecin-entrepreneur, «quelque chose d'impensable il y a 20 ans», disait un de nos interlocuteurs en évoquant les cloisonnements entre les deux institutions; – le directeur adjoint des Hospices Cantonaux Vaudois-CHUV a passé de la physique de l'EPFL à la direction d'une PME en implants orthopédiques, puis à celle de l'Hôpital Orthopédique de Suisse Romande.

9 Certains y voient un «arbre de Noël» et d'autres un «imbroglio administratif». Pour celui qui est à la recherche du bon chemin qui mène à l'innovation, les structures fédérales sont plutôt déroutantes (cf. site admin.ch) par leur diversité et par le fait qu'elles dépendent de plusieurs départements.

d'interfaçage est d'autant plus importante qu'elle touche des jeunes chercheurs les plus susceptibles de passer d'une organisation à une autre.

Les limites de l'organisé

A lire ce qui précède, on pourrait penser que tout va bien dans le meilleur des mondes. Aucun acteur ne remet en question les interfaces énumérés, bien que chacun prône le contact de personne à personne. Cependant, certaines critiques et suggestions sont émises à l'égard de la mise en réseau, qu'elles proviennent des instances publiques ou directement des acteurs.

Du côté des instance publiques, la CTI exprimait – de manière générale et non à l'égard de ColoStim – une certaine réserve quant à l'impact des interfaces et à l'objectif d'inciter les acteurs à collaborer afin d'innover[10]:

> Les meilleures collaborations sont celles qui se font toutes seules, où on a peut-être favorisé des rencontres. Notre rôle catalytique est donc de multiplier ces rencontres sachant que bien que les gens se soient rencontrés, ils sont encore parfois loin de collaborer (Informateur, 1999).

Quant aux acteurs, ingénieurs, médecins rencontrés, alors qu'ils vantent les bienfaits du cours postgrade en génie médical, soit parce qu'ils l'ont suivi, soit parce qu'ils y enseignent, ils relèvent à plusieurs reprises l'échec de rencontres organiséesentre des médecins et ingénieurs ou de tentatives de création de plate-forme informatique:

> J'imagine que c'était des gens de l'EPFL, du CHUV qui avaient mis ça sur pied. Il y a quelques personnes qui présentent leur projet, les gens n'osent pas trop poser de questions, vous avez quelques posters mais je n'ai jamais eu l'impression que la mayonnaise prenait réellement [...] Les médecins nous appellent plus facilement et c'est vrai qu'il y a tellement de contacts qui se sont faits que les choses se passent plus vite. Donc, ces grandes réunions où on boit tous un ou deux verres de blanc à la fin, ça ne marche pas du tout (ColoStim, 2002, 21)[11].

10 L'intérêt financier des partenaires mis en relation par une interface privée, incite d'emblée à collaborer de manière efficace.

11 Nous avons fait le même type d'observation lors de la présentation du réseau Swiss Global Telemed, en décembre 2000, à l'EPFL. A l'heure de l'apéritif, ce sont les entrepreneurs qui, devant leur stand, faisaient connaissance, ce qui nous été confirmé ultérieurement (CEAT, 2001). Les échanges n'ont pas eu lieu avec les médecins alors que l'objectif de ce réseau était de constituer une plateforme de services Internet au service des partenaires concernés par le développement des technologies médicales. Aujourd'hui, le site prévu est sans accès.

Entre la médecine et la technique, les interfaces existent, les relations personnelles persistent. Dès lors, les acteurs expriment le souhait de disposer de moyens simples dans leur institution et entre les institutions:

> Quand je vous parle d'une place de rencontre, c'est quelque chose de plus pratique, un endroit où tout le monde puisse aller voir et mettre une annonce. Ça n'irait pas au-delà de cela (ColoStim, 2002, 21).

> Il faudrait peut-être qu'on puisse repérer les personnes avec lesquelles il faut parler, afin d'avoir ce type de partenariat. Il y a [A] qui a eu l'idée, il en parle à [C] et il va sur la page du LTS et il voit que [D] est responsable de recherche. Tandis que si on ne connaît pas l'EPFL, on ne sait pas où chercher. On entre sur la *home page* de l'EPFL et on voit tout, sauf ce qu'on a besoin [...] Et la même chose au CHUV parce que parfois les idées partent aussi des ingénieurs et on ne sait pas à qui les proposer [...] Déjà, à l'intérieur de l'EPFL il y a beaucoup de gens [...] Par exemple au génie civil, ils font des mesures et ils ne savent pas comment les traiter. Avant de tomber sur quelqu'un ici, il y a du temps qui passe (ColoStim, 2002, 23).

Le moyen est dérisoire mais il signifie aussi que faire du réseau sans évaluer le besoin des acteurs peut être un échec. Les interfaces constituent d'abord un lien où apprendre à collaborer et préparent le chemin pour apprendre à innover.

6.3.2. Les mobilités professionnelles: des relations établies ou inexistantes

Des formes de mobilité doivent être observées: professionnelle (le changement d'emploi, le changement de profession) et géographique, cette dernière recouvrant différentes formes: définitive, temporaire, interne aux entreprises... Nous nous attardons sur les mobilités professionnelles mise en évidence, soit par les trajectoires personnelles, soit par les rapprochements institutionnels.

Ces mobilités professionnelles jouent un rôle prépondérant dans les relations technologiques locales et dans les interactions au sein d'un projet lorsque le changement d'emploi ou de profession s'effectue d'un pôle à un autre, de la technique à la médecine ou de la technique à l'industrie. Elles constituent une forme de médiation et de transfert de connaissances entre des milieux hétérogènes et locaux.

Dans ColoStim, certains acteurs ont déjà réalisé ce changement d'un pôle à un autre. La mobilité est donc en amont du projet. Dans les entretiens de ColoStim, ceci ressort soit dans l'évocation de la genèse des relations, soit dans celle des trajectoires professionnelles. Les mobilités professionnelles observées dans ColoStim vont de la technique à l'industrie et de l'ingénierie à la médecine. La première trajectoire est le fruit d'une longue histoire institutionnelle, alors que la deuxième est plus récente. Elles sont, par contre, inexistantes de la médecine à la technique.

L'industrie et la technique

La longue histoire des relations institutionnelles entre économie et technique a pour date officielle 1853 lorsque, sur l'initiative du milieu industriel privé, une école d'ingénieurs fut créée sous le statut de société anonyme pour devenir, près de vingt ans plus tard, une Ecole polytechnique cantonale (EPUL). L'intensité des échanges s'explique aussi par le fait qu'à cette époque, les professeurs de l'EPUL, souvent occupés à temps partiel, avaient une activité complémentaire dans le milieu privé. Les relations avec les milieux industriels et la manne financière qui découlait de ses mandats extérieurs permirent à l'EPUL d'assurer l'enseignement et la recherche, avant de devenir, à la fin des 1960, une Ecole polytechnique fédérale (EPFL). C'est dans les années 1980 que la direction de l'EPFL intensifie ses relations avec l'industrie et l'économie, notamment par la création du CAST (Centre d'appui scientifique et technologique) en 1986, comme organe de liaison entre l'Ecole et l'économie.

Il en découle des transferts de l'EPFL vers les firmes, transferts de chercheurs (stagiaires ou diplômés), de savoir-faire, de culture technique et de réseaux de relations (si importants lorsqu'une entreprise démarre). Ces collaborations tiennent d'ailleurs à la mission de chaque institution : l'EPFL développe un prototype et la firme commercialise le produit. Le savoir et son application font de l'ingénieur un acteur mobile, mobilité qu'illustre sa trajectoire professionnelle :

> Mais c'est [en parlant de sa trajectoire professionnelle] surtout l'illustration du fait que l'ingénieur doit changer plusieurs fois de métier dans sa vie. J'ai fait une thèse en neutronique, c'est-à-dire en physique des réacteurs nucléaires. Ensuite j'ai travaillé une douzaine d'années dans l'industrie, au niveau des matériaux utilisés par les ingénieurs électriciens en général. Puis je suis arrivé ici il y a une vingtaine d'années comme professeur (Informateur, 2002).

Depuis peu, il se dessine ainsi des trajectoires professionnelles mixtes de l'ingénierie vers la médecine, tout comme sont déjà tracées les trajectoires de l'ingénierie et de l'industrie qui, elles, sont la conséquence logique de la mission que doit remplir une école polytechnique.

Dans le projet ColoStim, ces mobilités de la technologie à l'industrie et de l'ingénierie à la médecine agissent à deux niveaux.

Les mobilités professionnelles assurent déjà une reconnaissance de diplôme à des acteurs qui, jeunes et parfois peu expérimentés, n'ont pas encore une réputation qui les précède. En effet, si un médecin méconnaît en début de collaboration les compétences de l'ingénieur – ce que nous avons vu précédemment – il ne met pas en doute sa formation.

En cours de projet, les acteurs qui ont suivi ces trajectoires d'une structure à une autre apportent des compétences et de connaissances couvrant aussi bien le domaine industriel, technique, voire médical. Ces acteurs sont des agents de liaison essentiels (cf. 6.2.1 ingénieur Medtronic).

Des mobilités en construction

La deuxième trajectoire structurelle de l'ingénierie à la médecine est présente également dans ColoStim. L'ingénieur de microtechnique a passé par la formation postgrade de génie médical et son doctorat en cours est codirigé par les deux institutions: le laboratoire de microtechnique de l'EPFL et l'institut de physiologie de l'UNIL:

> Ça c'est assez rare. Mais j'ai deux co-directeurs qui sont un peu près égaux. C'est une thèse qui sera reconnue uniquement par l'EPFL bien sûr, parce que l'EPFL n'est pas d'accord de reconnaître des thèses qui sont connues par plusieurs institutions. Mais j'ai deux co-directeurs qui sont à peu près égaux (ColoStim, 2002, 24).

Ce type de trajectoire est plus récent que le précédent mais tous deux sont donc le résultat de rapprochements institutionnels régionaux et l'illustration d'une imbrication forte entre les trajectoires des individus et celles des institutions.

Une mobilité professionnelle limitée

Alors que l'ingénieur migre d'un pôle à l'autre, les trajectoires médicales sont relativement figées malgré une mobilité géographique inscrite dans leur cursus. Au cours des entretiens que nous avons menés, peu de médecins rencontrés nous font part d'une trajectoire médicale-industrie ou médicale-technique, si ce n'est l'actuel président de l'Ecole polytechnique, qui était avant cela médecin et industriel[12].

Ce qui importe, ce n'est pas la mobilité géographique – bien que pour acquérir ces compétences les acteurs doivent parfois migrer – mais la mobilité professionnelle. Les connaissances suivent les acteurs d'une institution à l'autre, d'un laboratoire à un autre, tout en demeurant dans le même contexte de relations locales établies dans le long terme.

Il est donc bon de s'interroger sur le caractère exceptionnel des trajectoires du médical à la technique ou à l'industrie, à l'exception du domaine pharmaceutique, dans un contexte local et institutionnel pourtant favorable au secteur biomédical. Cela s'explique en partie par le fait que le milieu médical est un réseau local relativement clos. Marqué d'un protectionnisme garanti par l'obtention d'un diplôme fédéral (FMH), le milieu médical n'ouvre ses portes qu'aux étudiants[13] et aux diplômés étrangers[14] alors que le milieu des ingénieurs est mobile et l'on compte jusqu'à 40 % d'étrangers à l'EPFL[15]. A l'autre bout de la chaîne, cette forme de protectionnisme permet de réintégrer un médecin après formation à l'étranger. De plus, la division du travail soins et technique se fait à l'intérieur de la profession chez les médecins puisque ce sont souvent les MER (maîtres d'enseignement et de recherche) qui maîtrisent les fonctions techniques. Ces caractéristiques ont renforcé sur le long terme le caractère local, romand et urbain, de la profession médicale.

12 Avec des conséquences en termes institutionnels (réorganisation de l'EPFL), et de la région (déménagement organisationnel et physique de l'ISREC qui remanie une politique aménagiste du canton, faisant d'Epalinges un pôle d'excellence centré sur cet institut). Ce simple exemple montre combien les trajectoires mixtes voire triples rendent mobiles les compétences d'un pôle à l'autre, d'un lieu à l'autre et insuffle, quand la personnalité rencontre un contexte politique favorable, ou contrarie lorsqu'elle s'y oppose, une volonté aménagiste.

13 La mobilité des étudiants étrangers est nulle, à l'exception de quelques boursiers et doctorants (Information transmise par le bureau des statistiques de l'université de Lausanne, juillet 2004).

14 Se référer à l'étude, à laquelle nous avons participé, sur l'intégration du personnel étranger dans le secteur de la santé dans le canton de Genève: non-reconnaissance des diplômés étrangers qui se voyaient accorder un poste dans des permanences médicales à titre de médecin assistant (Boulianne, 1999).

15 L'EPFL compte 6279 étudiants dont 36 % sont de nationalités étrangères. 12 626 sont inscrits à l'EPFZ à Zurich, dont 20 % sont de nationalités étrangères. A l'UNIL, la part d'étudiants étrangers atteint 21% et le nombre d'étudiants s'élève à 10 196, dont 2 127 inscrits en biologie et médecine (L'Hebdo, avril 2004).

Ce milieu est aujourd'hui confronté à une restructuration de fond (cf. les propositions des recteurs suisses sur la formation médicale[16]) face à une logique marchande avec notamment la concurrence imposée par la loi sur l'assurance maladie (LAMal) et une menace extérieure fixée par les négociations bilatérales de la Suisse avec l'Union Européenne. Ces difficultés cumulées incitent le milieu médical à s'ouvrir. Par la même occasion, de nouveaux ponts pourraient s'établir avec la technologie et l'industrie; un changement professionnel et culturel qui devrait prendre une génération, aux dires de ses propres membres.

6.3.3. Les contrats: un apprentissage, une asymétrie de pouvoir

Nous avons évoqué les liens indirects qui ont amené les acteurs médicaux à contacter Medtronic. Ces liens entre les acteurs du CHUV et Medtronic ont été d'autant plus facilités que d'autres collaborateurs de l'établissement hospitalier ont déjà mené à bien d'autres projets, principalement en cardiologie. Il en est de même pour les ingénieurs du Laboratoire de traitements des signaux, à l'EPFL qui partagent avec Medtronic d'autres projets que ColoStim.

Hormis ces liens de personnes, la forme contractuelle qu'est la propriété intellectuelle représente une intermédiation entre les institutions, un lien entre les partenaires technique, scientifique et économique. Elle répond à la logique de valorisation de la recherche, que celle-ci soit effectuée par l'UNIL et le CHUV ou par l'EPFL, et de valorisation commerciale souhaitée par la firme. Elle reflète l'état de leur relation à un moment donné, à savoir celui de la signature de l'accord, dans la phase de rassemblement du réseau. Au moment des entretiens, ColoStim est en phase de réalisation, ce qui signifie que l'innovation prend corps et le réseau se consolide.

Or, dans cette mouvance, la propriété intellectuelle suscite quelques réticences soulevées par les acteurs. Alors que nous n'avions pas prévu de traiter ce sujet, des interlocuteurs profitent soit de la dernière question portant sur des éléments essentiels aux yeux de l'acteur que l'interlocuteur aurait omis, soit de l'instant où nous rangeons notre enregistreur pour avancer un commentaire à cet effet. De ce fait, nous nous devons de

16 Cf. CRUS, 2004.

soulever les doutes qu'engendre la question de la propriété intellectuelle, même si les propos d'acteurs ne peuvent être mis en relation avec le contenu des contrats, notamment pour des questions de confidentialité. En effet, tant la convention sur la cession ou l'exploitation d'éventuels résultats, co-signée par le responsable du projet au CHUV et Medtronic que le brevet déposé par Medtronic, sont partiellement confidentiels[17].

Des contrats à deux niveaux, à deux temporalités

La difficulté à discerner le processus de négociation et l'impact de la propriété intellectuelle dans un projet d'innovation tel que ColoStim est relative à la confidentialité des contrats, elle tient aussi à la juxtaposition de contrats entre les Hospices cantonaux vaudois – auxquels le CHUV est rattaché – et Medtronic, et entre ColoStim et Medtronic, ainsi que les brevets sur des technologies parallèles dont la même firme est déjà titulaire.

Les entretiens permettent de ressortir les types de contrats, négociés et signés à des niveaux différents – dans le cadre de ColoStim ou entre institutions. Lors de sa mise en œuvre, la propriété intellectuelle nécessite de nombreuses discussions et ajustements qui amènent les partenaires à se rencontrer, à échanger et à établir le contenu des échanges. La négociation a été facilitée par les projets que Medtronic réalise ou a déjà réalisé avec le milieu médical et le milieu technique, notamment en cardiologie pour la stimulation du tissu cardiaque, la recherche sur les techniques de défibrillation et de *pacing* du cœur.

Ces projets sont relatifs à une convention plus générale, celle qui lie le CHUV-HOSPVD à Medtronic:

> Il y a un partenariat Medtronic, Hospices et EPFL, UNIL qui a été mis dans la corbeille de mariage de Medtronic et de l'Etat de Vaud en 1997-1998 quand Medtronic

17 Pour en disposer, le double accord de Medtronic et du coordinateur du projet aurait été nécessaire. Il faut savoir que les brevets ne sont pas toujours publiés et ne sont dès lors pas accessibles au public et sur les sites créés à cet effet. Cette confidentialité est notamment liée au risque d'espionnage industriel puisque le brevet constitue une source d'information sur la technologie, l'inventeur, le titulaire, le preneur de licence et le statut juridique. Par conséquent, «connaître le type d'accord et les projets de recherche détaillés pourrait être très utile dans les mains des compétiteurs», comme le mentionnait le responsable d'Unitec, Office de transfert technologique de l'université de Genève (courriel, décembre 2002).

> est venu s'installer ici. Medtronic jouissait, je ne sais pas si c'est toujours le cas, d'une situation fiscale extrêmement intéressante dans le sens où ils ont été exonérés d'impôts pendant un certain nombre d'années, forme d'attractivité pour les faire venir ici. En contrepartie, ils doivent faire un certain nombre de choses et en particulier développer des projets de recherche avec les grandes institutions étatiques de la région. Alors ce projet [ColoStim], s'est inscrit dans ce cadre-là (ColoStim, 2002, 17).

En ce qui concerne directement ColoStim, deux autres contrats lui sont relatifs[18]:

– un brevet déposé par Medtronic «Apparatus and method [...]»:

> Medtronic a déjà un brevet dans la stimulation colique, qui a été fait auparavant, donc pas par [le coordinateur] mais par quelqu'un des Etats-Unis. Ce brevet couvre déjà une bonne partie, donc c'est pour ça qu'on n'a pas fait de brevet jusque-là. Ce qui sortirait par la suite serait des brevets Medtronic. Et c'est Medtronic aussi qui donnerait l'argent pour déposer le brevet (ColoStim, 2002, 20).

– une convention «sur la cession ou l'exploitation d'éventuels résultats, brevets ou licences» signée entre Medtronic et le médecin responsable du projet

> Si [le coordinateur] veut publier le travail, il doit d'abord demander à Medtronic [...] Ça fixe aussi le montant qu'on verse dans l'année, en cash, à [au coordinateur], en échange des services fournis et voilà, c'est juste ça [...] Tous les brevets qui sortiraient de ce projet appartiennent à Medtronic. La propriété intellectuelle est à nous. Si on veut commercialiser ce qui en est sorti, on ne doit pas verser de l'argent [au coordinateur] (ColoStim, 2002, 20).

Ce dernier accord concerne spécifiquement ColoStim. Medtronic couvre en partie – l'autre partie du projet étant financée par le contrat CTI – les salaires des collaborateurs et met à disposition ses équipements et expertises techniques. En contrepartie, Medtronic bénéficie du savoir-faire du CHUV et l'EPFL et le CHUV-UNIL met à disposition son laboratoire animal. Les gains pour le CHUV et l'EPFL sont les salaires des collaborateurs, payés en partie par le contrat CTI et l'équipement. Les restrictions pour le CHUV et l'EPFL concernent les publications, puisqu'elles sont soumises à l'approbation préalable de Medtronic[19]. Quant aux divergences,

18 Ces précisions nous été données par le coordinateur du projet, par courrier et ultérieurement aux entretiens.

19 Seul un «abstract» d'une conférence donnée en Asie figure dans une revue scientifique (D'Ambrogio et Givel, 2002).

elles tiennent au fait que le CHUV ou l'EPFL demandent parfois une participation à la propriété intellectuelle.[20]

L'accord spécifique relatif à ColoStim a directement été négocié et signé par le coordinateur du projet et la personne en charge chez Medtronic – à savoir l'ancien directeur de Medtronic à Tolochenaz aujourd'hui en poste à Minneapolis – sans que l'office de transfert technologique de l'UNIL n'intervienne. Ceci, aux dires du responsable de l'office de transfert du CHUV, correspond à la manière de faire des Hospices Cantonaux Vaudois pour autant que ces contrats spécifiques respectent les conditions posées par le contrat cadre.

Dans le cas de ColoStim, deux questions surgissent: celle du passage obligé ou non par l'office de transfert de l'institution auquel est rattaché le coordinateur de ColoStim et l'asymétrie des moyens à disposition pour négocier ces contrats. La première question est relative aux compétences mises à disposition au sein des institutions pour traiter des questions de propriété intellectuelle et le degré de liberté dont disposent les chercheurs. La deuxième concerne les relations à court terme et de long terme qu'entretiennent une firme multinationale et des institutions régionales.

Les offices de transfert: une question de cultures et de compétences

Pour les acteurs médicaux de ColoStim, la propriété intellectuelle est aujourd'hui ressentie comme contradictoire à la dynamique de recherche. Les médecins sont en effet plus soucieux de diffuser leurs idées, d'échanger avec d'autres équipes, que de les protéger dans la crainte d'une concurrence commerciale:

> On n'a pas du tout cette réflexion en médecine de poser des brevets d'idées. Et puis je suis un bavard et un enthousiaste, donc j'avais fait part de plein d'idées. Les gens avaient téléphoné, enregistré et véhiculé plus loin [...] Ce qui est très bien, si ça peut faire avancer [...] Je sais que je cause beaucoup mais ça m'amène des choses. Ça ne m'amène pas la célébrité, ni l'argent mais ça m'amène des contacts, de l'intérêt et puis une joie de vivre. Je sais que je cause beaucoup et j'ai vu, la semaine passée, un poster en Amérique d'un truc publié sur lequel j'avais une idée et c'est sympa de voir qu'ils

20 Les précisions sur le contenu de cet accord et les gains et divergences ont été données par l'ingénieur de Medtronic (courriel, janvier 2003) en complément à notre précédent entretien.

> ont eu la même idée ou c'est par l'intermédiaire de Medtronic qu'ils ont cette idée. Mais je m'en fous, je suis content. Pas déçu, rien. C'est une question de mentalité, il y a des gens qui ne seraient pas contents. La majorité des vrais chercheurs, ce que je ne suis pas, ne seraient pas contents de ça. Moi, je suis un clinicien. Ce qui m'intéresse c'est que les gens aillent bien. Puis je suis un chercheur de pacotille à côté parce que j'aime bien me triturer les méninges. Mais le vrai chercheur vous ne causez pas avec. Il se méfie de tout, c'est un ermite (ColoStim, 2002, 22).

Plus qu'un problème de protection ou de diffusion, c'est déjà celui de l'éducation à la propriété intellectuelle:

> Je suis d'une génération qui n'a pas été éduquée correctement. Nous, ce qui nous intéresse ce sont les publications. Ce qui fait que vous avez une priorité d'une idée au moment où vous avez publié quelque chose. Mais du point de vue de l'utilisation, vous l'avez totalement perdue si vous avez ventilé votre idée devant trois personnes. Ça, on ne nous l'a pas dit suffisamment. Maintenant on le découvre [...] J'ai appris une chose: il faut breveter une idée et après vous pouvez dire ce que vous voulez, alors que j'ai pensé qu'il fallait avoir d'abord un prototype (ColoStim, 2002, 18).

Au niveau du projet, le monde médical, à l'inverse du monde technique, est insuffisamment sensibilisé aux droits de propriété. La lacune en termes de formation et de conseil à la propriété intellectuelle est principalement ressentie par le milieu médical. Au niveau de l'institution, la tâche de transfert relève d'une compétence légale ou commerciale. Ces deux compétences, médicale et juridique, voire technique et juridique, peuvent parfois entraver leur rencontre pourtant nécessaire dans les interactions de la recherche publique et privée:

> On en a parlé et on en a parlé avec beaucoup de réticence parce que c'est quelqu'un de compliqué, d'après les on-dit et les qu'en-dira-t-on. Comme on n'a pas de temps à perdre et qu'on n'est pas procédurier... Ça c'est le boulot de l'institution et là, on est nul en Suisse, on est mauvais et l'institution est nulle. Ce serait le boulot d'un bureau, de quelqu'un à qui on rend un rapport ou qui lit nos rapports et dit tout à coup «Ecoutez les gars, ça fait deux ans que vous bossez sur ça, maintenant je vais vous aider, il faut faire ça, ça et ça mais je le fais». Alors que ce qui se passe pour l'instant, c'est que c'est un donneur de bons conseils. Je ne connais pas ce monsieur mais c'est ça ce qui se passe dans l'institution (ColoStim, 2002, 22).

Les attentes du milieu médical sont plus importantes que ce que l'office de transfert offre. Deux explications sont possibles. D'une part, pour le milieu médical, la compétence de l'office de transfert importe: des juristes auxquels on ne recourt pas si facilement ou des médecins ou ingénieurs conseils partageant la même culture[21]. D'autre part, cette remarque est relative à une certaine souplesse de l'office de transfert qui ne souhaite pas cadrer davantage les relations contractuelles, sachant que les gains assurés par les droits de propriété ne couvriraient pas le coût administratif d'un cadrage plus important[22]. Seules quelques grandes universités américaines tirent bénéfice de la propriété intellectuelle.

Un rapport de force

La deuxième remarque sur les contrats est relative aux relations de plus long terme entre la firme et la région. Alors que la manne financière est bienvenue et vitale, tant pour l'institution médicale que pour le projet ColoStim, les acteurs médicaux et techniques prennent conscience des limites que leur imposent de tels arrangements sur le long terme pour l'institution et au fur et mesure que le projet prend forme et se réalise pour les acteurs de ColoStim. Ce qui facilitait les relations au départ devient obstacle.

Au niveau des relations institutionnelles, le «cadeau» déposé dans la corbeille de mariage de Medtronic et de l'Etat de Vaud ne pèse plus son poids:

> On a un peu des problèmes par rapport à ce contrat avec le CHUV maintenant. Ils veulent plus d'argent [...] Le CHUV ne veut pas renouveler ses contrats où la propriété intellectuelle appartient à Medtronic. Il veut garder la propriété intellectuelle qui, à mon avis, est qu'une chose dommage parce qu'à ce moment-là la seule chose qui va se passer, c'est qu'on ne fera plus les projets de recherche avec eux. On ira les faire ailleurs [...] Donc, si le CHUV décide de changer sa politique, il se pourrait bien que nous changions notre politique et de ne plus travailler avec le CHUV parce qu'on ne peut pas se permettre de ne pas avoir ce contrat (ColoStim, 2002, 20).

21 Une des raisons pour laquelle une scientifique (biologiste) a été engagée. Partager la même culture signifie déjà comprendre ce dont les médecins parlent lorsqu'ils présentent leur projet (Informateur, 2004).

22 Le PACTT – office de transfert – veille à ce que les contrats ponctuels respectent les conditions fixées par les contrats cadres, pour autant qu'il soit avisé par les contractants (mentionné par M. Eric Lucien, responsable du PACTT au colloque «Science & Marché», organisé à l'Université de Lausanne, les 19 et 20 février 2004, par Imédia [Interface Sciences, Médecine et Société], DIE [Département interfacultaire d'Ethique], PACTT [Bureau de transfert de technologie commun aux Hospices cantonaux vaudois et à l'Université de Lausanne]).

La propriété intellectuelle met en évidence des asymétries. Les acteurs en présence n'ont ni les mêmes objectifs – diffuser des idées, des savoirs ou commercialiser – ni le même poids pour négocier le contrat et les défendre.

Ce rapport de force se traduit par les ressources financières et humaines dont l'entreprise dispose pour négocier sa participation à un projet et le contrat qui l'entérine, et pour défendre en cas de conflits les droits acquis. A cet effet, Medtronic dispose d'un département juridique à Maastricht et à Tolochenaz. La propriété intellectuelle est négociée par ses avocats et par les responsables de la propriété intellectuelle au CHUV et à l'EPFL.

Hormis les propriétés d'exclusion de tout concurrent, que lui confère le brevet déjà déposé et ceux à venir[23], Medtronic se réserve, par les contrats de propriété, un retour sur investissement. De plus, tout comme des fusions, ces droits marquent également la volonté de Medtronic d'acquérir le monopole dans la gamme de produits qu'elle développe, afin de se préserver de la concurrence.

Pour ce faire, Medtronic occupe le marché de la cardiologie, mais développe également des micro-marchés et par conséquent des gammes de produits qui requièrent tant une instrumentation que des compétences analogues à la cardiologie:

> Medtronic's interest in this project is that it is closely tied to our core business, i.e. electrical stimulation therapy to meet unmet medical needs. Medtronic started with such therapies in cardiology in the 1950's and added neurological therapies in the early 80'. This lead to applications in the gastrology field in the mid to late '90s. The ColoStim project could lead to a further expansion of utilizing electrical stimulation in this medical field in the future. Medtronic's strong points to this project including over 50 years of electrical stimulation knowledge and experience, leading edge material and electronic device technologies and a large engineering and scientific workforce around the World (ColoStim, courriel, 2003).

Voilà pourquoi Medtronic s'intéresse à ColoStim. Parallèlement, elle agrandit son portefeuille de brevets.

Sur cette forme de relation que sont les contrats, il faut relever la complexité des interactions engendrées par la propriété intellectuelle. L'accord signé entre le CHUV et Medtronic facilite, dans le long terme, la négociation de petits projets comme ColoStim. Les deux entités échangent des ressources financières, humaines et techniques. Il s'agit donc de relations

23 Deux autres brevets sur ColoStim ont été déposés par Medtronic dans la période suivant nos entretiens.

de réciprocité. En ce sens, on peut parler d'un transfert de connaissances réussi entre la science et le marché. Cependant, il faut reconnaître que les accords de propriété soulèvent aussi des divergences quant à l'objectif de la firme, qui est de protéger la recherche à des fins de commercialisation, alors que le monde médical se soucie encore de diffuser et de partager ses idées, ses premiers résultats sur ColoStim. De manière générale, le monde médical suisse romand reconnaît n'être pas habitué à protéger ses idées; le milieu technique est déjà mieux formé à cela. On peut donc supposer qu'un apprentissage à la propriété intellectuelle, organisé déjà par les offices de transferts technologiques au sein des institutions – pour autant que ceux-ci aient des compétences non seulement juridiques ou gestionnaires, mais aussi médicales ou techniques – gomment avec le temps ces «barrières culturelles». Toutefois, un problème essentiel subsiste. Il s'agit d'une asymétrie des moyens, tant financiers que législatifs. On ne peut donc écarter de cette interaction engendrée par les contrats une forme de domination par la multinationale. La question quitte le cadre du projet et concerne l'ensemble d'une région et le long terme. Dans l'immédiat, elle engendre quelques ressentiments également hors ColoStim et nourrit une représentation négative du rapport firme-région:

> Effectivement, quand on s'appelle Medtronic et qu'on arrive à Tolochenaz, près de Morges, on peut négocier avec tout le monde à l'EPFL, au Conseil d'Etat, on ouvre le tapis rouge. Par contre, quand on est plus petit et qu'on cherche des collaborations et qu'on cherche du partenariat – ce qui était le cas de l'entreprise X – là on nous ferme des portes. Ce n'est pas tout à fait normal parce que les entreprises qui se créent en Suisse, créent des emplois en Suisse et elles sont destinées à les garder en principe. Dans une boîte comme Medtronic, il suffit que le patron à Minneapolis décide de fermer la filière en Suisse, ça prendra près de dix minutes et il y a aura à peu près trois cents types au chômage. C'est un peu choquant et là j'ai un peu critiqué le système actuel suisse et les relations universités et industrie telles qu'elles étaient avant. Elles sont un petit peu en train de changer, mais [...] lentement (Informateur, 1999).

6.3.4. Les trajectoires professionnelles: le local et le global

Les trajectoires socio-professionnelles sont une autre forme d'interface réalisée par les individus et renforcées par l'institutionnel. Les acteurs de ColoStim recouvrent les formes de mobilité spatiale suivantes: circulaire, migratoire, négociée, quotidienne, définitive. Dans le parcours d'une vie professionnelle, ces mobilités sont dans l'ensemble faibles. Elles varient toutefois selon les individus, le corps professionnel auquel ils appartiennent.

Des mobilités géographiques et des réseaux locaux

Chez les médecins, c'est au niveau postgrade que la migration s'effectue. On peut la qualifier de circulaire (aller-retour) puisque, après une formation postgrade à l'étranger, les acteurs ont réintégré leur région d'origine ou l'hôpital de leur formation:

> J'ai fait la majorité de mes études à Lausanne: école primaire à Morges, collège à Morges, gymnase scientifique à Lausanne et études de médecine de 1980-1986 à l'université de Lausanne. Puis assistanat à Lausanne, à La Chaux-de-Fonds et je suis revenu à Lausanne et ensuite je suis parti faire de la recherche, deux ans à Londres et je suis revenu, il y a une année et demie (ColoStim, 2002, 22).

> Alors, j'ai non seulement mon diplôme de médecin mais j'ai travaillé dans le domaine de la cardiologie et la médecine intensive pendant trois ans avant de commencer ma formation d'anesthésiologie à Genève, que j'ai complétée par un séjour de 2½ ans à Oxford, dans le domaine à la fois du traitement de la douleur chronique et également comme assistant de recherche au département d'anesthésiologie d'Oxford, où j'ai travaillé dans le domaine de la circulation pulmonaire expérimentale avec des ingénieurs, pour mettre au point un poumon artificiel [...] J'envisageais une carrière académique que j'ai pu faire en partie puisque je suis maître d'enseignement et de recherche et privat-docent, ce qui m'a fait monter à l'échelon supérieur. C'était une opportunité de revenir dans ma ville natale et dans un hôpital que je connaissais bien (ColoStim, 2002, 19).

> J'ai fait mes études ici à Lausanne et j'ai fait mon final de médecine en 1974, ma formation postgraduée à Morges, Lausanne et en Angleterre et puis je suis médecin cadre dans ce service de chirurgie depuis 12-13 ans où j'ai principalement pour activité la chirurgie du tube digestif et la responsabilité des urgences de chirurgie du CHUV, avec un titre de médecin chef (ColoStim, 2002, 17).

La seule migration définitive en milieu hospitalier (aller simple pour la Suisse) est relative au contexte politique des pays de l'Est et à la forte insertion dans leur secteur de la santé suisse, de personnel de nationalité étrangère ou naturalisé suisse[24]:

24 Cette migration touchait il y a quelques décennies deux pôles de qualification, non qualifié ou hautement qualifié, et qui aujourd'hui recouvre une diversité de profils professionnels, comme nous l'avons analysé dans un mandat du PNR 39 (BOULIANNE, 1999).

> Je suis revenu pour des raisons politiques quand les Russes ont occupé la Tchécoslovaquie. Par la littérature, je connaissais les gens et je me suis mis en contact avec eux et finalement j'ai atterri ici. Heureusement, je savais faire ce qu'on demandait à faire à cette époque (ColoStim, 2002, 18).

Une autre distinction est à faire entre la mobilité choisie par les médecins et ingénieurs et une mobilité imposée dans le cadre des grandes firmes internationales.

En définitive, la mobilité géographique des médecins de ColoStim est relativement faible, temporaire, le temps d'un postgrade et essentiellement via l'Angleterre. Leur trajectoire est d'autant plus locale que la Suisse dispose pour leur formation de base et pour leur emploi de cinq hôpitaux universitaires. Une telle desserte hospitalière influence aussi bien la formation que l'intégration, après une formation postgrade à l'extérieur de la région. Ce contexte institutionnel, de formation favorable à la réintégration professionnelle de ses propres élèves, renforce un réseau local de relations et la connaissance et la réputation que les médecins ont les uns pour les autres[25]. A l'échelle de la région, cela explique aussi l'inscription de ces relations dans le long terme. Dans le cas des médecins, il y a convergence entre leur projet professionnel et le système de formation et le marché de l'emploi régional. Les mobilités faibles du monde médical vont de pair avec le renforcement de réseaux locaux, sans que nous puissions établir une relation de cause à effet.

A l'opposé, les parcours individuels de la firme sont internes à la multinationale. Ils se calquent sur l'organisation spatiale et hiérarchique de la firme. Ces parcours relient Minneapolis (la maison mère), Maastricht (l'ancien siège européen et l'actuel centre de R&D pour Tolochenaz) et Tolochenaz (siège actuel de la firme) :

> Un ingénieur, avec qui je bossais sur Londres puis qui était en Hollande, vient d'être transféré sur Morges, Tolochenaz. C'est une personne qui est maintenant au marketing. Medtronic est une très grosse boîte et c'est rare que quelqu'un reste plus qu'une année et demie, deux ans, au même poste, dans le même pays ou au même endroit. Lui, je crois qu'il a fait quatre ans et maintenant il vient d'être nommé *marketing manager* (ColoStim, 2002, 17).

25 Ce qui peut être une faiblesse lorsqu'elle se renforce d'un protectionnisme de profession, comme nous l'avons vu précédemment.

Les acteurs ne font que passer et leur culture linguistique – hollandaise – ne favorise pas leur ancrage dans des réseaux locaux.

Cependant, si le nomadisme des acteurs de Medtronic – et non le nomadisme de la firme pour le moment – ne favorise pas la création de réseaux locaux, leur rôle dans les coopérations institutionnelles ou dans le projet ne doit pas pour autant être minimisé. Dans le cadre de ColoStim, il suffisait qu'à un moment donné, un des cadres perçoive les opportunités offertes par la région et l'apport d'un projet pour que ces relations même provisoires prennent sens.

Quant aux migrations des ingénieurs, elles sont relatives à l'attractivité intercantonale, internationale et transfrontalière qu'exerce l'école polytechnique pour les formations de base et postgraduée. A l'inverse du monde médical, ce ne sont plus de cinq infrastructures universitaires dont la Suisse dispose, mais de deux écoles polytechniques.

Au niveau intercantonal, le choix entre celle de Zurich et celle de Lausanne se fait en fonction de la proximité géographique – pour le doctorant lausannois – ou linguistique – pour le doctorant d'origine tessinoise. Leur trajectoire se dessine à une échelle plus large que les médecins, au-delà de l'Europe. Cependant, tenant compte de leur carrière débutante, il est trop tôt pour pressentir la forme que cette mobilité prendra : sera-t-elle définitive ou circulaire? La question ne se pose pas encore au niveau des ingénieurs ColoStim, mais elle concerne le débat de la fuite des cerveaux.

L'attractivité internationale s'explique par la réputation de l'école et aussi par les mises au concours de doctorants délaissées par les diplômés suisses au profit d'une carrière industrielle :

> Le problème est que les diplômés EPFL ne sont plus intéressés par une thèse, ils préfèrent travailler dans l'industrie. Donc quand on veut engager un doctorant pour un projet de recherche, on fait toujours une offre internationale (Europe, USA, Asie) et j'envoie aussi des offres à des personnes que je connais dans mon domaine ce qui est important car on connaît un peu plus les candidats. Actuellement dans notre labo, les trois doctorants et une post-doc viennent de l'étranger. C'est un problème général de manque d'intérêt de la part des ingénieurs EPFL pour un travail de thèse. Actuellement l'industrie est suffisamment attirante (Informateur, 2002).

La mobilité transfrontalière et quotidienne caractérise également le milieu des ingénieurs et de manière générale celui de l'EPFL, alors que les autres groupes d'acteurs présents dans ColoStim ont une mobilité quotidienne faible, puisqu'ils vivent et travaillent dans l'agglomération.

Lorsque la mobilité quotidienne devient plus importante, elle influence l'appartenance à des structures sociales et l'encastrement des structures sociales et professionnelles. Le seul acteur de ColoStim mentionnant ce problème est un frontalier localisé dans l'agglomération lausannoise:

> J'ai une situation un peu particulière; comme j'habite de l'autre côté du lac, j'ai un découplage assez important entre ma vie professionnelle et ma vie sociale. C'est vrai que parfois, j'aimerais passer plus de temps, maintenant que la plupart de mes amis sont ici, mais il se trouve que je dois toujours faire Cendrillon à un moment ou à un autre [...] Il y a beaucoup de gens que je rencontrerais plus si j'habitais à Lausanne, plus souvent en tout cas (ColoStim, 2002, 21).

Sa mobilité quotidienne est relative à la traversée du lac Léman et de la frontière franco-suisse. Les relations socio-professionnelles sont ici limitées par les horaires qu'offre la Compagnie de Navigation, mais quand bien même ce déplacement s'effectuerait de manière plus souple en voiture par exemple, le découplage entre le contexte social et le contexte professionnel persisterait.[26] Les frontaliers chevauchent les frontières mais ne démultiplient pas les appartenances socio-professionnelles. C'est la distance quotidienne à parcourir entre un milieu social et un milieu professionnel qui structure les relations, parce qu'elle accentue la distinction entre le temps professionnel et le temps social. Ce n'est pas l'effet de frontière en lui-même.

Cette approche de la mobilité géographique par ses formes, donne à voir des logiques de mobilité propre à chaque pôle mais relatives à un contexte institutionnel plus largeet mouvant: globalisation de la production, desserte hospitalière de la Suisse, culture linguistique, reconnaissance de diplômes internationaux à leur retour en Suisse. Ces caractéristiques régionales de long terme sont aussi en discussion et négociation et par conséquent, les formes de mobilité sont susceptibles d'être modifiées.

La mobilité sur la trajectoire d'une vie recouvre plusieurs formes. Par contre, la mobilité quotidienne est très faible: on vit et on travaille dans l'agglomération, dans la région. Ce qui ne signifie pas que l'on appartienne en commun à des structures sociales autres que professionnelles.

26 Nous l'avons constaté en interrogeant des frontaliers travaillant dans les établissements de santé à Genève (CEAT, 1998).

Des échanges et une concurrence à distance

La mobilité géographique des acteurs prend la forme d'un aller-retour dans leur région d'origine pour la plupart des acteurs. La mobilité est donc relativement faible mais cependant qualifiante puisqu'elle permet à chaque acteur d'acquérir ailleurs des compétences spécifiques que ne peut lui assurer le système de formation suisse par une masse critique jugée insuffisante. Par cette mobilité, l'acteur construit son réseau de recherche. Ainsi c'est à Oxford que l'anesthésiste acquiert une spécificité animale, à Londres que le gastro-entérologue travaille sur les premières stimulations, au Canada où le doctorant ingénieur compte faire un post-doctorat… C'est aussi à l'échelle européenne et mondiale que se créent leurs réseaux de recherche. Seul l'anesthésiste mentionne une relation à l'échelle nationale puisqu'il prend conseil auprès d'un collègue du Tierspital à Berne.

La mobilité géographique, aussi faible soit-elle, est également propice à l'innovation dans le sens où elle permet une veille technologique informelle. La concurrence est faible dans la stimulation électrique[27], en comparaison de la stimulation cardiaque:

> Dans la littérature, il y a très peu d'information sur ça [stimulation et modélisation du côlon], alors que sur la stimulation du tissu cardiaque, on est en collaboration étroite avec des gens. Il y a environ vingt équipes dans le monde qui sont avancées et maintenant on les connaît personnellement. Ce n'est pas le cas dans ColoStim (ColoStim, 2002, 21).

Les acteurs sont toutefois conscients de l'existence d'autres équipes de recherche travaillant sur la même problématique qu'eux; équipes souvent concurrentes:

> Il y a une équipe en Allemagne qui commence à faire la même chose que nous en *magnet-tracing,* aussi dans le domaine médical. Il y a une probabilité qu'ils nous aient copiés. Une des personnes qui travaillent chez eux est un ancien collègue de bureau d'ici, que je ne connaissais pratiquement pas et qui partait au moment où j'arrivais. Evidemment, ils font ça depuis qu'il est dans le groupe […] En travaillant dans le même bureau que moi, il savait ce que je faisais, quoi et comment (ColoStim, 2002, 24).

27 Quatre à cinq experts médicaux, au niveau mondial, selon le chirurgien en charge du projet ColoStim.

> On s'informe de manière amicale mais pas collégiale dans la mesure où on est un petit peu… L'infrastructure qu'on a ici à disposition entre le CHUV, la physiologie, l'EPFL, la chirurgie et moi, ils ne l'ont pas […] Ils savent en gros ce que je fais, mais pas dans le détail (ColoStim, 2002, 22).

Les trajectoires socio-professionnelles comprenant une mobilité géographique assurent un transfert de savoir-faire qui est valorisé, pour autant que le contexte institutionnel et matériel au retour permettent la valorisation d'un tel transfert. Ces trajectoires socio-professionnelles construisent également des réseaux de longue distance, puisqu'à chaque ancrage, l'acteur constitue un carnet d'adresses. Ces relations passées interfèrent à leur tour dans le développement de ColoStim : de la veille technologique, à la concurrence, en passant par le conseil.

Ici et Ailleurs : la perception d'une spécificité

La mobilité géographique est bien une forme de diffusion du savoir, à la fois de partage et de concurrence. Parallèlement, cette mise en regard de ce qui se fait ailleurs – ajoutée à l'exploration de littérature, le parcours sur Internet et la participation à des colloques – donne aux acteurs une compréhension des particularités de ColoStim :

> Par contre, j'ai quand même l'impression que les relations très proches qu'on a avec le CHUV, l'Institut de physiologie, l'EPFL… on a quand même un avantage sur cette équipe qui commence à faire ça en Allemagne. Je ne crois pas qu'ils aient vraiment des relations aussi bonnes qu'ici avec des médecins aussi intéressés. Eux proposent déjà un produit donc ils essaient directement de le vendre mais il y a tellement d'expériences médicales à faire, avant, pour pourvoir commencer à convaincre les médecins d'une chose tellement nouvelle, que je ne vois pas tellement à qui ils vont pouvoir vendre ça (ColoStim, 2002, 24).

> Je connais un type qui fait de la recherche sur ce sujet, qui est au Caire et qui est un des rares qui aient publié quelque chose d'intéressant sur le sujet. On vient de le rencontrer et il vient d'entendre notre présentation dans un congrès en Asie. Mais il ne travaille pas du tout sur la même longueur d'onde et il n'a aucun partenaire avec l'industrie. Il travaille dans un coin tout seul (ColoStim, 2002, 17).

La mobilité géographique des acteurs, physique ou virtuelle, participe à la création d'un savoir et à son partage par les échanges entre les centres de recherche. De plus, ce que perçoivent les acteurs en complémentarité et concurrence potentielles est un savoir situé exprimé en termes de proximité :

> On n'est pas le centre du monde. Il [le projet ColoStim] aurait pu se développer dans n'importe quelle structure académique où il y a des intérêts. Ici, l'avantage est qu'on a une synergie d'intérêts sur place: la clinique, la physiologie, l'EPFL, Medtronic, les quatre intéressés principaux qui se trouvent dans un mouchoir de poche, ici sur place à Lausanne. C'est idéal. En théorie, je pourrais développer ce projet aussi à l'université d'Heidelberg ou ailleurs. Mais est-ce qu'à Singapour ou Hong-Kong, j'aurais Medtronic, un physiologiste, je ne suis pas sûr (ColoStim, 2002, 18).

La proximité évoquée est relative à un contexte local, urbain qui regroupe plusieurs institutions à une faible distance géographique et temporelle:

> Ici on a quand même remarqué à plusieurs reprises que la proximité géographique fait que quand on fait l'expérience, les gens disent «la bécane pour ça je l'ai, elle est à la physiologie, faut que j'aille la chercher» ou «la semaine prochaine quand je viens, j'amène les électrodes, je les ai à Tolochenaz» (ColoStim, 2002, 18).

La proximité ne se résume donc pas à la localisation ou la concentration d'acteurs. Nous découvrons que nos acteurs ont une perception unique des avantages locaux (synergie institutionnelle, accessibilité…) en regard de ce qui se passe ailleurs. Le croisement avec le regard extérieur peut renforcer la définition de ce qui est local.

6.3.5. L'identité territoriale: projet individuel – projet collectif

Parler d'un territoire, c'est aussi parler d'une logique d'appartenance et faire un lien entre des individus et des institutions de formation, de recherche et de soins, et entre un projet technologique médical spécifique et un projet médical local. C'est ainsi que nous évoquons le projet triangulaire des sciences de la vie, projet prioritaire associant les institutions de Genève et Lausanne.

Les sciences de la vie: pôle d'excellence, pôle de méfiance

Le projet ColoStim est lié à l'institution médicale et à l'institution technique dans le sens où il est attaché à ses individus (par leurs compétences), à ses dispositifs administratifs (les dispositions contractuelles) et techniques (une salle d'opération pour animaux au CHUV, équipements de laboratoires de l'EPFL). ColoStim bénéficie des infrastructures médicales et technologiques, de leur interface (CTI) et de leur savoir-faire. Ce projet s'inscrit dans un projet territorial et médical plus large, alors que les acteurs dans leur pratique s'identifient au projet spécifique et aux lieux de leurs activités plus qu'à un projet territorial.

Le projet du Pôle lémanique des Sciences de la vie suscite des réponses très variées: on est pour, on est contre, on en fait partie, on est rejeté..., quels que soient l'âge et la spécificité professionnelle des acteurs.

De l'inquiétude à l'enthousiasme, le projet lémanique ne rassemble pas les acteurs dans un sentiment d'appartenance. Certains chercheurs perçoivent le pôle d'excellence comme un processus sélectif et un risque de perte de diversité qui lui est associé:

> Quand on parle des sciences de la vie, c'est presque quelque chose qui nous désavantage [...] enfin ce pôle, cette dominante. Quelque chose qui nous désavantage dans ce qu'on a là comme projet autant avec ColoStim que le *magnet-tracing*. Ce n'est pas très à la mode tout ce qui est du système digestif. Je dirais même qu'au niveau des projets prioritaires de la Confédération, il y a plus tendance à drainer tout l'argent pour une ou deux questions qui ont été jugées prioritaires puis qui laissent moins d'argent, moins d'opportunités pour des projets qui sont hors de ce pôle [...] Ce sont des organes qui ne sont pas à la mode. Il y a plus d'argent pour travailler sur le système cardio-vasculaire, la génétique [...] (ColoStim, 2002, 24).

Pour d'autres acteurs, le pôle lémanique relève du rêve, de l'intention, de l'abstraction:

> Pour moi, c'est très abstrait ça ne veut pas dire grand-chose (ColoStim, 2002, 20).

> Les pôles nationaux etc., c'est très bien car ça permet de mettre les gens ensemble. Quelqu'un rassemble et il faut qu'il y ait un responsable hiérarchique et ça répond à un besoin défini et concret. Par contre, je vois mal où est le centre de gravité. On parle de la biotechnologie, on parle de la génomique [...] Je ne vois pas les compétences. Je le sens un peu comme le rêve d'un garçon. Je n'ai rien contre les rêves mais je suis quelqu'un de très pragmatique [...] Si on me dit « on va faire du prion » et qu'il y a un prix Nobel qui vient ici avec une équipe, j'accepte volontiers cette idée. Pour l'instant, je ne vois pas (ColoStim, 2002, 18).

Porteur, il l'est pour d'autres:

> Cette question d'Arc lémanique, de pousser les sciences de la vie, ça va au-delà d'une volonté politique. On essaie, par le biais de ces projets et des réunions, même si ça ne va pas démarrer des projets tout de suite, ça fait des gens qui se rencontrent et lancent effectivement quelque chose. Il y a quand même une volonté de faire des choses. Je suis persuadé que l'Arc lémanique a un potentiel merveilleux pour les sciences de la vie (ColoStim, 2002, 21).

Cette confusion de sentiments à l'égard du pôle lémanique – du rejet à l'ouverture – est présente dans l'ensemble des entretiens réalisés sur trois ans. Ceci montre un projet collectif en construction et un profil territorial également en reconfiguration. Le faible degré d'appartenance s'explique aussi par le fait que les acteurs ne peuvent pas se référer à un acteur social clair, contemporain ou non.

Il y a par conséquent des divergences propres à toute construction. Il est pourtant important de comprendre les acteurs qui sont en discordance avec ce projet collectif. Ces arguments à degrés divers de gravité – indifférence, inquiétude, fin de carrière, perte de diversité des domaines de recherche, appauvrissement des finances pour les projets jugés peu porteurs – doivent être mis en rapport avec les institutions et les interfaces que la région renforce ou met en place pour porter ce projet de pôle lémanique.

Les éléments à retenir (chapitre 6)

Pour conclure avec les convergences et divergences au sein d'un projet, ColoStim est une histoire qui pourrait se synthétiser de la façon suivante: infrastructure, compétences, diversité, décision…

> Ce genre de projet doit avoir la bonne conjonction: une équipe médicale motivée, avec bonnes compétences et les moyens: le CHUV, même si on parle de difficultés financières, mais c'est un hôpital très bien équipé; les compétences de l'EPFL. Il fallait l'industrie qui soit le moteur. Il faut l'occasion aussi. Il faut cette petite étincelle, à un moment donné, des gens qui se mettent autour d'une table et décident de faire le projet (ColoStim, 2002, 21).

Cette description statique, nous l'avons faite au chapitre 5, lorsqu'il s'agissait de présenter le programme ColoStim: un scénario, des acteurs renommés…

En l'observant de manière dynamique, nous réalisons que la rencontre d'éléments tant humains que matériels provoque une juxtaposition ou une alternance de convergences et de divergences. La convergence et la divergence sont donc consubstantielles au processus d'innovation, comme la coopération et le conflit ou le repli et l'ouverture le sont à toute forme d'interaction.

Différentes raisons nous confortent dans l'idée que la convergence technique, relationnelle, institutionnelle relève de l'utopie. D'une part, les facteurs qui suscitent ces convergences et divergences sont complexes: la technique n'est pas de la pure technologie mais une imbrication de la société et de la technologie ; les relations jouent à la fois au niveau interpersonnel et institutionnelet les comportements des acteurs sont imprévisibles ; le contexte institutionnel facilite les relations autant qu'il les menace. D'autre part, l'explication essentielle tient à la diversité des trajectoires. Ces facteurs ont en effet des temporalités différentes : le projet connaît des phases d'idéation et de réalisation, les relations interpersonnelles sont aussi bien ponctuelles et spontanées qu'inscrites dans le long terme des structures de formation. Quant au contexte institutionnel, tout en ayant une perspective de long terme, il est le fruit d'une longue histoire. Dès lors les acteurs ont beau être au bon endroit, au bon moment et souhaiter innover avec des partenaires qualifiés, les trajectoires révélées par ce projet commun indiquent qu'une convergence durable technique, relationnelle et institutionnelle est difficile.

Somme toute, la convergence ne peut être qu'un instant rare. Dans le projet ColoStim, cette situation que nous qualifions de convergence est évoquée par les acteurs de ColoStim en termes de première rencontre avec les autres acteurs, de démarrage du projet. C'est un stade de consolidation du réseau d'acteurs et du projet technique, c'est une correspondance entre un projet d'acteurs et les ressources locales.

Cette convergence donne sens au projet et aux acteurs et le sentiment d'être au bon moment et au bon endroit pour réaliser un bon projet. Il s'agit en quelque sorte d'un arrêt sur action, en un temps et en un lieu. Juste une mise au point avant le feu de l'action et les alternances de convergences et de divergences. L'importance de cet instant de convergence relève plus de l'ordre du signifié que d'une pratique dynamique et interactive faite de tensions entre convergences et divergences.

Nous constatons donc qu'il important pour les acteurs de vivre cet instant porteur de sens dans le processus d'innovation.

La figure 24 met en parallèle la figure 2 des réseaux spatiaux et a-spatiaux (la colonne « des divergences »), présentée en première partie, avec les résultats de notre analyse « des convergences et divergences ». En considérant les convergences et les divergences, nous décrivons le dynamisme du processus d'innovation et relevons également les forces et faiblesses des relations vécues par les acteurs du projet ColoStim, au moment de l'observation.

Figure 24. Des convergences et des divergences

	Des divergences vers la convergence	*Des convergences et des divergences*
Définition de l'innovation	Processus d'innovation *ex post*, à partir du résultat, de la réussite Innovation = processus économique	Processus d'innovation en construction Innovation = construction sociale
Intérêt	Intérêt commun : produit	Intérêts multiples : motivation personnelle et justification sociale
Technologies	Réussite ou échec produit	Complémentarité – concurrence
Usagers	Rencontre de l'offre (produit) et de la demande (patient)	Usagers intermédiaires – finaux : confrontation de l'animal – patient
Unité d'analyse privilégiée	Région, collectif d'acteurs (*cluster*, milieu, secteur, firme, système d'innovation…)	Individus (personnes)
Acteurs-clés	Intensité et fréquence des relations	Qualité des liens (importance des individus de liaison permanents, ponctuels)
Types de lien	Structures sociales (familiales, amicales, professionnelles, formation)	Diachroniques et synchroniques (structures formation-profession – instantanéité)
Identité de métier	Compétences, fonctions	Compétences – reconnaissance Fonctions – rôles
Objectif politique	Finalisation de l'innovation centrée sur la relation fonctionnelle entre science et marché	Intensification des réseaux centrée sur le foisonnement et l'apprentissage
Mise en relation	Organisée	Organisée et personnelle
Mobilités professionnelles	De la science au marché	Faiblesse du médical au technique – du médical à l'industrie
Contrats	Echanges de ressources financières, humaines et techniques (réciprocité) Moteur ou aboutissement de collaborations (facilité)	Objectifs divers (diffusion, protection) Différences culturelles (faiblesse de culture universitaire en PI) Pouvoir asymétrique (moyens financiers et législatif)
Trajectoires professionnelles	Liens local-global	Faible mobilité et Perception de la spécificité et de la différence (concurrence/veille technologique) par la distance

Chapitre 7

Un jeu d'échelles sociales, spatiales et temporelles

Nous avons démontré que les convergences permettent au projet d'aller de l'avant et les divergences rencontrées en cours de projet demandent à chaque fois que les positions et les objectifs soient clarifiés. Tenant compte de ce dynamisme intrinsèque à tout processus d'innovation, il est donc vain de souhaiter à la fois un état de convergence technique, relationnelle et institutionnelle. L'instant de convergence entre ces facteurs est rare.

Le projet ne se referme pas sur lui-même et dans les convergences et les divergences qui émergent de l'interaction, le projet se nourrit et nourrit des chaînes d'interactions, faites de traductions, d'intéressement, de relations personnelles, de mobilités géographiques et professionnelles.

Ces chaînes d'interactions donnent une cohérence au projet, malgré l'incertitude qui y règne. Elles ancrent aussi le projet dans un jeu d'échelles sociales, spatiales et temporelles. Nous les retraçons pour mieux faire ressortir, dans notre dernière partie de thèse, la dimension locale des relations technologiques.

7.1. Les aller-retour de l'individu au collectif

Les relations sociales contribuent à l'évolution du projet ColoStim au moment de la constitution des réseaux et en cours de projet. Ces relations sont ancrées dans des échelles temporelles et spatiales plus larges que celle du projet ColoStim à proprement parler. Leur explication renvoie aux logiques de milieu, de découplage et de force des liens, d'intéressement.

La mise en relation des acteurs se fait aussi bien sur le mode interpersonnel que sur le mode organisé. Ces modes d'interaction sont complémentaires et répondent aussi bien aux logiques de marché, d'institution que de réseau. La logique de marché est présente dans le monde médical puisque l'on voit l'acteur-auteur prendre l'initiative de contacter Medtronic, tout en repérant dans son entourage les professionnels susceptibles de s'intéresser à son projet. Le gastro-entérologue établit également un lien avec la firme lors d'un colloque. La logique d'institution est présente également par deux organisations: la CTI contactée lorsqu'un premier noyau de réseau, ainsi que la formation postgrade en génie médical qui a permis la rencontre de certains acteurs avant ColoStim, dont le doctorant du laboratoire de micro-technique et le physiopathologue avec qui il développe la technologie parallèle du *magnet-tracing*. Ces deux institutions ont le profil de «bâtisseur de réseau hétérogène» évoqué par Michel Callon.

La logique de réseau auquel répond ColoStim est essentiellement professionnelle. Aucune n'est d'ordre familial et lorsque l'amitié est évoquée, elle est née d'une relation professionnelle. Il s'agit de faire ressortir le poids des structures telles que la formation, la profession dans les relations technologiques. Ce sont ces relations sociales, liées à la formation et à la profession, qui constituent la toile de fond des collaborations technologiques. Ces relations sont construites par et dans un milieu géographique. Chez les médecins, elles sont basées sur la connaissance déjà partagée de compétences, ou à défaut, sur la reconnaissance de compétences par réputation. La fonction des acteurs et leur appartenance à la même institution font que ces individus cernent avec le temps les compétences d'autrui et lui accordent ainsi une certaine crédibilité; une réputation se construisant dans une institution. La proximité s'associe au temps long et non à la fréquence des relations. Chez les ingénieurs, les relations s'établissent davantage sur la formation. Quant aux relations de pôle à pôle, ce sont les projets communs de recherche et les formations communes qui contribuent en grande partie aux rapprochements des acteurs dans le projet ColoStim.

La construction des chaînes de relations se fait aussi par un processus d'apprentissage, en cours de projet. A partir de leurs compétences spécifiques, les acteurs sont amenés à multiplier leurs rôles. Ce qui paraît être un débordement de fonctions est en fait une interaction continuelle dans le cadre d'un projet, une ouverture à d'autres disciplines, à d'autres acteurs. Durant cet apprentissage, les barrières culturelles relatives à des représentations et à des organisations du travail propres à chaque profession sont mises à l'épreuve et traduites en reconnaissance, au fur et à mesure des rencontres. Il y a donc des individus, des structures dans lesquelles se tissent des relations à long terme et il y a aussi leur intérêt pour tel projet. Ces jeux de position d'acteurs au sein du projet, de présence marquée de certaines structures et d'intérêts partagés font que la qualité des relations l'emporte sur la quantité (fréquence, concentration).

Que ces contacts personnels soient nés de relations informelles (amitié) ou, au contraire, succèdent à des relations plus formelles (formation commune, rencontre lors de colloques ou de rapprochement institutionnel), l'interaction entre acteurs se fait donc sur deux modes de mise en relation: interpersonnel (de personne à personne) et organisé (le colloque, la mobilité professionnelle). Les relations organisationnelles et interpersonnelles (informelles) sont donc complémentaires, voire nécessaires. Bien que l'on tende vers une formalisation des échanges, les relations informelles côtoient les plus formelles dans le processus d'innovation. Les mécanismes institutionnels ne sont pas une menace aux relations de personne à personne préexistantes. Ces dernières sont parfois renforcées par les collaborations instaurées par les organisations. Le contact personnel anticipe, suit ou se fait en parallèle à d'autres modes d'interaction. Les relations de personne à personne côtoient les relations institutionnelles qui se sont construites dans le long terme. Il importe peu de savoir quelle forme anticipe ou suit l'autre mais de savoir par qui le passage d'une forme à une autre se fait et à quel niveau se fait la médiation: entre la science et la technique ou entre la technique et le marché.

L'Etat, par les mécanismes qu'il met en place, influence diversement les interactionspar le financement, la formation, la recherche et les transferts entre les pôles. Ces mécanismes renforcent la mobilité professionnelle des individuspar des programmes communs de recherche aux trois institutions, co-direction de thèse, ouverture de poste technique à l'institution médicale... Ceci est d'autant plus important que la mobilité géographique des chercheurs est faible et que la région romande se réclame d'un projet prioritaire en santé. Cette impulsion locale est soutenue par des organismes locaux et nationaux (la CTI). Les mobilités professionnelles de la médecine vers la technique et de la médecine vers l'industrie demeurent toutefois faibles.

Ces trajectoires professionnelles prédéterminées localement, auxquelles se réfère le concept de «chaîne de mobilité» sont soit anciennes, soit en construction ou simplement inexistantes. Elles agissent aussi bien sur le court terme d'un projet que sur le long terme des collaborations régionales.

Elles se manifestent sous la forme d'interfaçage, tant au niveau de la formation que de la valorisation.

Une chaîne de relations prend donc forme sur la base des expériences sociales des acteurs ayant fait connaissance dans le cadre de leur formation ou de leur activité professionnelles et sur l'instantanéité des relations qui se construisent selon les besoins et les rencontres. Les expériences passées des acteurs constituent un carnet d'adresses et une réputation, alors que l'instantanéité de leurs rencontres bâtit des ponts entre les domaines de la science, de la technique et du marché et le local et le non local.

Ces interactions font jouer des profils d'acteurs variés: acteur-auteur, acteurs ponctuels... et également des échelles différentes: locale et non locales.

7.2. Le brouillage des échelles spatiales

Nous affirmons qu'il n'y a pas de projet sans auteur qui «pour mener à bien ses entreprises doit composer avec un certain nombre de sujets acteurs de son environnement» (BOUTINET, 1999, 87). Par sa capacité à puiser dans son environnement immédiat (logique de milieu) les ressources nécessaires à son projet, l'acteur-auteur assure le passage d'un cadre initial de relation relatif à l'institution médicale et universitaire et à ses fonctions de recherche, de formation et de soins, au nouveau cadre relationnel qu'est le projet (logique de découplage). Il le fait à l'échelle locale.

L'acteur-auteur doit encore s'allier les mondes économique et technique pour que le projet survive (logique d'intéressement). Nous remarquons qu'il est parfois difficile d'intéresser les acteurs proches physiquement ou institutionnellement. Et pourtant, il en va de la vie du projet. C'est là qu'interviennent des acteurs parfois ponctuels (en phase d'idéation et non de réalisation), périphériques (intermédiation et non-savoir-faire précis pour ColoStim), non locaux (Medtronic et free-lance à Maastricht). Ils établissent pourtant des ponts entre des univers divergents (la force des liens faibles) tant par leur mission, leur logique et leur stratégie. De ce fait, l'information atteint un plus grand nombre de personnes et plus rapidement qu'elle ne le ferait parmi des liens forts. Ces liens faibles assurent ainsi une plus grande chance au projet que s'il circulait dans des clans[1]. L'autre caractéristique de ces acteurs est d'occuper une position ponctuelle au sein du réseau, si bien qu'il ne figure pas dans la narration du réseau actuel. Dans le cas de ColoStim, l'émergence d'un réseau, à savoir un nouveau système de relations, s'appuie sur des liens faibles puisque ce sont ces liens faibles qui permettent le passage d'un réseau médical à un réseau économique, que les acteurs soient localisés dans la région ou non. La force des liens pondère l'importance d'un acteur dominant par le rôle de liaison qu'assurent plusieurs intermédiaires déjà humains.

La part non locale des relations technologiques réside encore dans des réseaux d'influence qui agissent à distance, principalement au sein de la firme. La mobilité géographique des membres de Medtronic est propre à celle de toute grande firme internationale. Leur ancrage dans une région n'étant que de courte durée, ces acteurs ne renforcent pas les réseaux sociaux locaux. Cependant, cette relation entre firme et région ne peut être réduite à une dichotomie entre des mobilités faibles et fortes et des réseaux locaux et non locaux. L'on oublierait ainsi que cette relation n'a de sens que par l'action, celle d'innover, et par un projet, ColoStim. Ces acteurs volatils, aujourd'hui à Minneapolis ou à Maastricht, influencent encore ColoStim, par leur position dans la firme et leur personnalité, et par le rôle de relais qu'ils maintiennent encore depuis la maison mère ou depuis Maastrich, car ne l'oublions pas: Minneapolis décide du financement et Maastricht dispose d'une équipe importante de R&D.

Enfin, dans une moindre mesure, la mobilité géographique des médecins et ingénieurs les aide à étendre leurs réseaux de recherche et participe à leurs projets présents. Ils gardent à leur retour un regard sur ce qui se fait ailleurs, parlant de ColoStim et d'autres projets, mais en évitant parfois de tout dire à leurs anciens collègues, de crainte d'être concurrencés, même à distance. Ces réseaux de recherche à distance, créés essentiellement par les chercheurs seniors, profitent également à leurs assistants, dans le cadre d'une formation postgrade.

Dès que nous suivons les individus et que nous reconstruisons les chaînes d'interactions, la distinction entre les réseaux locaux et non locaux s'efface au profit d'un brouillage des échelles.

1 Le clan est l'expression extrême des liens forts, même s'il existe toujours quelques liens faibles puisqu'un clan n'est jamais vraiment autonome.

7.3. Le chevauchement des synchronies et des diachronies

La prise en compte de l'origine des relations impliquées dans ColoStim ont révélé l'importance des petits réseaux qui se créent *Ici* et des grands réseaux (les réseaux de la recherche, l'organisation de firme) qui s'étendent *Ailleurs*, au-delà du local. Ce sont à la fois les relations qui s'établissent dans un corps professionnel et qui s'étendent à des équipes de chercheurs. Expériences sociales des individus nourries dans le long terme, les relations technologiques vivent aussi au temps présent et sont reconfigurées par l'instantanéité des rencontres. Les acteurs ponctuels du réseau ColoStim font apparaître un élément essentiel: la nécessité d'établir un pont entre des mondes sociaux qui n'auraient, sans un intérêt spécifique, aucune raison de se rencontrer, déjà par méconnaissance de l'existence de l'autre. Ces acteurs non locaux participent à la construction d'une chaîne relationnelle. Même par une intervention à court terme, ils assurent la diffusion du projet. L'action d'innover l'emporte sur la position et sur la mobilité. Le temps est aussi important que l'espace.

Les relations technologiques locales sont aussi bien dépendantes des structures relationnelles locales que de plus larges réseaux. La chaîne de relations construite par les acteurs permet de s'appuyer au plus près ou de se reporter plus loin, selon les besoins et contraintes des projets technologiques. Ceci a deux implications dans la représentation des relations technologiques. L'acteur n'effectue pas de sauts d'échelle (Cox, 1997) de la grande échelle à la plus petite (pour établir une relation de recherche par exemple), ni de la petite à la grande (la firme qui crée son réseau local). L'acteur suit la chaîne relationnelle et la configure à son tour.

Dans le détail de leur construction, les maillons de ces chaînes d'interactions se montent de personne à personne[2] et mêlent des temps courts et des temps longs: rencontres spontanées, relations ponctuelles, durée d'un projet spécifique, apprentissage d'un langage, temps de formation, protection des brevets, projet de carrière, histoire des institutions, projet territo-

2 L'illustration la plus exemplaire à nos yeux de ces chaînes de relations est celle du «monde est petit» *(the smallworld)* de Stanley Milgram. Les expériences, menées aux Etats-Unis dans les années 1960, portaient sur le nombre d'intermédiaires nécessaires pour mettre en contact deux individus choisis de manière la plus arbitraire possible. La chaîne de relation comptait six intermédaires.

rial futur… autant de temps qui ne permettent pas de tracer de manière linéaire les dimensions temporelles du développement de l'innovation et de son réseau d'acteurs.

Il faut alors admettre que le local – observé par ses relations entre des pôles ou entre individus dans un projet – n'englobe pas l'ensemble des trajectoires temporelles. L'échelle locale permet de les observer. La qualité des relations met en évidence la dimension temporelle des relations, synchroniques et diachroniques construites par les acteurs dans leur trajectoire socio-professionnelle. Toutefois, l'ensemble de ces relations, faites d'espace-temps, échappe à une géographie des relations technologiques locales (HÄGERSTRAND, 1981).

7.4. La propriété intellectuelle comme illustration du jeu d'échelles

Nous reprenons ici la question de la propriété intellectuelle, car elle illustre, d'une part, la tension continue entre des convergences et des divergences et, d'autre part, elle représente très bien la mixité des échelles sociales (logique propre à chaque groupe), spatiales (relations de la firme et de la région), et temporelles (renégociations possibles) et la complexité qui en découle.

La propriété intellectuelle suscite des réactions dont l'interprétation varie selon l'approche théorique adoptée. L'approche socio-économique de Michel Callon s'oppose ici à une approche culturaliste. L'approche culturaliste met en évidence des barrières culturelles et donc des asymétries, alors que l'approche socio-culturelle s'efforce de démontrer que les divergences propres à chaque institution sont gommées au fur et à mesure des négociations. Maurice Cassier (1995), dans son analyse détaillée des contrats liant trois centres de biochimie et de biotechnologie à Compiègne, Toulouse et Marseille, montre que les asymétries relevées par l'approche culturaliste ne sont dans les faits pas aussi marquées car chaque pôle, dans la nécessité de « faire ensemble », trouve un intérêt dans les échanges stipulés par les contrats.

La firme apporte un financement, des ressources humaines, des connaissances (savoir et savoir-faire) et du matériel. Ceci est négociable, tant au niveau du projet qu'au niveau des institutions. Il s'agit d'un soutien financier et d'une stimulation à la recherche (Cassier, 1995). Son intérêt pour un projet comme ColoStim réside dans le fait que, plus l'industrie avance, plus la firme a intérêt à ne pas changer de trajectoire. Elle est prisonnière de ses compétences *(competency trap).* Cette stratégie de différenciation (en contrôlant certains marchés, elle les soustrait à la compétition), a pour avantage de stimuler des technologies émergentes comme celle de ColoStim, par l'intermédiaire d'un financement. Parallèlement, elle agrandit son portefeuille de brevets. Elle participe à la constitution des réseaux locaux et y puise ses ressources. La propriété intellectuelle repose sur une convergence d'intérêts entre la firme et le territoire (Dicken, 2001).

Cependant, malgré ces échanges et négociations, Crevoisier et al. (2005) rappellent à juste titre que la propriété intellectuelle met en jeu des acteurs de poids économiques différents et donc des ressources humaines, financières et législatives variables. Ce rapport de force, établi par des ressources humaines et financières, est d'autant plus important que la propriété intellectuelle regroupe plusieurs objectifs. Elle constitue une source codifiée et cryptée d'information et de désinformation reconnue et accessible mondialement, offrant à tout chercheur ou industriel l'état des connaissances dans un domaine particulier pour situer leur propre recherche ou s'inspirer de la recherche des autres (veille technologique). Son champ d'action est large, ses fonctions et usages sont variés. Un titre de protection, qu'il s'agisse d'un droit d'auteur, d'un brevet, d'un design ou d'une marque, confère un droit exclusif. Il permet d'identifier un domaine protégé, sans pour autant le rendre accessible[3]. Il exclut des tiers de l'exploitation industrielle, commerciale de l'objet du titre de propriété, dans le pays concerné[4], mais n'est pas un droit de propriété. Il assure ainsi à son titulaire la possibilité de rentabiliser sa recherche pendant une période donnée, en principe vingt ans pour les brevets. Cependant, alors que le concept d'origine signifie protéger les inventions – puisque celles-ci sont considérées comme imitables – et favoriser leur diffusion, la propriété intellectuelle décrivant le dispositif technique et leur usage stratégique dépasse ces objectifs, no-

3 La Suisse et les autres membres de l'Organisation Européenne des brevets ont mis en place une banque de données du nom d'esp@cenet.

4 La propriété intellectuelle est d'un point institutionnel rattachée à un territoire national, selon le principe de territorialité (cf. le site de l'Institut Fédéral de la Propriété Intellectuelle : www.ipi.ch) et son envergure est internationale (cf. le site de l'Organisation Mondiale de la Propriété Intellectuelle cf. le site de l'OMPI (www.wipo.org).

tamment lorsque les brevets constituent pour une entreprise un actif économique. Plus la firme acquiert de droits, plus elle se constitue un monopole et une rente de situation dans son secteur.

L'asymétrie apparaît à moyen et long terme. Elle est perceptible dans les propos d'acteurs mais elle dépasse les négociations concernant le projet ColoStim. C'est dans ce sens que nous comprenons la remarque de Maurice Cassier à l'égard de l'acteur-réseau du CSI. D'un point de vue théorique, Maurice Cassier note les insuffisances d'une sociologie des réseaux fondée sur la symétrie des humains et des non-humains (dispositifs techniques...). Selon Maurice Cassier[5], la théorie de l'acteur-réseau montre comment se font les négociations dans la pratique d'un projet spécifique, mais elle ne s'attarde pas à analyser l'asymétrie des moyens dont les groupes en jeu disposent et donc à résoudre cette asymétrie hors projet spécifique. Nous changeons d'échelle temporelle (du court au long terme) et de cadre collectif (du projet au territoire).

Nous sommes ici dans une problématique territoriale à long terme, de science régionale et non de réseaux socio-techniques. Dans cette logique, nous pourrions émettre l'hypothèse que plus une firme internationale impose des restrictions en matière de publications et de brevets, moins les institutions locales peuvent prétendre à valoriser leur recherche. De plus, les institutions perdraient les bons points, en matière de publications par exemple, qui font ou feraient d'elle un pôle de compétence internationale. Ce serait le prix que paie, en aval, une région contre, en amont, un support financier aux institutions de recherche.

La propriété intellectuelle est donc, d'un point de vue institutionnel, rattachée à un territoire national (principe de territorialité), son envergure est internationale; preuve en sont l'harmonisation et la reconnaissance réciproque des droits de priorité intellectuelle par les instances politiques et l'intégration, pour la première fois dans le système de l'OMC, des droits de propriété intellectuelle ainsi que la création de base de données à plusieurs échelles. Les négociations et les répercussions n'en sont pas moins locales.

La question de la propriété intellectuelle est d'autant plus incontournable que l'intégration de la science et du marché est importante avec le développement des sciences de la vie et des nouvelles technologies médicales.

5 Au colloque «Science, innovation technologique et société», organisé par l'Association internationale de sociologie de langue française (AISLF), à l'Université de Bourgogne, à Dijon, du 30 janvier au 1er février 2003.

En effet, les enjeux financiers considérables engagés dans les biotechnologies ne rendent pas tous les acteurs confiants en l'avenir. Selon Maurice Cassier, ces rapports asymétriques doivent être résolus et de nouvelles formes d'intégration de la science et du marché créées (consortium académique de laboratoires, par exemple). Les laboratoires publics ont à faire preuve de créativité, comme le montraient les laboratoires observés par cet auteur. La formation du milieu médical à la propriété intellectuelle est nécessaire mais insuffisante.

En conclusion, la propriété intellectuelle est la preuve écrite de l'intégration de l'acteur économique dans le projet. Cependant, il y a une contradiction entre les contrats de propriété intellectuelle, figés dans le temps et dépersonnalisés, et le processus d'innovation évolutif qui lui, révèle des potentialités que ses acteurs ne sauraient tous évaluer en phase d'idéation. Souvent présentée comme un instrument de facilité, la propriété intellectuelle peut devenir un point de mésentente. Toutefois, certaines formes de contrat comprennent des conditions de renégociation possibles en fonction de l'évolution du projet spécifique ou des relations institutionnelles, ces dernières ayant une influence sur les projets spécifiques. Ces négociations débouchent parfois sur des arrangements qui ne tiennent pas toujours à la puissance des parties, mais à des jeux plus subtils de relations interpersonnelles.

La renégociation récente d'une lettre d'intention[6], concernant le financement par Medtronic d'une chaire de cardiologie au CHUV, est à ce sujet intéressante. Ce n'est point le jeu des juristes qui a fait pencher la balance en faveur du CHUV, mais la coprésence d'un cardiologue local de renom et d'un cadre de Maastricht. Tous deux entretiennent des relations de long terme et de très bons termes (Entretien, 2004). Les relations interpersonnelles entre un acteur local et un acteur non local viennent alors soutenir les relations institutionnelles conflictuelles.

Les instants forts des négociations se déroulent dans des lieux, généralement clos, qui mettent en présence des acteurs de mondes différents, autour d'un objectif commun. Dans ce cas, tout comme dans la «salle d'op» (salle

6 Parmi les types de contrats que gère le PACTT (Informateur, 2004), nous signalons les contrats de consultant (expertise), de recherche (échange de connaissances financé par l'industrie), d'essai clinique (la forme de contrat la plus fréquente), de confidentialité (échange d'informations confidentielles), de licence (sur brevet, avec *royalties* en retour), de cession (de brevet à une compagnie pharmaceutique par exemple).

d'expérimentation animale), la distance exacerbe les différences, elle force les acteurs en présence à s'accorder, malgré les divergences.

Le lieu a la capacité de forcer les ajustements et de dépasser ainsi les divergences. Il se peut alors que la dimension innovatrice des milieux tienne aussi à la force des lieux. Encore faut-il admettre l'existence de divergences.

Les éléments à retenir (chapitre 7)

Les convergences et les divergences analysées dans le cas de ColoStim sont riches d'enseignements. Nous pouvons reprendre ces observations empiriques en regard des propositions théoriques émises précédemment.

Nous avons affirmé la nécessité de rompre avec une vision consensuelle des relations et l'hypothèse qu'il est même nécessaire d'analyser (voire de favoriser) les rencontres et les antagonismes y afférents comme étant un des catalyseurs cruciaux du processus d'innovation.

Pour bien comprendre cette dynamique de convergence et de divergence, il est nécessaire de compter non seulement avec le cadre d'analyse qu'est le projet mais encore avec une innovation ancrée dans le temps et dans l'espace, une diffusion de celle-ci indissociable de la construction des réseaux et une action qui prime sur la position et la mobilité.

Premièrement, l'analyse conjointe de la construction du réseau et du développement de l'innovation démontre que le projet d'innovation n'est pas un cadre d'action isolé. Bien au contraire, il profite des chaînes d'interactions existantes et les modifient. Celles-ci donnent une cohérence au projet malgré l'émergence des convergences et les divergences auxquelles il doit faire face pour évoluer.

Deuxièmement, la prise en compte de la dimension temporelle et spatiale du processus d'innovation souligne l'impossibilité de tout processus de tendre vers une convergence à la fois technique, relationnelle et institutionnelle, car ces dimensions nécessaires au développement de l'innovation prennent place dans des échelles temporelles de court terme et de moyen terme, et dans des échelles spatiales locale et non locale.

Troisièmement, en ce qui concerne la primauté de l'action sur la position et la mobilité, il est évident qu'un processus de sélection naît de l'interaction et fait que l'on n'innove pas n'importe comment, avec n'importe qui, n'importe où.

Nous déduisons de notre analyse qu'il est nécessaire de favoriser ces chaînes d'interactions. Il est inutile de prétendre à une convergence technique, relationnelle, institutionnelle par la concentration des acteurs en un espace. En effet, la construction technique, relationnelle et institutionnelle de toute innovation technologique s'inscrit dans le court et le long terme, dans le local et le non local. L'innovation est donc faite d'incertitude. Toutefois, il est indispensable que les acteurs puissent se rencontrer et se confronter en face-à-face en période de tension, dans un lieu déterminé et clos.

Partie III
La dimension locale

J'ai connu des gens possédant de bonnes qualités qui, très utiles aux autres, ne leur servaient de rien à eux-mêmes ; comme un cadran solaire qui, placé sur la façade d'une maison, est vu des voisins et des passants, mais non du propriétaire qui est chez lui.

Jonathan Swift, *Pensées sur divers sujets moraux et divertissants*

De la localisation d'acteurs posée comme définition en début d'étude aux chaînes d'interactions observées chez les acteurs en situation, la dimension locale s'est enrichie suffisamment pour ne plus signifier uniquement un point dans l'espace. Dans notre troisième et dernière partie de l'analyse, nous définissons ce qu'est la dimension locale.

Notre chapitre 8 tire *« Les leçons de l'observation »* pour cerner ce qu'est le local pour les acteurs rencontrés. En ramenant leurs actions et représentations aux conceptions égocentrée et étendue, proposées par une psychologie de l'espace, nous voyons que ce dernier, loin d'être neutre, confronte chaque acteur à l'altérité matérielle et humaine. Ceci est particulièrement observable dans la «salle d'op». Dans ce lieu, les distances cognitives sont exacerbées parce que les distances géographiques sont minimalisées et que les acteurs sont là plutôt qu'ailleurs, rassemblés par un objectif commun. Une prise de distance avec le lieu et le cas spécifique fait du local un carrefour d'intérêts multiples, de réseaux à tailles variables, de chevauchements d'expériences sociales et de rencontres ponctuelles. Nous proposons également une précision des termes de savoir, confiance et identité. Ces arguments ont leur poids d'utopie et malgré cela, leur raison d'être puisqu'ils évoquent des modalités d'interactions et la qualité des relations.

Au chapitre 9, dans *« Un échange de regards »*, nous présentons les apports réciproques de la géographie, de la sociologie de l'innovation et de la nouvelle sociologie économique, sur la question des relations technologiques. Les critiques s'adressent au modèle de la diffusion en S et les rapprochements se font autour de la métaphysique de Torsten Hägerstrand. Enfin, nous faisons un bref retour sur la question de la proximité, puisque c'est elle qui fut le point de départ de notre thèse.

Chapitre 8

Les leçons de l'observation

En observant la mise en relation des acteurs ColoStim et l'évolution de leur relation au sein du projet, nous avons montré combien les relations technologiques se construisent dans l'alternance de convergences et de divergences, suscitées tantôt par la technique, tantôt par les relations sociales et tantôt par les mécanismes institutionnels. Une fois la démonstration faite de cette dynamique propre à tout processus d'innovation et de ses réseaux, l'objectif géographique consiste à mettre en perspective la dimension locale des relations technologiques.

Nous rappelons que nous n'avons pas postulé d'emblée la pertinence du local dans les relations technologiques puisque nous souhaitions montrer que la dimension spatiale – locale en particulier – est aussi une construction d'acteurs. Nous n'avions, par conséquent, pas adopté *a priori* une définition du local, partant de l'idée que cet espace d'interaction pouvait tout aussi bien être un lieu, un territoire, un milieu. Le local exprime le rapport dynamique entre une sociabilité et une spatialité propice à un projet d'innovation et recouvre une variété possible d'entités spatiales: espace d'interaction, point d'intersection, territoire du quotidien, espace fonctionnel, échelle d'observation, zone d'accessibilité, système de production...

Dans notre analyse, le local s'est fait plus précis par les propos d'acteurs, puisque le local est, pour les acteurs, avant tout le lieu des expériences et des échanges où la distance tant cognitive que géométrique est réduite sans être nulle (la «salle d'op»), parfois même la ville des infrastructures et des pratiques quotidiennes faites de la diversité des fonctions et des relations (l'agglomération), plus rarement le territoire de la compétitivité et de la concurrence (la région lémanique) constitué de matériel et d'idéel.

Nous expliquons cette variété de référentiels spatiaux, en reprenant les deux conceptions de l'espace: l'espace égocentré et l'espace étendue. Puis nous définissons le local comme étant le carrefour de divers niveaux que nous présentons et le miroir du global.

8.1. Des conceptions spatiales contradictoires et complémentaires

L'analyse de la dimension locale des relations technologiques est révélatrice de deux conceptions contradictoires et complémentaires de l'espace: une conception égocentrée et une conception délimitée. Ces conceptions psychologiques de l'espace, toutes contradictoires qu'elles puissent paraître, sont présentes dans le déroulement du projet et dans les pratiques des acteurs de ColoStim.

En fonction de ces deux conceptions de l'espace et à partir du point de vue des acteurs, nous reconstituerons leur perception du local.

8.1.1. La perception de la différence

Dans ColoStim, le local se construit et prend sens dans l'action d'innover et dans les relations que le projet active. Selon le vécu des acteurs et leurs préférences, leurs relations passées et leurs pratiques quotidiennes, le local épouse donc différentes échelles. L'acteur glisse de l'une à l'autre en fonction des besoins ressentis en cours de projet: de la région au lieu, du lieu à l'agglomération, de l'agglomération à d'autres centres urbains. Dans la même logique, il se réfère, dans ses propos, aussi bien au laboratoire d'à côté qu'au centre de recherche d'un autre continent; le local s'étend au global, sans qu'il y ait de rupture. L'acteur construit ses relations à différentes échelles, puisque quelle que soit la distance physique, ce qui est local peut lui paraître lointain et ce qui est éloigné lui sembler si proche.

C'est donc une perception égocentrée de l'espace où le centre, le *Moi*, l'emporte sur la délimitation d'une échelle précise du lieu ou du milieu, du local ou du global. C'est un espace non borné, où se mêlent les échelles correspondant aux trajectoires vécues et aux choix que l'on opère dans le cadre du projet: présenter la technologie dans un colloque en Asie, à une équipe médicale en Australie, opérer *in vivo* à la ferme, repérer la concurrence en Allemagne, éviter l'office de transfert technologique dans sa propre institution, aller chercher la machine de l'autre côté de la rue, échanger des résultats par *courriel* ou préférer en discuter face à face. L'espace des relations technologiques est sans limite puisque l'acteur allonge ses chaînes d'interactions par étapes successives, de personne à personne, de projet en projet… Il ne fait pas de «sauts d'échelle» mais il procède par bifurcation: si le plus proche ne manifeste pas d'intérêt pour le projet ColoStim et pour la stimulation du côlon ou s'il représente une menace, il le contourne pour repérer un autre acteur.

La perception de l'autre, ou la relation à l'autre, si elle existe déjà, marquera le passage d'une échelle à l'autre. Le kilomètre n'est pas l'étalon mais le besoin de coopération ou le sentiment de conflit; que cette interaction mette en jeu le laboratoire localisé à côté ou l'équipe localisée au bout du monde. C'est une perception de la différence où prime la préférence bien plus que la distance ou la contrainte… Ainsi, un acteur préfère parfois ignorer un autre acteur qui appartient pourtant à son milieu – institutionnel, régional… – pour entrer en relation avec un acteur inconnu qu'un proche lui a recommandé. Toute relation est envisageable, tout déplacement est possible soit en anticipation, soit en différé. Les modes de communication dépendent d'une préférence: on se déplace si l'on préfère le face-à-face, on communique par *courriel* avec son voisin avec qui l'on ne partage pas d'affinités.

Ce qui prime, c'est la qualité de l'interaction établie avec un autre acteur que l'on sent proche, localisé près d'ici ou ailleurs. Par conséquent, l'interaction ne se fait pas automatiquement par une co-localisation des acteurs. Le local naît de la préférence.

8.1.2. La gestion de la distance-temps

Toutefois, l'acteur a dans sa gestion quotidienne du projet et dans sa pratique spatiale pour contrainte essentielle le temps: temps de recherche, de formation, de production; temps des relations sociales, professionnelles; temps pour soi, temps avec autrui. Il vit l'espace de ses pratiques, en fonction de cette pluralité temporelle et en confrontation avec autrui; que cet autrui soit une entité technologique ou humaine. Si l'horizon du monde à découvrir est repoussé au fur et à mesure que nous disposons de moyens de communication, le village planétaire et l'ubiquité font figure d'utopies puisque temps et espace sont indissociables.

Lorsqu'on demande à l'acteur à quelles difficultés il est confronté dans le projet, c'est la gestion de son temps qui ressort le plus souvent, plus que les aléas techniques auxquels il s'attend mais dont il ignore le déroulement ou les relations manquantes qu'il constitue par personnes interposées. D'ailleurs, l'incertitude, caractéristique essentielle de l'innovation, exprime bien la non-maîtrise du temps. A l'inverse, la course à l'information est la tentative de maîtriser au temps présent les états du monde technique, relationnel, institutionnel. Réactiver d'anciennes relations souvent locales, repérer des acteurs de liaison même à distance, préférer le face-à-face... sont autant de stratégies ou de réflexes que l'acteur adopte pour contrer les inconnues de l'innovation en stade d'idéation, jauger les changements de comportements des acteurs présents dans la réalisation. Pour se rassurer, il tente alors de stabiliser l'innovation, qui par essence est instable puisque constituée des temporalités du projet, des relations et du contexte institutionnel. Ces orientations, qui paraissent dans la conception précédente relever de la préférence, sont ici relatives à une contrainte.

Face à cette contrainte, le local est, pour l'acteur, l'étendue qu'il évalue en fonction de ses besoins, le rayon qu'il trace pour son parcours quotidien. Alors, le local lui permet par exemple de consulter ses patients et d'assister à une expérience sur le cochon, si possible le tout en un jour. Le local c'est encore, pour le doctorant dirigé par deux institutions, la possibilité de se rendre à mi-temps au laboratoire de mécanique à l'EPFL et remonter au centre-ville pour l'autre mi-temps à l'institut de physiologie. La gestion de son temps tient à la connaissance de son espace quotidien. Plus il le connaît, plus il gagne du temps, car il sait que tout déplacement lui demande un effort. C'est cette connaissance qui permet également à l'ensemble des acteurs d'apprécier ce point de rencontre qu'est le CHUV pour les échanges d'articles et de points de vue entre l'assistant de chirurgie et l'assistant ingénieur, ou la «salle d'op» (salle d'expérimentation animale) pour l'ensemble des acteurs. Cette pratique de l'espace est pragmatique, elle concentre l'espace relationnel en un point géométrique; elle concentre la *chora* dans le *topos*.

Cette connaissance de l'espace et la perception de la distance qui en découle se traduisent en fréquences de rencontres de face-à-face: chaque quinze jours pour l'échange de matériel et l'exécution d'une opération entre les acteurs principaux, chaque deux mois pour l'ingénieur qui se rend à Maastricht. Elle définit aussi les modes de communication possibles évalués dans le rapport espace-temps: par courriel, par vidéo-conférence ou un face-à-face. Ces choix de communication ne se limitent donc pas à l'existence ou non d'une technologie, car «il ne faut pas confondre la technique de l'information et la conscience du monde» (Retaillé, 1997, 68).

Cette perception de l'espace découpe l'espace en fonction de ce qui peut se faire *Ici* et *Maintenant* de ce qui s'est fait ou se fera ailleurs. Le local naît de l'interférence du temps et de l'espace, c'est l'espace de l'accessibilité.

8.1.3. La dialectique de la fermeture et de l'ouverture

En fonction de ces conceptions de l'espace et à partir du point de vue des acteurs, nous reconstituons leur local. Ce qui donne sens à l'espace, c'est l'action d'innover, les pratiques qu'elle induit et les relations qu'elle valorise. Ce sont donc les intentions de l'acteur qui l'amènent à percevoir et à évaluer l'altérité et l'espace. De cette confrontation à l'altérité naissent des divergences et convergences. Les divergences et les convergences sont le reflet d'un besoin et d'une contrainte d'interaction de l'acteur dans son espace.

Dans un projet technologique comme dans toute action, l'acteur oscille entre un attachement à ses relations passées et un détachement en anticipation ou en fonction de nouvelles relations nécessaires à une action, celle d'innover. Il est confronté également aux autres technologies et a besoin d'elles, même si elles lui sont concurrentes. De même, confronté à d'autres acteurs, il déborde le champ des fonctions institutionnelles ou d'un cadrage législatif. Par conséquent, cette tension est surtout manifeste dans la phase d'émergence où il s'agit de s'ouvrir à la fois à de nouveaux acteurs, de nouveaux milieux, de nouvelles technologies. D'un réseau émergent correspondant à l'idéation du projet à un réseau de plus en plus consolidé au fur et à mesure de sa réalisation, les acteurs s'influencent, des divergences s'estompent, d'autres naissent mais on peut supposer que les acteurs développent dans leur pratique un apprentissage à collaborer qui facilite de nouvelles ouvertures, nécessaires sur d'autres projets, d'autres acteurs qui sont toujours porteurs de divergences. Ceci nous renforce dans la nécessité d'observer avant tout les temporalités du réseau et du processus d'innovation.

8.2. Le local: le lieu, le milieu, le territoire

Les deux conceptions de l'espace – espace égocentré, espace étendue – ont pour point central un individu localisé et socialisé qui, dans une situation particulière, éprouve à la fois le besoin d'interagir et les limites de l'interaction. L'on retrouve dans la construction du local et dans sa définition, la tension que vit tout acteur dans un projet entre le besoin d'ouverture à d'autres technologies, à d'autres structures professionnelles et la nécessité de fermeture.

Ce jeu de fermeture et d'ouverture à l'altérité s'exprime aussi bien dans le lieu que dans le milieu.

Dans la construction d'un savoir technique commun et spécifique à ColoStim, le lieu, en l'occurrence la «salle d'op» (salle d'expérimentation animale), constitue l'espace de référence. Dans la construction des relations, le milieu urbain est l'espace approprié des opportunités de rencontres professionnelles et de formation.

8.2.1. Le lieu: espace de l'action spontanée et de la mise à l'épreuve

L'expérimentation de ColoStim prend place dans un cadre spatial donné, la salle d'expérimentation animale («salle d'op») située au CHUV. Ce cadre est un espace de rencontre pour tous les acteurs puisque chacun s'y déplace, pour l'organisation des dix opérations, leur réalisation chaque quinzaine et l'évaluation aussitôt après. Ce lieu est le point d'accessibilité posé dans l'entrecroisement des distance-temps de l'ensemble des acteurs. Le lieu relève ici d'une géométrie comme un point central dans un espace déterminé par la localisation des trois organisations: CHUV, EPFL, Medtronic; point qui permet aux individus de se rencontrer à une certaine fréquence, sans grand effort de déplacement. Dans ce cas, le lieu relève d'une conception de l'espace étendue, d'une contrainte. Le lieu est alors un point de distance physique minimale entre les acteurs. Le lieu se définit par la coprésence des acteurs hétérogènes en action.

La caractéristique de ce lieu réside davantage dans l'hétérogénéité des acteurs présents et des dispositifs techniques nécessaires à cette phase d'expérimentation. La «salle d'op» – ainsi nommée par les acteurs de ColoStim – représente l'espace de coordination de tout le projet dans sa première phase. C'est un lieu de concentration d'activités et de pratiques aussi multiples que la dissection, la pose d'électrodes, l'enregistrement des signaux, l'enseignement…

Tout participe à l'innovation: les dispositifs techniques et administratifs (les appareils de mesure, le canevas de l'assistant), les acteurs humains (professeurs, assistants) et non humains (le cochon):

> En salle d'op, tout le monde se préoccupait d'une partie du matériel. [L'assistant de microtechnologie] amenait son appareil, avec l'ordinateur et tout ce qu'il fallait. [L'assistant médical] s'occupait de tout ce qui est drogue, domaine médical. Je m'occupais de tout l'appareil de l'acquisition des données: un ordinateur, un amplificateur, des câbles (ColoStim, 2002, 23).

La coprésence n'a de sens que s'il y a échange. Dans ce cadre se font alors les apprentissages et se partagent les compétences:

> En général on se voit au CHUV, tous, dans la salle d'op ou à côté du bureau [du coordinateur] pour discuter […] C'est vraiment le brainstorming chaque fois et il y a un canevas qui est préparé en général par l'assistant [du coordinateur], c'est-à-dire sur ce qui a été fait, qu'est qu'on en pense et ce qui va être fait. Et ça, ça se nourrit d'idées, de confrontations, de contradictions, c'est extrêmement dynamique (ColoStim, 2002, 22).

Le concept de lieu présente encore l'avantage de correspondre au plus près à l'action des acteurs: «Le lieu est un des deux concepts premiers de la géographie parce qu'il trouve sa racine dans la géographie spontanée et qu'il ne subit aucune transformation[1] par son passage au corps savant. Et pour cause, les savants géographes ne sont que très rarement penchés sur son cas et, quand ils l'ont fait, la volonté d'approfondir était absente, tant il semblait évident qu'un lieu n'était qu'un lieu» (RETAILLÉ, 1997, 79).

Le lieu, et le CHUV en particulier, est donc l'espace commun d'une pratique spécifique de ColoStim, l'expérimentation. L'expérimentation se fait dans un point situé dans l'espace, le lieu d'une construction, d'un savoir et d'apprentissage d'autant plus marqué qu'il rassemble à chaque expérimentation des «apprentis chercheurs». Il naît de la coprésence de l'ensemble des acteurs nécessaires à la construction d'un savoir: professeur, chercheurs,

1 A partir du moment où nous associons ce concept à un choix méthodologique – entrer par l'acteur et s'appuyer sur ses propos – le lieu subit une transformation par le géographe.

doctorants, ce que Terry Shinn, cité par Vincent Mangematin (2003, 541), nomme «la division cognitive du travail», c'est-à-dire «les rôles différents et complémentaires des doctorants, des seniors et des professeurs (ou directeurs) dans la communauté scientifique. Alors que les jeunes scientifiques apportent une attention particulière aux anomalies susceptibles de remettre en cause un modèle explicatif, les scientifiques confirmés travaillent directement sur la sélection des modèles et l'insertion des données dans les modèles explicatifs. Les professeurs mettent l'accent sur la généralisation en travaillant sur des phénomènes fondamentaux et fréquents». De cette manière, la «salle d'op» (salle d'expérimentation animale) est le lieu d'échange intergénérationnel du savoir, mais elle est surtout un lieu d'échange interdisciplinaire qui rassemble davantage les jeunes chercheurs que les seniors, lors de rencontre de préparation, de discussion et d'échange, qui ont lieu hors des séances d'expérimentation proprement dite.

Il ressort que le CHUV est aussi le lieu de l'unique moment de convergence relationnelle, technique, institutionnelle du projet. Cet instant a marqué le passage de la conception du projet à la réalisation. Il a lieu avant le début des expérimentations. Tous les acteurs se réfèrent à l'unique moment de convergence... et s'ils s'ignoraient auparavant, désormais ils se connaissent les uns les autres. Dès lors chacun connaît l'autre et se reconnaît dans le projet ColoStim. Cette conjonction de convergences est un instant d'arrêt sur projet, de fermeture du réseau avant la phase d'expérimentation et de confrontation continuelle de convergences et divergences. Le lieu est ici un construit et correspond à une situation précise.

De cette analyse de ColoStim et des particularités qui lui sont assorties, des considérations générales s'imposent. Nous remarquons que la coprésence des acteurs caractérise le lieu mais ne fait pas le lieu: «L'unité de lieu tient à un principe qui recouvre et réunit tous les phénomènes s'y rejoignant et les domine au point de leur donner un sens commun» (Retaillé, 1997, 68). C'est le sens qu'il comporte par les compétences des acteurs en présence, leur spontanéité et capacité à dépasser leur propre rôle, les apprentissages en gestes, en langage et en images, la manipulation et la réponse des dispositifs techniques et la réaction de l'animal au centre de cette scène; tous orientés vers un objectif commun – la stimulation du côlon – et chacun guidé par ses propres intérêts – un article à publier, des enregistrements à rassembler, un modèle à construire...

Le lieu correspond à la scène de théâtre de Erving Goffman (1991) où tout participe à l'action: le décor, les rideaux, les acteurs, les spectateurs, les rôles préétablis, les imprévus de l'action en direct... Le lieu participe à la construction d'un savoir et de sa diffusion.

Dans cette géographie spontanée qu'est le lieu, les différences deviennent explicites avant d'être traduites en une compréhension commune des processus– les signaux de l'ingénieur sont comparés au modèle du gastro-entérologue – ou en une reconnaissance des compétences – l'ingénieur ne répare pas la machine – voire à un aplanissement des hiérarchies. Dans le cas de ColoStim, le fait que les divergences s'y transforment en convergences ne relèvent pas du génie du lieu mais de l'hétérogénéité des acteurs et de la volonté manifeste de chacun à voir dans cette action qu'est l'expérimentation un vaste projet se réaliser et déjà ses propres intérêts immédiats. Le lieu est l'expression d'une volonté, celle de mettre en commun, aussi banal que cela puisse paraître, une mise en commun au plus près les uns des autres et au cœur de l'action décidée par les acteurs.

Ces remarques sont particulièrement pertinentes pour la création de parc scientifique – lieu jugé propice à la stimulation et à l'innovation. La métaphore théâtrale est en effet bien plus appropriée, plus imprévisible aussi, que celle de l'aquarium[2] où les acteurs baignant dans un milieu biologique sont susceptibles de communiquer pour innover :

> Il ne suffit pas d'une proximité pour faire un lieu ; il ne suffit pas non plus d'une présence observatrice de quelques ingrédients rapprochés. Il faut encore un déclenchement, une circonstance qui place les sujets et les objets en position d'interaction. C'est là que l'on rencontrera le caractère fortement phénoménologique et non essentiel du lieu (Retaillé, 1997, 90).

Ces remarques sont aussi utiles pour temporiser la composante tacite et codifiée du savoir et pour valoriser un savoir situé relatif à des ressources matérielles – les infrastructures – alors que dans une gestion des savoirs, l'on aurait tendance à privilégier l'immatériel, comme le précise Philippe Larédo (2003).

Nous affirmons aussi que le lieu n'annule pas les distances. Certes, il rend minimale la distance physique entre les individus et les dispositifs techniques mais de ce fait, il exacerbe les distances cognitives – les hiérarchies, les objectifs, les langages – entre les différentes disciplines. Dans ce contexte, le maintien de certaines distances n'est plus possible. On ne peut méconnaître ou ignorer l'autre. Sa présence incite à la confrontation puis

2 Métaphore évoquée par un informateur.

à la reconnaissance. Le lieu est l'expression spatiale de la rencontre de plusieurs mondes, logiques et langues ; espace dans lequel les acteurs doivent trouver les moyens de coexister. Ceci demande que chacun joue son rôle avec une certaine réserve sur ses propres vérités.

En définitive, le lieu réunit et l'on voit au fil des rencontres les distances s'estomper. Cela est possible parce que le lieu est l'espace de la confrontation, de l'intéressement, de l'ajustement de certaines divergences (technologiques...)[3]. Les convergences s'y transformant aussi en divergences, rien ne suppose pour autant que le lieu assure une réussite au projet. Le lieu réunit dans le cas de ColoStim, mais pourrait aussi rejeter. Par exemple, sachant que la confrontation est inévitable, il arrive qu'un acteur choisisse un autre lieu pour préserver la confidentialité (Informateur, 1999) ; autre forme de confrontation et autre manière de dire que la proximité est aussi un frein.

Le processus d'innovation fait appel à plusieurs entités spatiales. La « salle d'op » est le lieu d'une circonstance particulière, d'expérimentation pour l'ensemble des acteurs, d'échange pour les jeunes chercheurs : « Un lieu ne peut pas se définir en dehors de l'expérience qui est toujours contingente et circonstanciée » (RETAILLÉ, 1997, 120). Les relations se font et se défont avant et après cette mise en situation. Par conséquent, le lieu recouvre certains aspects de la dimension locale du processus d'innovation (coprésence, hétérogénéité, action) mais pas tous. Il nous faut élargir l'analyse du local par le concept de milieu.

8.2.2. Le milieu : espace de la coopération et la réciprocité

Le concept de milieu présente des composantes locales que l'on ne retrouve pas dans le lieu qui, dans ColoStim, correspond à la situation précise de l'expérimentation. Le milieu est plutôt fait de collaborations, qui se traduisent dans le long terme par une culture technique, dans le moyen terme par des réputations et des reconnaissances et dans le court terme dans des cooptations.

Le milieu défini par le GREMI est « un espace géographique qui n'a pas de frontières a priori, qui ne correspond pas à une région donnée, mais qui

3 Une analyse ethnographique, c'est-à-dire une observation en direct de l'action, par enregistrement, par exemple comme le pratique en salle d'opération Lorenza Mondada (2002) mettrait davantage en évidence cette construction d'un savoir situé.

présente une certaine unité et une certaine homogénéité qui se traduisent par des comportements identifiables et spécifiques et une culture technique» (MAILLAT ET AL., 1993). A partir du moment où l'on identifie ceux qui font partie du milieu, il en découle que, contrairement au lieu, des distances en termes d'ignorance, de méconnaissance ou d'indifférence peuvent être préservées[4], sans être analysées. Les ingénieurs formés à l'EPFL ignorent ceux qui sont formés à la haute école d'Yverdon et les spécialistes d'une discipline au CHUV méconnaissent ce que d'autres spécialistes font à l'étage supérieur[5]. Ceci relève à l'évidence d'une distance cognitive et non géographique au sein d'un milieu (BRESCHI ET LISSONI, 2001). Ignorer et méconnaître laissent l'ombre d'un doute de ce qui relève de la (mé)connaissance (conception de l'espace étendue) ou de la (re)connaissance de l'altérité (conception égocentrée de l'espace). Une analyse à l'échelle des milieux par les groupes impose un processus de sélection qui fait croire à des appartenances et des solidarités de fait, que l'on interprète aussitôt par un consensus social correspondant à une forme spatiale homogène. Il n'y a pas de forme spatiale qui correspond à une forme sociale. Rien n'est donné, tout est construit.

Dans sa construction et dans sa dimension technique, le milieu est synonyme d'une culture technique construite sur le long terme ; construction que nous avons peu mise en évidence dans cette analyse mais qui est très étudiée par les chercheurs du GREMI. Dans notre présentation du projet de ColoStim, cette culture technique se reflète dans les compétences, des disciplines, des organisations, des infrastructures et des dispositifs techniques ; diversité qui, dans le lieu, est associée à la coprésence et est aussi la manifestation d'une continuité socio-technique construite dans le plus long terme du territoire. Cette culture technique n'est pas un simple héritage[6]. Elle est réappropriée pour dessiner la trajectoire future d'une région.

4 Constat fait lors de nos premiers entretiens auprès d'acteurs divers.

5 Marc Berg et Annemarie Mol (1998), dans un ouvrage traitant de la diversité du monde médical soulignent la diversité des pratiques et des valeurs entre professions et spécialités médicales et décrient une tradition sociologique qui, dans la médecine aussi, tend à faire croire à une communauté homogène.

6 On va plus loin qu'une filiation de l'horlogerie à la technique par exemple. On repère les filières possibles au regard de ce qui existe et des technologies porteuses. Les démarches entreprises par l'Etat de Vaud pour établir des filières prioritaires et de la Confédération pour mettre sur pied l'Initiative Medtech de la CTI vont dans ce sens.

La logique de milieu est présente dans ColoStim. La configuration du réseau à son origine tient à la capacité de l'acteur-auteur du projet de repérer, dans un territoire, des personnes et des compétences attachées aux institutions locales et de chercher à l'extérieur les compétences manquantes. La dimension spatiale est relative aux opportunités présentes (BOUTINET, 1999). Ceci montre qu'on n'innove pas dans le vide mais dans un territoire donné (AYDALOT, 1985) et que l'important est d'être au bon moment et au bon endroit pour bénéficier des bonnes compétences, d'où l'importance du contexte politique et institutionnel. L'acteur-auteur du projet reconnaît que l'idée ColoStim aurait pu naître ailleurs mais il sait que la réalisation du projet tient à la présence d'infrastructures, à leurs synergies. Cette caractéristique le distingue d'un autre chercheur isolé, travaillant pourtant sur la même problématique. Le projet, le processus d'innovation, est donc la rencontre d'une idée originelle et de possibilités offertes par un environnement riche en ressources matérielles et humaines et la rencontre d'un individu et d'un collectif (BOUTINET, 1999).

Dans cet ordre d'idée, nous tenions à approfondir ce que, lors de nos premiers entretiens, les acteurs qualifiaient de relations interpersonnelles et ce que le milieu innovateur regroupe sous l'appellation «capital relationnel». Dans ColoStim, le milieu est l'entité où se construisent en partie les réseaux sociaux liés à la formation et à la profession, ce qui est mis en évidence en partant de l'analyse de la genèse des relations.

En définitive, les relations interpersonnelles au sein des pôles médical et technique naissent dans un cadre de formation et se limitent au cadre de leur pratique professionnelle. Elles jouent de deux cadres parallèles: la fonction institutionnelle à définition large (formation – recherche – soins/production) et temporalité longue (le contrat employé-employeur) et le projet encore indéterminé qui fait appel à une compétence individuelle et spécifique. Ces cadres sont définis par des institutions locales. Au niveau de l'émergence du réseau ColoStim, il y a donc un processus d'encastrement tel que défini par Michel Grossetti et Marie-Pierre Bès (2001)[7], à savoir «la dépendance d'un cadre d'interaction par rapport à autre» et plus

7 L'encastrement, selon Mark Granovetter, se définit par des relations professionnelles s'inscrivant dans un autre cadre relationnel. Sans avoir questionné spécifiquement les acteurs sur le marché du travail, des formes de cooptation ressortent parfois spontanément dans les entretiens. Il faudrait insister sur le moment de l'engagement de ces acteurs dans l'institution pour affirmer, comme Mark Granovetter, que le marché du travail est encastré dans des relations sociales.

précisément une dépendance diachronique de la formation et une dépendance synchronique de l'institution et du projet. Cc passage[8] d'un cadre professionnel à l'autre (le projet) est possible lorsque des interfaces organisés existent ou lorsque les individus disposent d'une relative autonomie au sein d'une organisation pour s'allier les partenaires de leur choix, dans un environnement proche ou à défaut lointain, et de négocier le contenu de leur coopération sans se référer dans le menu détail à leur institution. Dans ColoStim, on voit qu'il est encore possible de signer un contrat spécifique avec Medtronic sans recourir à l'office de transfert technologique des Hospices cantonaux vaudois, pour autant que ces contrats spécifiques respectent les clauses fixées par le contrat cadre signé entre la firme et l'Etat de Vaud. L'interaction entre le monde médical et le monde économique est ici encore personnifiée[9] et relève d'une logique de milieu: connaissance des opportunités offertes à l'acteur-auteur du projet par l'environnement et ouverture à des acteurs hors milieu. Les relations personnelles interviennent dans la renégociation de certains contrats.

Selon Jacques Perrat (2001), la formation et le travail sont les utilisateurs et créateurs de compétences et de technologies. Ils sont en plus les principaux éléments structurants des relations technologiques locales et de différenciation par rapport à d'autres milieux. Nous relevons ainsi le contexte productif et collectif du travail par ses dimensions institutionnelles et organisationnelles. Le travail est donc un contexte spatialement situé, à plusieurs échelles – entreprise, branche, région… – et temporellement situé, repérable dans les trajectoires des individus. Nous inscrivons ainsi les relations de ColoStim dans la lignée des travaux de Philippe Aydalot et de ses successeurs (CREVOISIER, 2001) puisque le travail et la formation restent des critères de différenciation de l'espace et des territoires.

8 Rappelons que Michel Grossetti et Marie-Pierre Bès (2001) préfèrent le terme de «découplage» à celui d'encastrement pour indiquer le détachement ou le passage d'une relation par rapport au contexte dans lequel cette formation s'est créée. Ils distinguent quatre processus de découplage: la collectivisation (par la division du travail), la formalisation (par les contrats), la matérialisation (par les dispositifs techniques) et la personnification (par les acteurs sociaux).

9 Cette personnification des interactions s'explique de deux manières. Elle prouve que les débordements sont toujours possibles, malgré un cadre contractuel liant les organisations. Elle tient au fait que ce cadre contractuel était en voie de construction au moment de l'élaboration du projet ColoStim, la création de l'office de transfert datant de 2000.

A la différence du lieu où la construction du savoir s'effectue par la coprésence des acteurs et un partage du savoir intergénérationnel, le milieu participe à la construction du savoir par une circulation des acteurs d'un lieu de formation à un autre, d'une structure professionnelle à une autre, du domaine public au domaine privé. Cette circulation du savoir est assurée principalement par les jeunes chercheurs, parce que ce sont eux les plus mobiles – les échanges fréquents dans ColoStim sont effectués par les assistants – et ceux qui connaissent les nouvelles théories et maîtrisent les dernières technologies acquises en doctorat ou en post-doctorat, ici ou ailleurs. Ils transmettent ce corpus à leur nouveau contexte d'intégration. La circulation du savoir s'effectue également par la réputation des acteurs et par la reconnaissance des formations.

Au regard de ce cas d'étude, la force du milieu réside dans la construction des chaînes de mobilité de formation, de profession. Cette force ne tient pas aux «valeurs partagées». En effet, la diversité des communautés que comprend un milieu ne permet pas d'inférer qu'il y a des valeurs communes partagées. Il n'est pas possible de s'exprimer immédiatement en termes de confiance car elle se crée et n'est pas un donné. Tout au plus pouvons-nous relever des habitudes de collaboration en termes de reconnaissance, de réputation, de réciprocité, de cooptation, qui participent à la construction d'un capital relationnel. Ces habitudes facilitent la constitution d'un projet d'innovation et la construction de son réseau mais elles peuvent aussi étouffer ce projet par un réflexe de fermeture sur ces habitudes[10], raison pour laquelle l'approche des milieux innovateurs précise que la capacité innovatrice des milieux réside aussi dans leur ouverture.

Pour nous, le milieu montre un rôle essentiel du domaine public qui consiste à assurer une formation de qualité par des mécanismes tels que la reconnaissance de diplôme, la formation postgrade, la réintégration des chercheurs en retour de leur postgrade….

Ainsi le concept de milieu, soumis à l'observation empirique, nous amène à contrer l'hypothèse selon laquelle les relations en réseaux concurrenceraient les relations de milieu et affaibliraient le rôle de l'espace dans les pratiques sociales. Les réseaux d'innovation naissent à la fois du milieu et de l'ouverture du milieu à d'autres échelles. Modernes pendant deux

10 Mark Granovetter parle de risque de projet mort-né lorsque celui-ci circule dans un milieu trop fermé.

siècles ou postmodernes depuis peu, nous construisons encore nos réseaux sociaux dans des contextes de formation et de travail, voire familiaux. Les chaînes d'interactions que dessinent étape par étape, dans un projet, les trajectoires professionnelles des individus et la genèse de leur relation ne sont plus lisibles et visibles dès qu'on abandonne les individus pour se référer à des groupes. Ce changement de focale laisse croire à des sauts d'échelle.

Notre territoire dans tout cela?

8.2.3. Le territoire: espace de la prospective

Nous avons observé des interactions très étroites entre le lieu, le milieu et le processus d'innovation et nous avons mis en évidence leur rôle important dans la constitution des relations technologiques. Après avoir parlé de lieu et de milieu, la nécessité d'avoir recours au concept de territoire s'impose-t-elle? Qu'exprime-t-il de plus que lieu et que le milieu?

Nous avons déjà évoqué l'hétérogénéité des acteurs comme composante essentielle du lieu à laquelle nous ajoutions la coprésence. A première vue, le lieu, le milieu innovateur et le territoire sont trois concepts similaires. Une différence est perceptible dans leur temporalité. A l'action spontanée du lieu succède ou anticipe l'action concertée du milieu. Le lieu est une entité relative à une action. Il force, le temps de l'expérimentation, les ajustements puisque, comme nous l'avons dit, il exacerbe les différences. Le milieu innovateur définit ceux qui appartiennent, ou non, au milieu. Il le fait dans une logique productive, ce qui implique qu'il met en marge, par méconnaissance ou ignorance, certains acteurs – acteurs qui dans le moyen terme ou le long terme marquent leurs divergences – au profit d'une cohérence du système et d'une compétitivité territoriale. C'est une vision restrictive du territoire, un territoire ramené à sa production (KLEIN, 2000). Dans le développement des technologies médicales et les controverses qu'elle suscite, le territoire s'il veut être un espace de médiation, se doit de dépasser sa dimension productive en s'ouvrant à d'autres acteurs que politiques et producteurs.

Au-delà de ces possibles différences entre le lieu, le milieu et le territoire, il importe de ressortir cette dynamique de convergence et de divergence provoquées par la rencontre d'acteurs hétérogènes, rencontre guidée par l'objectif commun d'innover.

Il est alors difficile de distinguer ce qui fait territoire et ce qui fait réseau. Entre les concepts de réseau et de territoire, le cœur du géographe balance. Pour notre part, nous avons suivi la construction des chaînes de relations étape par étape – personne par personne, projet par projet – sans voir une opposition entre une logique réticulaire et une logique de territoire. Tous les deux ont une mémoire. Le territoire est un lieu de mémoire : « La mémoire sémiotise l'espace et l'espace stabilise la mémoire ». Dès lors « Tout homme, tout groupe, en chacun de ses actes, est célébrant de la mémoire » (PIVETEAU, 1995, 114-115), ce qui explique notamment que les organisations résultent de la cristallisation de relations interpersonnelles passées (GRANOVETTER, 2000). Le territoire est donc une mémoire, ou une empreinte (CREVOISIER, 2001), tout comme le réseau conserve la mémoire des relations ponctuelles et passées (CALLON ET AL., 1995). Les termes de mémoire, empreinte et matrice attribués au territoire et ceux de flexibilité, d'irréversibilité propres au réseau expriment à la fois la dimension sociale et relationnelle à l'altérité. Dans ce sens, le concept de territorialité est plus parlant puisqu'il comporte la trilogie « relation-espace-temps » (RAFFESTIN, 1980, 145), la composante spatiale de toute relation, sans l'enfermer dans une forme spatiale délimitée :

> Toute quotidienneté est sous-tendue par le système de relations, relations précises aux êtres et aux choses [...] La territorialité, c'est la dimension latente de la quotidienneté, c'est la structure relationnelle, pas ou peu perçue, de la quotidienneté. Alors que la quotidienneté est une concaténation, la territorialité est un réseau (RAFFESTIN ET BRESSO, 1982).

Nous renonçons à confronter le réseau et le territoire dans leurs caractéristiques de temporalité, de flexibilité, voire de contrôle. Certains réseaux constitués de relations professionnelles, sont relativement fermés donc peu flexibles et souvent de longue durée, alors que bien des territoires changent de profil à court terme, à voir le faible sentiment d'appartenance des acteurs à quelques projets territoriaux. Quant au contrôle (conception aménagée), il est inutile de croire que le territoire souvent associé à l'échelle locale est l'échelle appropriée de l'intervention politique, en matière d'innovation par exemple, puisque ce sont souvent les individus qui construisent des alliances en traversant les échelles, sans même se référer à une échelle spécifique donc sans faire des sauts d'échelles (conception égocentrée). L'analyse empirique a permis d'appréhender des constructions relationnelles – non consensuelles – entre individus, technique, institutions qui ont leur sens dans une situation précise et évolutive, celle d'innover. Face aux réalités observées par les réseaux, il est vain de tenter de calquer ces pratiques réticulaires aux aires des territoires. Réseau, territoire, innovation, sont des configurations mouvantes, les unes contribuant au devenir des autres.

Le territoire comme le lieu est un espace d'interaction mais il se situe dans le long terme, à mi-chemin entre un héritage du passé (héritage médico-technique) et un projet futur (projet de type *medical valley*). Cette projection dans le futur déclenche des interactions (sentiment d'appartenance ou d'exclusion) entre acteurs, en fonction de leurs propres compétences et projet. Ces interactions sont nécessaires, car elles permettent de mieux définir le projet territorial, tout comme les divergences et convergences observées dans ColoStim ont fait avancer le projet technologique.

Nous sommes alors dans le champ de la prospective où il s'agit «d'imaginer les territoires qui organiseront l'espace économique, politique et social de demain» (BOURDIN, 1994, 216). Les acteurs politiques ne se contentent plus d'élaborer des scénarios et de les mettre en scène, ils imaginent des projets. Ils doivent alors les affiner, les rendre plausibles et acceptables, d'où la nécessité de prendre en compte les réticences exprimées à son égard.

8.3. Le local: de l'enclave au carrefour

Pour les auteurs consultés, l'échelle locale est l'échelle géographique qui se prête le mieux à l'observation des échanges informels (MALMBERG ET MASKELL, 2002), tout en mêlant les niveaux spatiaux (VELTZ, 1996). Echelle d'observation, le local correspondait au départ de notre analyse à l'agglomération à comprendre comme un système de fonctions et de relations (COROLLEUR ET AL., 1996) propice à l'innovation, par les caractéristiques de variété, de proximité et d'accessibilité (MAILLAT, 2000).

En entrant dans l'analyse par les relations entre individus au sein d'un projet, nous avons mis en évidence l'importance de relations construites localement dans un contexte de formation et de profession et le rôle non moins décisif des relations construites ponctuellement et à distance, tout comme à l'inverse, nous avons souligné les distances cognitives entre des mondes pourtant proches physiquement.

Il est vrai que les chaînes d'interactions se construisent de personne à personne, de projet à projet, mais le fait que ces chaînes recouvrent une diversité d'échelles spatiales et temporelles montre bien que l'échelle locale n'est pas celle d'une sociabilité idéale ou d'une innovation assurée. Nous nous écartons d'une évidence qui associe la faible distance géométrique à une culture commune, à une sociabilité idéale. Ce n'est pas la taille du local – le technopôle, le quartier, la ville – qui en fait sa dynamique. C'est l'entrecroisement des niveaux que l'analyse met en évidence à cette échelle.

8.3.1. Le lieu de rencontre d'intérêts divers

Le local correspond à un espace d'intérêts partagés. Il est alors aussi bien synonyme du lieu que du milieu, d'agglomération ou de région. Dans la «salle d'op», ce sont les savoirs que les chercheurs partagent par l'expérimentation animale. Dans l'agglomération, ce sont des connaissances que la firme, les instituts de recherche, les offices de transferts souhaitent valoriser. Et c'est dans la région que le gouvernement cantonal tente d'attirer des firmes de renom par sa promotion exogène et de maintenir les firmes dans son giron par une promotion endogène. C'est également dans la région que le gouvernement fédéral dope l'excellence de ses chercheurs par la constitution des pôles. Tous les acteurs ont des intérêts locaux, que ce soit pour construire un savoir, acquérir une compétence, assurer une renommée, accroître des rentrées fiscales, éviter les coûts d'une délocalisation… tous pensent local. Le local offre un potentiel d'alliances. Celles-ci se font toutefois sur fond de sélection, car si tous pensent local, les moyens sont dissymétriques (COX, 1997). Ce constat de potentiels et de sélection fait que le local est révélateur de possibilités et de disparités dans l'accès aux financements, aux locaux appropriés pour une *start-up* (CEAT, 2001), aux allégements fiscaux pour une PME par rapport à une grande firme… Ce sont des jeux de pouvoirs qui appellent des négociations et c'est là que le territoire médiatise ses rapports, dans un équilibre précaire.

Il s'agit ici d'une manière différente d'analyser la localisation, non pas par des facteurs qui dicteraient la position des acteurs, comme si l'acteur feuilletait un catalogue des localisations possibles, mais à partir des préférences et des intérêts des acteurs et des contraintes de temps et d'espace qui s'imposent (BAILLY ET BÉGUIN, 1996; CEAT, 2001). Ceci est une incitation aux politiques locales de développement économique endogène et exogène de dépasser les analyses des facteurs classiques de localisation par un suivi des acteurs dans leurs pratiques et leurs représentations, dans leurs demandes et leurs réprimandes.

8.3.2. La construction d'un savoir situé

Nous avons vu des rapprochements et des alliances se faire autour de savoirs locaux qui eux, sont constitués d'humains, de dispositifs matériels et institutionnels. La question du local dans la construction du savoir doit intégrer des infrastructures physiques, alors qu'actuellement, les politiques publiques valorisent principalement les ressources intangibles[11]. Le local participe à la construction d'un « savoir situé » ; un savoir lié aux dispositifs et infrastructures qui les produisent (CALLON, 1999A). Le rôle du local dans la construction du savoir n'est plus une question d'information (savoir tacite et savoir codifié) mais une question de pratiques communes observables dans le court terme d'un projet ou dans le long terme des coopérations, de confrontation à géométrie réduite entre des humains et une matérialité (HÄGERSTRAND, 1981). C'est un savoir qui ne peut être dissocié de son contexte.

Au-delà de la question de l'universalité du savoir scientifique reprise par les auteurs mentionnés et de celle du savoir tacite ou du savoir codifié, un argument ressort : l'importance des « tangibles » dans la construction du savoir. Philippe Larédo[12] rappelle que cette dernière décennie, les politiques publiques, notamment européennes, ont entretenu un discours sur la part intangible du savoir laissant quelque peu de côté les intangibles, c'est-à-dire les infrastructures et les dispositifs techniques qui participent à la construction du savoir. Il s'agit donc de rappeler que la construction du savoir et sa diffusion sont liés à des lieux, à des milieux et que la mobilité des acteurs ne suffit pas à diffuser un savoir.

11 Cf. Article de Philippe Larédo (2003) sur les six challenges auxquels doivent répondre les politiques européennes.

12 Au colloque « Penser les politiques de recherche et leur institutionnalisation », organisé par l'Institut Européen de l'Université de Genève et l'Observatoire Science, Politique et Société de l'Ecole polytechnique fédérale de Lausanne, au Château de Coppet (Suisse), les 8 et 9 octobre 2003.

8.3.3. Le local, miroir du global

L'échelle locale donne à voir des acteurs appartenant à des mondes différents, leur mise en relation et les échelles géographiques auxquelles ils se réfèrent. Le processus d'innovation et ses réseaux sont à la fois locaux et globaux. Selon Philipp Crang (1999), il ne suffit plus de concevoir le rapport global-local comme une mosaïque (une diversité de lieux) ou un système (un ensemble de lieux différenciés) mais en termes de réseaux où les caractéristiques locales s'expliquent aussi par leurs liens présents et passés avec le reste du monde.

L'acteur dans ses pratiques n'oppose pas le local au régional pas plus qu'il n'oppose le local au global. Lorsque la distinction est faite entre l'*Ici* et l'*Ailleurs*, c'est pour renforcer le caractère local du projet et souligner la synergie qui existe entre les institutions locales. Il ne s'agit pas d'évincer ce qui existe et se fait localement au profit d'une logique globale. Par conséquent, dans l'action, le local se construit par sa confrontation au global et vice versa, tout comme l'individu, dans toute interaction, se profile par rapport à un autre individu. L'un n'a de sens qu'au regard de l'autre. Les acteurs de ColoStim intègrent cette dualité dans leurs trajectoires socioprofessionnelles et dans la construction d'un réseau propre à un projet, de la veille technologique à la collaboration effective. Quant à la firme internationale, elle s'inscrit localement, non seulement par les contrats de recherche qui la lie aux institutions locales, mais en engageant ne serait-ce qu'un chercheur porteur d'un savoir-faire constitué localement, mais qui plus est porteur d'un réseau de relations[13]. L'un a besoin de l'autre, même si les acteurs ne l'expriment pas clairement dans leurs propos.

Par contre, cette opposition est explicite et marquée par une connotation négative lorsque l'acteur est en concurrence directe avec un autre, l'entrepreneur local face à la firme multinationale par exemple. L'opposition est révélatrice des asymétries de moyens, dans un jeu de pouvoir. Dans un cas de figure comme dans l'autre, cet *Ailleurs* est perçu comme proche, comme un concurrent direct au soutien fiscal de l'Etat ou comme un acteur avec qui on peut collaborer.

13 Tout comme nous avons relevé que les firmes locales considèrent parfois leur hôpital universitaire comme «une vitrine», conscientes que leur marché ne s'arrête pas à l'échelle locale (CEAT, 2001).

La revalorisation du local dans un contexte global relève avant tout du discours; discours réactionnaire dans une opposition à ce qui est global puis discours identitaire dans la construction conjointe du local et du global (MASSEY, 1996). Le débat sur le local renvoie tantôt à un positionnement des acteurs en fonction de la conception de l'espace étendue: on repère des acteurs, on repère leurs lieux puis à l'aide de points, de lignes et de surfaces, on reconstruit des réseaux[14], tantôt aux représentations et sentiment d'appartenance des acteurs pour reconstituer leur territoire. D'une conception à l'autre, on considère que les réseaux sociaux sont éclatés, détachés de tout espace de référence ou au contraire, ancrés localement.

Dans l'action et par leur double conception de l'espace (égocentrée et aménagée), les acteurs «jonglent» entre le local et le non-local et leurs trajectoires ne sont donc jamais réductibles à une ou l'autre de ces échelles. La difficulté du géographe réside dans l'impossibilité de représenter l'ensemble des échelles spatiales et temporelles du processus d'innovation. Par contre, le géographe est dans un poste d'observation privilégié lorsqu'il se situe à l'échelle locale et qu'il part de cette échelle pour se référer aux autres échelles spatiales et temporelles et déterminer des éléments favorisant l'innovation.

8.4. Le savoir, la confiance et l'identité… des arguments resitués

Le savoir, la confiance, l'identité sont des arguments avancés pour qualifier la dimension locale des relations technologiques. Après analyse des convergences et des divergences, nous sommes en mesure de proposer de nouvelles clés de lecture des relations locales dans un contexte d'innovation.

14 Ce qui fait dire à Henry Bakis (1993), que le réseau recoupe trois sens en géographie: a) le maillage spatial (points d'attraction et de diffusion), b) sa projection abstraite (la carte) et c) sa projection concrète (les liaisons) et à Jean-Marc Offner et Denise Pumain (1996) que le géographe francophone, lorsqu'il s'intéresse au réseau analyse surtout les réseaux matériels. Ce n'est pas le point de vue de Claude Raffestin qui considère qu'« un réseau peut être abstrait ou concret, invisible ou visible» (RAFFESTIN, 1980, 141).

8.4.1. Le savoir construit et situé

Il est indispensable de dépasser la distinction faite entre le savoir tacite et le savoir codifié par un savoir situé, indissociable des acteurs humains, des infrastructures et des dispositifs techniques. Il ne suffit pas que les acteurs soient mobiles pour assurer une construction et une diffusion du savoir. Telle est, en substance, la nouvelle clé de lecture de la participation locale à l'innovation et au savoir.

Nous avons vu, en première partie d'étude, que les géographes et les régionalistes participent au débat portant sur la part tacite ou codifiée du savoir pour défendre la part locale des relations technologiques, sans conclure par la primauté de la distance ou celle de la proximité. La distinction renvoie à la définition de la connaissance. Une connaissance assimilée à de l'information suppose l'existence de canaux de diffusion pour qu'elle puisse circuler. Par contre, lorsqu'elle est comprise comme une construction, on réalise que les chercheurs doivent pouvoir disposer du lieu ou du milieu propice à la duplication de telles connaissances:

> Ainsi a-t-on fréquemment observé que pour reproduire une expérience ou une démonstration, qui rompent avec les pratiques existantes, dans un autre lieu que celui où elles ont été réalisées pour la première fois, pour vérifier la validité d'un nouvel énoncé, pour lui donner un sens, il fallait transporter à la fois, les instruments, les chercheurs et les techniciens (CALLON, 1999B, 34).

Cette nécessité de disposer des chercheurs et de l'infrastructure caractérise les réseaux émergents, c'est-à-dire la configuration de réseau qu'adopte tout projet dans sa phase initiale. Le savoir est incorporé dans les humains et dans les dispositifs techniques. Il importe non plus de discuter des formes de savoir (codifié ou tacite) mais des formes de production de savoir: développement de nouveaux produits commercialisables, de nombreuses publications et de thèses, de modèles informatiques (CALLON ET AL., 1995) par lesquels les acteurs sont intéressés à participer au projet. L'infrastructure, c'est-à-dire l'ensemble des dispositifs techniques et matériels qui contribue au projet et favorise l'interaction et le travail commun – logiciel élaboré, signaux enregistrés, électrodes fournis – est donc aussi importante que la compétence et l'expérience de l'individu.

C'est l'idée essentielle du cadrage de l'action: tout ce qui est mobilisé dans le projet assure par sa présence le monde extérieur. Le théâtre de Erving Goffman, le laboratoire de Michel Callon, le milieu du GREMI et le territoire des géographes relèvent de la même conviction: un va-et-vient entre des acteurs individuels et des structures organisées, ce que Michel Grossetti et Marie-Pierre Bès nomment un «découplage». Le savoir est ainsi situé, c'est-à-dire circonscrit dans un lieu pour Erving Goffman, un laboratoire pour Michel Callon et ancré dans des territoires pour le GREMI et les géographes. Ces auteurs défendent donc la même idée, mais en se référant à des échelles diverses. Les premiers insistent sur l'incorporation des savoirs dans des dispositifs humains et non humains situés dans des lieux, à un temps 0 d'observation. Le GREMI s'attarde au lent processus d'apprentissage individuel et collectif qui se nourrit de tout ce que le territoire lui donne en formation, en marché de travail, en réseaux locaux de relations (CAMAGNI, 2002, 557) qui à leur tour alimentent le territoire. Les géographes complètent cette interaction par les représentations du lieu (DEBARBIEUX, 1995) et la dimension identitaire du territoire (DI MÉO, 1998; GUMUCHIAN ET AL., 2003) qui, par un sentiment d'appartenance, situe l'acteur et le projet aussi dans un temps futur. Ces spécificités sont attachées à un contexte et ne sont pas disponibles partout, voilà pourquoi «on n'innove pas n'importe où».

L'argumentation est suffisamment éloquente pour affirmer que la mobilité des individus sortis de leur contexte ne suffit pas à la diffusion du savoir puisque la construction de ce savoir est dépendante du contexte local. Michel Callon – qui pourtant n'explicite pas la dimension spatiale du savoir et de l'innovation – rétorque à l'hypothèse d'une diffusion du savoir par la mobilité des individus «la connaissance ne se diffuse pas; elle se réplique à grand coût car on ne duplique pas les énoncés mais les laboratoires» (1999B, 34).

D'après nous, ce constat implique une volonté ferme et durable d'imaginer des formations et des mobilités régionales pour que les chercheurs – surtout les jeunes puisque ce sont les plus mobiles – puissent acquérir, dans leur corpus, un apprentissage à collaborer avec d'autres domaines ou secteurs concernés par le développement des technologies médicales.

8.4.2. La coopération plutôt que la confiance

Notre deuxième clé de lecture des relations locales est la suivante: plutôt que la confiance, sortir des lieux communs et s'en tenir au terme de coopération plus réaliste car il englobe une pluralité de relations et comporte une dimension évolutive. Les relations mises en évidence sont suffisamment dynamiques sans y ajouter une connotation culturaliste, en termes de valeurs partagées.

Confiance et coopération ne sont pas synonymes, bien que toutes deux évoquent une stratégie et une réciprocité des échanges. Une distinction s'impose entre la confiance et la coopération. Cette dernière met en évidence l'évolution du «chacun pour soi» vers la réciprocité.

La confiance – pour reprendre la définition de Michel Callon et al. (1995, 424) – est une modalité de coordination parmi d'autres que sont les transactions marchandes, la hiérarchie, les dispositifs techniques, les connaissances scientifiques et les compétences incorporées. Un ajout, un plus à la collaboration, elle n'est donc pas le fondement de toute interaction puisque des collaborations font parfois suite à de la méfiance et que ces collaborations gardent en elles un enjeu de concurrence. Sans faire cette distinction, on tombe dans une interprétation idéalisée de la confiance où celle-ci révélerait un stade de convergence des relations.

La coopération évoque quant à elle des ajustements et alliances observées dans le projet. La notion de coopération regroupe les tensions présentées par les dualités confiance-défiance et concurrence-coopération développées par le milieu, tension qui n'exclut ni les conflits, ni les rapports de force mais imposent une réciprocité que les acteurs valorisent dans le court ou le long terme:

> Toute coopération implique au moins deux parties et suppose d'abord un consentement ou un intérêt mutuel et, ensuite, un rapport de force [...] La recherche de complémentarités n'exclut ainsi pas la concurrence, tout comme la coopération peut aussi se dérouler dans un contexte conflictuel comme elle peut être conflictuelle en elle-même. En cela, la notion de coopération ne s'oppose pas à celle de concurrence ou de conflit mais à celle de «chacun pour soi» (LERESCHE, 1996, 266).

La coopération se déroule ainsi sur un parcours allant d'un intérêt mutuel minimal à une confiance possible. Elle impose un principe de réciprocité entre deux personnes et constitue, comme la confiance, un garant contre l'incertitude, sur le marché ou dans les relations hors marché, (TORRE, 2000, 378) que cela soit dans une situation particulière et momentanée ou dans le long terme (LERESCHE, 1996). Permanente ou pas, «elle débouche sur la constitution d'un capital relationnel, dans le sens où les acteurs locaux identifient des ressources particulières et connaissent les modalités y donnant accès» (CREVOISIER, 2001, 157).

Présentée ainsi, la coopération à des fins de réciprocité pondère un imaginaire de la confiance où seule la connaissance des règles d'accès et de jeu permettrait d'engager des collaborations durables et enrichissantes.

Dans une conception interpersonnelle comme dans une conception collective, la confiance rassure et construit parfois des relations dans le long terme. Cependant, dans un cas comme dans un autre, elle peut aussi engendrer des routines et des inerties. A l'échelle individuelle, la confiance procure des avantages bien pragmatiques: une information à bon marché, détaillée à souhait, fiable, puisque recueillie par soi-même[15] (GRANOVETTER, 2000). A l'échelle collective, son rôle consiste à pérenniser les relations et s'inscrit, à la différence de la coopération, dans le long terme.

Nous suggérons d'être attentifs à ce qu'implique l'affirmation courante d'une confiance préexistant aux relations technologiques locales, alors que notre recherche ne montre pas l'existence d'une confiance. Nous voulons ainsi éviter une certaine forme de communautarisme. L'innovation se fait dans la coopération et celle-ci ne nécessite pas qu'une confiance soit établie.

8.4.3. L'identité: de l'appartenance à la non-appartenance

Nous affirmons qu'il est indispensable de s'interroger sur la non-appartenance des acteurs à des projets territoriaux plus larges. Cerner les raisons individuelles d'une non-appartenance nous paraît plus instructif que d'élaborer des critères d'appartenance à un groupe. Il est également indispensable d'élargir cette analyse à des acteurs autres que productifs et pourtant concernés par les technologies médicales[16].

15 Ce qui constitue aussi un gain temporel et financier. La confiance possède donc une valeur économique, valeur que l'acteur ne soupèse pas de manière rationnelle avant d'entreprendre toute collaboration, mais qu'il intègre, de manière consciente ou pas, dans sa vie et dans toute relation à autrui. La confiance, pour Mark Granovetter, le GREMI et Michel Callon, n'est donc pas le fruit d'une motivation purement économique, mais de médiations sociales.

16 Théoriquement, au regard des modèles interactifs que nous avons présentés, nous voudrions que le patient ne soit plus en bout de chaîne de projet de développement et qu'il n'occupe plus le simple rôle d'adopteur. Cependant, nous observons ColoStim dans sa phase d'expérimentation animale. Le patient est donc à ce stade représenté (par les médecins, par les cochons, puis par la commission d'éthique).

Notre analyse détermine deux niveaux d'explications de la non-appartenance des acteurs de ColoStim à un projet plus global de Pôle lémanique des Sciences de la vie. Le premier niveau est d'ordre théorique et consiste à interroger les géographes sur l'idéal de la cohésion sociale et de définir le territoire dans une approche prospective. Le deuxième niveau, plus pratique, tente de cerner les lacunes ressenties par les acteurs.

La première explication renvoie au mythe du géographe recherchant la cohésion sociale face à l'éclatement des milieux. A cet effet, Guy Di Méo (1991, 363) dénonce une spéculation géographique qui consiste, de la part du géographe, à attribuer aux individus rencontrés des appartenances à un groupe, à une région, alors que ces individus ne s'y reconnaissent pas. En parlant du concept d'espace représenté, Guy Di Méo précise que la région est souvent une représentation du géographe et cite à l'appui Jean Gallais[17] :

> la région, si vigoureuse pour l'esprit de l'observateur qui désire faire de la géographie régionale, n'est pas sentie par ses habitants [...] Le sentiment géographique de l'homme du delta est à l'opposé du point de vue régional [...] Etre Sorogo, ce n'est pas uniquement appartenir à un certain clan; ce n'est pas du tout être un habitant quelconque [...] ; c'est être l'homme du marais.

En paraphrasant Jean Gallais, nous pouvons donc dire que les acteurs de ColoStim sont avant tout des «chercheurs» guidés par leur curiosité d'ingénieur, de médecin, de doctorant, de fermier. Pas forcément de bons stratèges, ils sont rarement de bons politiciens. Dans les entretiens, lors de l'évocation de leur trajectoire passée ou de leur projet de carrière future, ils n'ont pas d'eux-mêmes évoqué le Pôle lémanique des Sciences de la vie. Il a fallu explicitement lancer la question pour les entendre en retour parler de leur indifférence, de leur mise à l'écart ou des perspectives porteuses d'un projet médical plus global[18]. Cet appel de Guy Di Méo à relativiser les identités territoriales est d'autant plus important lorsque ce sentiment d'appartenance dessert un discours politique.

La non-adhésion, voire le sentiment d'exclusion que ressentent certains acteurs à un projet territorial est aussi une caractéristique propre à la définition d'un territoire futur. Celui-ci, dans sa part d'imagination, pro-

17 Jean Gallais, 1991, *Le delta intérieur du Niger, étude de géographie régionale*, Dakar, IFAN, pp. 114-116.

18 L'écart dans le discours est très marqué entre les acteurs d'un projet et les informateurs chargés de tracer les orientations de la région.

voque inévitablement des réactions qui, en retour, aident à le configurer. Dans le projet médical lémanique, nous observons une progression, en quelques années, d'un projet vague portant sur les sciences de la vie, la génétique... vers la définition d'un «cancéropôle», correspondant de plus en plus aux compétences présentes. Nous nous demandons d'ailleurs si l'acteur qui exprimait ces propos, il y a deux ans, aurait aujourd'hui la même perception:

> Je vois mal où est le centre de gravité. On parle de la biotechnologie, on parle de la génomique... Je ne vois pas les compétences. Je le sens un peu comme le rêve d'un garçon. Je n'ai rien contre les rêves mais je suis quelqu'un de très pragmatique [...] Si on me dit «on va faire du prion» et qu'il y a un prix Nobel qui vient ici avec une équipe, j'accepte volontiers cette idée. Pour l'instant, je ne vois pas (ColoStim, 2002, 18).

C'est uniquement sur la base des divergences, qu'il est possible de construire une médiation réelle pour que le territoire ne reste pas un projet du politique, un mythe du géographe, mais pour qu'il soit une recomposition évolutive et conjointe d'acteurs hétérogènes.

La deuxième explication tient à la pratique des acteurs. En effet, la non-appartenance à un projet régional varie selon les secteurs du biomédical. Dans une étude précédente sur le biomédical lausannois (CEAT, 2001), nous faisions part des différences rencontrées en fonction des secteurs, des types de produit développés, voire de la maturité de la firme. Une firme chargée de développer des antigènes, en collaboration étroite avec l'ISREC (Institut suisse de recherche sur le cancer) se sent portée par l'orientation de plus en plus marquée de la région lausannoise dans la recherche contre le cancer. Par contre, une firme mettant au point un réseau informatique de coordination des acteurs de la santé pour rassembler les partenaires de la santé, le fera quelle que soit l'orientation médicale de la région.

Un autre élément d'explication est ressorti de cette analyse: la perception peu importante, voire négative des organismes locaux chargés de la promotion économique et du soutien à l'innovation. Cette perception est relative à un manque d'information de ce qu'offre cette promotion, ou relative à une méconnaissance, par ces organismes, des problèmes réels rencontrés par les firmes. Dans le cas des acteurs rencontrés, il s'agissait de problèmes liés aux locaux (prix des loyers inadaptés à la maturité de la firme et aménagement peu flexible) ou à la formation (offre insuffisante d'assistants de laboratoire ou de gestionnaires, compétences inadaptées des informaticiens). Ces problèmes concernent non seulement le secteur public mais aussi le secteur privé. Une étude similaire réalisée à l'échelle suisse par Wolf Zinkl et Jürg Schnetzer (2000) au niveau suisse confirme ces aspects. Nous évoquons ici le point de vue de la firme. Il faudrait encore prendre en compte le point de vue de l'usager[19].

Les inadéquations relevées en cours de projet ColoStim ou auprès de quelques firmes du secteur biomédical lausannois sont également observables à l'échelle suisse. Il y a donc une constance dans les divergences observées à plusieurs échelles.

L'identité est avancée par le géographe comme une manière de distinguer un territoire par rapport aux autres territoires et de créer un sentiment d'appartenance à ce territoire. Cependant, dans notre contexte de recherche, l'identité des chercheurs tient à l'appartenance à une profession. L'appartenance à une région, à un territoire, est un apprentissage. La question mérite d'être soulevée.

Les éléments à retenir (chapitre 8)

Le processus d'innovation se crée dans des allers et retours du local au global. L'échelle locale amène une compréhension différenciée du processus d'innovation, elle n'est pas une réplique en miniature du vaste monde. En changeant de focale, du lieu au milieu, nous avons relaté des interactions aussi variées que provoquées par la technologie, les réseaux sociaux et les mécanismes institutionnels. C'est bien cette variété que nous tenions à expliquer pour critiquer certains lieux communs qui font de la plus petite échelle spatiale d'observation, l'échelle appropriée de toute sociabilité, l'échelle qui offrirait une convergence garante d'une innovation à succès et d'une société solidaire.

Une fois démontré le fait qu'un processus d'innovation ne s'enferme pas plus dans un cadre spatial donné – parc scientifique, pôle de développement – qu'il ne s'enferme dans une boîte noire[20], il nous faut constater que la difficulté de la compréhension ne réside pas dans l'appréhension des différences échelles spatiales, mais dans le fait que l'espace est indissociable du temps et que ces dimensions sont mouvantes.

19 Se référer pour cela au programme du *Technology assessment suisse.*

20 « L'expression boîte noire est utilisée par les cybernéticiens pour désigner un appareil ou une série d'instructions d'une grande complexité. Ils dessinent une petite boîte dont ils n'ont rien besoin de connaître d'autre que ce qui y entre et ce qui en sort » (Latour, 1989, 10).

Ceci posé, nous répondons à notre questionnement de départ relatif aux facteurs non marchands que sont le savoir, la confiance et l'identité.

La confrontation de l'observation empirique et de la relecture théorique, nous appelle à la plus grande prudence quant au savoir, à la confiance et à l'identité et aux généralisations que l'on pourrait tirer en ce qui concerne les relations technologiques locales.

Le savoir, la confiance et l'identité permettent d'insister sur la dimension non marchande des relations technologiques et de contrer une conception rationnelle des échanges. Mais lorsqu'elles sont présentées comme un acquis, elles sont peu utiles pour expliquer les mécanismes réels de construction des réseaux et la diffusion du savoir, d'autant plus qu'elles s'attachent à des caractéristiques de groupes. De surcroît, les études du secteur biomédical à l'échelle lausannoise et à l'échelle suisse ne prennent en compte que les firmes.

Ces notions de savoir, de confiance et d'identité ont aussi leur poids d'utopie (la croissance par le savoir, la cohérence sociale par l'identité...) et la légitimité de l'action politique réside dans le dosage entre les particularités (identité des groupes, savoir localisé...) et des généralités (circulation du savoir, bien-être d'une société).

La substitution des termes de savoir tacite, de confiance et d'identité par d'autres (savoir situé, coopération, non-appartenance) qui leur sont proches mais mieux ajustés à notre problématique et à la réalité du terrain, a pour objectif de souligner la nécessité de s'intéresser à la trajectoire individuelle des acteurs.

Chapitre 9

Echange de regards

Nous avons choisi de traiter sur un pied d'égalité les approches spatiales et géographiques de l'innovation avec une sociologie de l'innovation et des réseaux sociaux (nouvelle sociologie économique), de manière à déterminer des modes d'interaction et des échelles d'analyse tant sociales que spatiales et temporelles qui aillent au-delà de la juxtaposition de définitions. Nous observons des similarités certaines entre ces approches, qui mériteraient d'être approfondies. Néanmoins, nous ne saurions conclure cette analyse des relations technologiques locales sans analyser ce qui les oppose et ce qui les rassemble, pour évaluer leurs apports réciproques au niveau de la diffusion de l'innovation et de la proximité.

Nous avons posé d'emblée, comme conditions nécessaires à toute analyse des relations technologiques locales, les points suivants: la compréhension conjointe de la dimension spatiale et de la dimension temporelle, la compréhension également conjointe de la diffusion de l'innovation et de la construction de ses réseaux, et enfin, la primauté de l'action sur la position et la mobilité. Les échanges entre les disciplines géographique et sociologique se réfèrent à ces affirmations.

L'apport de la géographie de l'espace-temps *(time-space geography)*, dans la lignée des travaux de Torsten Hägerstrand, est, à notre avis, une clé essentielle de compréhension de tout processus.

En ce qui concerne la diffusion et l'innovation, nous avons trouvé une piste de réflexion très stimulante dans les écrits et les débats d'idée suscités par la traduction anglaise de la thèse de la diffusion de l'innovation de Torsten Hägerstrand. Nous expliquons notre intérêt pour cet auteur par l'importance qu'il accorde à l'acteur individuel, ainsi qu'à l'espace-temps, et pour les rapprochements heureux que son analyse permet de faire avec les courants actuels de la sociologie de l'innovation et des réseaux.

Nous distinguons deux aspects dans la suite de notre réflexion: le modèle de la diffusion en S soumis à critique et la pensée de Torsten Hägerstrand sujet à prolongement théorique. Nous trouvons les critiques adressées au modèle de la diffusion tout à fait pertinentes, tout en dégageant la contemporanéité de son analyse de l'espace-temps. Pour nous, l'œuvre de Torsten Hägerstrand est à la fois une source de critiques du modèle de la diffusion et une impulsion pour des recherches futures.

9.1. Les critiques du modèle de la diffusion

Nous estimons que l'opposition présentée en première partie entre le modèle de « l'intéressement» (figure 4) du CSI (Centre de sociologie de l'innovation) et le modèle de la diffusion en S développé par Torsten Hägerstrand en géographie est toujours aussi pertinente. Nous reprenons les critiques adressées à ce modèle pour souligner les divergences qu'il présente avec une diffusion telle que conçue par le CSI. Par contre, si nous nous attachons à comprendre la pensée de Torsten Hägerstrand, il nous faut relever les ressemblances entre la conception relativiste du réseau socio-technique du CSI et la conception communicationnelle de Torsten Hägerstrand.

C'est aux Anglo-Saxons, dans la rubrique « diffusion » du *Dictionary of Human Geography* (2002, 175-177), que l'on doit le mérite de retracer clairement, en quelques chapitres, le processus de diffusion analysé par les géographes, sa chronologie et les principaux auteurs du débat y relatif.

Nous rappelons d'abord brièvement l'interprétation géographique du modèle de la diffusion de l'innovation en S. Lawrence Brown (1981) attribuée à Torsten Hägerstrand trois contributions essentielles : a) la conceptualisation du processus de diffusion de l'innovation ; b) une modélisation en trois modèles plus ou moins sophistiqués et c) l'identification de régularités empiriques dans le processus d'innovation (régularités spatiales : les effets de hiérarchie et de voisinage et régularités temporelles : la courbe en S[1]). La particularité de Torsten Hägerstrand est de mettre en relation l'espace et le temps dans la diffusion. Ainsi, le processus de diffusion suit quatre étapes *(innovations waves)* (HAGGETT, 2001) : un stage primaire *(primary stage)* d'extension à partir d'un centre d'origine, un stage de diffusion *(diffusion stage)* par des centres situés à distance, un stage de condensation *(condensing*

1 Ces régularités ont été identifiées par d'autres chercheurs en sciences sociales, mais Torsten Hägerstrand les a introduites dans le champ de la géographie (BROWN, 1981).

stage) avec une adoption croissante, quel que soit le lieu, et finalement, un stage de saturation *(saturation stage)* caractérisé par une homogénéité spatiale de l'adoption. Ce processus reporté sur un diagramme (l'espace en x et le nombre d'adopteurs en y) prend la forme d'une courbe en S. La représentation cartographique de ce processus donne à voir une homogénéisation de la diffusion au sein des régions concernées: «Geographers use trend surface maps as a device for separating regional trends (regular patterns extending over the whole area under study) from local anomalies (irregular or spotty variations from the general trend with no regular pattern). Thus trend surface maps are like filter that cut out ‹short-wave› irregularities but allow ‹long wave› regularities to pass through» (Haggett, 2001, 486). Les applications actuelles de la diffusion en géographie se réfèrent à deux définitions. La première définition *(expansion diffusion)* est relative au processus général par lequel l'information et les biens se diffusent d'un espace à un autre, que cela soit par rupture avec son lieu d'origine *(relocation)* ou par voisinage à partir du lieu d'origine *(contagion)*. La deuxième définition *(hierachic diffusion)* renvoie plus spécifiquement à une organisation spatiale suivant la hiérarchie urbaine des grands centres aux villes de moyenne et de faible taille. Les applications relatives à ces deux définitions sont les analyses de la diffusion des épidémies – dont celle de Peter Gould sur la diffusion du sida dans la lignée de Andrew Cliff – et les analyses de la hiérarchie spatiale de Thérèse St-Julien et Denise Pumain.

La thèse de Torsten Hägerstrand, parue en 1953, est traduite du suédois en anglais par Allan Pred, en 1967, et diffusée dans le monde anglo-saxon dans un contexte de géographie quantitative. Dès lors, les modèles présentés par Torsten Hägerstrand dans sa thèse en 1953 ont été soumis à de nombreuses critiques, centrées essentiellement sur la modélisation plutôt que sur les fondements théoriques, à un tel point qu'il nous est difficile de faire aujourd'hui la distinction entre ce qui a été traduit et ce qui a été interprété.

Parmi les nombreuses critiques adressées à Torsten Hägerstrand après la traduction de sa thèse, reprises par Derek Gregory (1985), nous en reprenons trois: l'adoption, la masse critique et l'information. Ces critiques de géographes des années 1970 étaient déjà susceptibles de remettre en question le modèle linéaire de l'innovation et celui de la diffusion[2]. Elles

2 Raison pour laquelle nous n'avons pas consulté les géographes des années 1990, à l'exception de Neil Alderman (1998) qui dans son article déplore l'impasse de la diffusion spatiale de l'innovation.

sont toujours pertinentes puisque le modèle de la diffusion en S est encore prégnant en géographie et en économie, selon de nombreux auteurs (Flichy, 1995; Zimmermann et Deroïan, 2001). Elles s'adressent aux utilisateurs de ce modèle et non seulement à Torsten Hägerstrand qui a d'ailleurs depuis reconsidéré ses modèles et justifié son approche d'alors, d'où la nécessité pour nous de resituer clairement son analyse.

9.1.1. L'adoption versus *des arbitrages*

La lacune la plus flagrante du modèle de la diffusion de l'innovation est d'ignorer la variété des comportements des acteurs classés dans la catégorie de l'«adopteur» (Yapa et Mayfield, 1978). Celui-ci a la capacité d'accepter l'innovation telle qu'elle est ou de tout simplement la rejeter. Entre ces deux extrêmes, la possibilité de manipulation ou de réinvention de l'objet en question n'est pas envisagée. A cela s'ajoute que l'acteur adoptant l'innovation est un expert technique ou le marché. Eux seuls sont habilités à trancher. Au pire il s'agit d'un échec, au mieux d'une réussite.

Le modèle de la diffusion en S s'arrête alors au premier stade d'adoption, comme si l'on acceptait une innovation pour la vie: «once on adopter, always an adopter» (Alderman, 1998). Cet auteur note plusieurs raisons d'abandon dans le long terme d'une innovation malgré une première adoption: l'obsolescence d'une technologie, sa confrontation avec d'autres technologies et l'insatisfaction par rapport aux premières attentes.

Le modèle de l'intéressement proposé par le CSI (Centre de sociologie de l'innovation) et présenté en première partie (figure 4) consiste justement à expliquer l'évolution parallèle des comportements et de la technologie. Cette phase de structuration des réseaux et de diffusion de la technologique demande de la maturation et n'est donc pas une phase d'accélération. Dans notre analyse de ColoStim, nous avons vu comment le projet, loin d'être accepté tel quel, est remodelé selon les intérêts de chacun sans pour autant être rejeté. Il ressemble bien plus à une pâte à modeler qu'à un boomerang prêt à renverser les barrières culturelles et à sauter les frontières physiques. Quant au stade d'adoption, on ajoute à la critique de Neil Alderman que rien n'est dit de la manière dont les adopteurs potentiels sont repérés dans la phase d'idéation qui précède la réalisation d'un projet d'innovation, ce que rappelle Olivier Crevoisier et l'approche des milieux innovateurs. L'analyse de la genèse des relations proposée par Michel Grossetti et Marie-

Pierre Bès est à ce propos utile. Nous avons vu comment, de personne à personne, par la littérature scientifique ou lors d'un colloque, on repère des acteurs de liaison en fonction de leurs appartenances professionnelles, de leur réputation.

Il est évident qu'en substituant les questions de savoir *si* une innovation est adoptée ou pas et *où* elle l'est (les questions propres à la diffusion en S) par celles de *comment* elle est adoptée (l'acteur-réseau) et par *qui* (les réseaux sociaux), le géographe soucieux de représenter cartographiquement ce processus est pris dans le brouillage des échelles.

Torsten Hägerstrand en était bien conscient et reconnaissait à quel point il était pratiquement impossible de restituer l'ensemble des relations sociales de toute une région et que ses modèles de la diffusion étaient des généralisations.

9.1.2. L'information versus *la signification*

Nous soulevons une autre difficulté dans le modèle de la diffusion spatiale, celle de la définition de l'information.

Une des hypothèses de Torsten Hägerstrand retient particulièrement notre attention. Il dit que « knowledge regarding the innovation is forwarded only via private information ». Il met en évidence le rôle de la communication de personne à personne et souligne la primauté de ce mode de communication sur les autres (« private information as a primary factor »). Pour lui, la communication de personne à personne est plus influente dans l'adoption d'une innovation que la communication réalisée par les mass médias. L'analyse de Torsten Hägerstrand profite en cela des théories sociales de la communication. Il s'inspire d'ailleurs des travaux de sociologues américains de la communication et de la psychologie béhavioriste et fait un rapprochement explicite entre son concept de *private information field* et celui de *social atom* de Jacob Lévy Moreno[3]. En accordant autant d'importance à l'information, Torsten Hägerstrand désirait montrer que ce n'étaient pas des éléments strictement spatiaux (taille et catégories de fermes) pas plus qu'un simple effet de contagion, qui favorisaient la diffusion mais bien la

3 Torsten Hägerstrand (2000) évoque Jacob Lévy Moreno et sa capacité d'analyser des petites structures d'individus en réseau tout en ayant connaissance des mouvements de migration.

communication entre des humains: «diffusion of innovation is by definition a function of communication» (cité par GREGORY, 1985, 301).

Le fait que Torsten Hägerstrand accorde autant d'importance à l'information est effectivement matière à critique. Dans ce qui lui est reproché, nous relevons deux aspects. D'une part, sa définition de l'information se restreint à un signal: «In other words, the model was essentielly syntactic rather than semantic» (GREGORY, 1985, 316), d'autre part, on lui reproche une vision par trop élitiste et individuelle de l'information (BLAIKIE, 1978; BLAUT, 1977) alors que les institutions jouent également leur rôle (mass media, éducation). Ces auteurs s'attachent à une analyse par les structures. Par une conception plus politique de la diffusion, ils suggèrent alors d'analyser les modes d'accès à cette information et ses mécanismes de contrôle. Ils évoquent aussi le poids des idéologies dans la manière de définir l'information.

Au vu de notre recherche, nous ne pouvons que relever dans ces critiques la difficulté de faire le lien entre les individus et les structures. L'analyse des relations par les réseaux sociaux permet d'effectuer un premier passage de l'individu au collectif par la dyade (relations entre deux personnes) puis en repérant les découplages. L'acteur-réseau élude ce problème en ne faisant aucune distinction entre le contexte et la technologie. La représentation par délégation (le porte-parole) ainsi que des intermédiaires (monnaie, contrats, dispositifs techniques…) font que les humains et les dispositifs techniques, financiers, juridiques sont imbriqués. Toutefois, les acteurs doivent maintenir une position par rapport aux autres acteurs, ce qui engendre des négociations. Nous avons vu, dans ColoStim, que ces négociations sont présentes sous la forme d'intérêts et de traductions pour une problématique technique analysée par l'acteur-réseau et sous la forme de mécanismes institutionnels d'interactions (de formation, de profession) mis en évidence par le milieu innovateur et par les réseaux sociaux. Nous avons aussi relevé la question d'un rapport de force possible par ce mécanisme de contrôle de l'information qu'est la propriété intellectuelle. Par conséquent, il est vrai que le processus d'innovation est sélectif dans ses alliances, dans le sens où l'on n'innove pas avec n'importe qui. Cette caractéristique montre bien que les réseaux sont influents même à distance et que leur accès reste limité, d'où la nécessité de comprendre comment les individus y accèdent par les chaînes d'interactions qu'ils construisent.

Quant à la question de la définition de l'information, elle est toujours d'actualité dans le débat que suscite la part tacite ou codifié du savoir.

Certes, on préfère aujourd'hui le terme de connaissance et de savoir à celui d'information. Michel Callon (1999 A) rappelle que pour la théorie économique et pour l'économie des sciences, la connaissance est une information, qui une fois codifiée se diffuse. Cette conception de l'information «met entre parenthèses l'infrastructure qui permet sa circulation et qui construit sa pertinence». Le savoir est «situé» c'est-à-dire attaché à des individus (milieu innovateur) et à des dispositifs et infrastructures techniques (acteur-réseau), comme nous l'avons mentionné précédemment.

Nous affirmons que la diffusion de l'innovation est avant tout une question de communication plus que de transfert d'information. Cette dimension communicative de la diffusion de l'innovation fait qu'il est important d'analyser les liens unissant les acteurs, comme mentionné ci-dessous par les réseaux d'influence.

9.1.3. *La masse critique* versus *les réseaux d'influence*

Ce troisième élément de discussion découle des deux précédents.

Le modèle de la diffusion en S est un modèle hérité de la physique et de nature épidémique. Selon ce modèle, l'adopteur mis en contact avec un non adopteur transmet l'innovation (de bouche à oreille) comme il transmettrait un virus par contact physique (BLAIKIE, 1978). Ainsi, le nouvel adhérent devient un vecteur transmettant à son tour l'innovation; chacun participant ainsi de suite au processus de diffusion d'innovation.

Cette conception renvoie à nouveau à l'information conçue comme un signal qui ne subirait aucune altération au fur et à mesure de sa transmission. Elle écarte la capacité de persuasion des individus pour ne valoriser que l'imitation. Elle fait fi des réseaux d'influence. Ceci est vrai pour les analyses économiques de la diffusion (ZIMMERMANN ET DEROÏAN, 2001). Il nous est par contre difficile de l'adresser à Torsten Hägerstrand. D'une part, il relève la capacité de certains fermiers à exercer une influence mais d'autre part, il est pris dans une définition restrictive de l'information.

La question des réseaux d'influence est essentielle. La capacité de persuasion est bien le propre de l'acteur stratège défini par l'approche de l'acteur-réseau, c'est-à-dire un acteur qui négocie pour maintenir une position, pour défendre ses intérêts, sachant qu'il est en confrontation avec autrui. Les réseaux d'influence amènent une autre question, celle de la nécessité du face-à-face. Pour Torsten Hägerstrand, cette influence s'exerce localement. Dans ColoStim, et en nous appuyant sur la genèse des relations défendue par Michel Grossetti et Marie-Pierre Bès, nous avons vu que cette influence s'exerce localement par la mobilité des acteurs de l'EPFL à la firme ou de l'EPFL à l'UNIL, mais elle s'exerce aussi à distance par un ingénieur rencontré à Maastricht, un ancien responsable de Medtronic aujourd'hui à Minneapolis. Il est donc possible, par la reconstitution des chaînes d'interactions, d'articuler des réseaux locaux et réseaux distants sans prétendre que les relations interpersonnelles sont l'apanage du local. La caractéristique essentielle tient à la qualité des relations plus que leur fréquence. Un acteur ponctuel, distant, inconnu par les réseaux d'appartenance, peut donner une impulsion bien plus grande à la diffusion de l'innovation lorsqu'il établit un pont entre des mondes qui jusque-là s'ignoraient plutôt qu'une diffusion dans un cercle restreint où les individus se connaissent déjà et où le projet risque de mourir. C'est ce que défend Mark Granovetter par sa théorie de la force des liens faibles.

En conclusion, dans l'ensemble de ces critiques sur le modèle de la diffusion en S, nous constatons qu'au gré des paradigmes évolutionniste et relativiste, la théorie diffusionniste s'est améliorée dans les années 1970. Le modèle de la diffusion de l'innovation s'est complexifié en admettant plus de deux comportements (rejet-adoption) et plus de deux acteurs (diffuseur-adopteur). Parallèlement, les méthodes d'analyse de réseau ont connu une sophistication certaine.

En ce qui concerne la géographie et au regard des critiques des années 1970 du modèle de la diffusion en S, nous constatons que l'impasse de l'analyse de la diffusion spatiale déplorée par Neil Alderman (1998) était déjà évoquée vingt ans plus tôt. Cette «crise» de la diffusion spatiale des années septante ne s'appuie pas sur les mêmes arguments que ceux des années nonante et leur fondement idéologique diffère puisque dans les discours actuels, la compétitivité prend le pas sur le développement[4].

4 Ce que Milton Santos fait remarquer (SANTOS, 1995, 174) en parlant du rapport entre temps et espace et que nous pouvons reprendre dans ce contexte spécifique de la théorie de la diffusion spatiale mais aussi en ce qui concerne le processus d'innovation: «In the present time, ‹competitiveness› takes the place of two former concepts: that of ‹Progress› at the beginning of the century, and that of ‹Development› after the 2nd world war […] The notion of progress, for instance, carried the idea of moral progress as well. The debate around the notion of development and under-development also had a clear moral connotation […] Competitiveness is another

Hormis ce contexte différent, près de trente ans après les premières critiques adressées au modèle de diffusion en S de Torsten Hägerstrand, la géographie ressent toujours le même malaise à l'égard de la diffusion en S (ALDERMAN, 1998), alors que la sociologie de l'innovation voire l'économie évolutionniste semblent s'en être détachées. A la lecture de Michel Callon et Bruno Latour (1986), la tentation est grande d'établir un parallèle entre une histoire des techniques prise dans un cadre temporel prédéfini et une géographie de l'innovation piégée par une primauté accordée à l'espace. L'obstacle essentiel réside, à notre avis, dans la distinction faite entre la construction des réseaux d'innovation et la diffusion de l'innovation en question. Dans une conception classique de la diffusion par les géographes, l'innovation est «prête à se diffuser», tout comme elle est prête à être commercialisée dans une conception économique classique. Qu'il s'agisse d'un virus ou d'une technologie, la géographie n'explique pas comment ont été définis un virus et les catégories d'individus à risque et comment s'est profilé telle technologie plutôt qu'une autre dans la conception d'un produit. L'analyse de Torsten Hägerstrand concernait la diffusion d'une innovation et d'une technologie en tant qu'objet fini.

C'est avant tout dans l'analyse du processus conjoint de création et de diffusion que les analyses des géographes font défaut et que les analyses des sociologues de l'innovation et des réseaux sociaux nous sont utiles.

9.2. Les rapprochements sur la métaphysique de l'espace-temps

Sans entrer dans le détail de la métaphysique de Torsten Hägerstrand, il nous est possible de signaler les éléments majeurs de cette pensée que sont les relations matière-individu et l'espace-temps de l'acteur. Ces éléments offrent la possibilité de repérer des similitudes avec l'approche des réseaux,

---

word for war, now a planetary war, conducted by multinationals, foreign affairs bureaux international bureaucracy, and with the aid of some scholars from inside bureaus international bureaucracy, and with the aid of some scholars from inside of outside the University. How can we wonder about war and violence, when the New World Order in construction is based on competitiveness without moral?».

principalement celle de l'acteur-réseau puisque parmi les géographes de l'espace-temps, on retrouve des géographes intéressés par l'analyse de Michel Callon et Bruno Latour.

9.2.1. L'échelle micro, l'observation au quotidien

Le premier point de contact que nous établissons entre l'analyse de Torsten Hägerstrand et la sociologie de l'innovation et des réseaux sociaux a trait à l'individu en action (acteur-réseau) mais un individu en relation avec d'autres individus, dans un contexte plus large (réseaux sociaux).

Nous comprenons que si le rôle de l'espace est prégnant dans l'œuvre de Torsten Hägerstrand, son intérêt premier est la dynamique de population, les trajectoires de vie, la communication sociale. Il se focalise ainsi sur une micro-géographie avec le souci de relier les niveaux micro et macro dans la compréhension de tout processus et de l'évolution de la société au sens large. Parlant, dans un article bibliographique, de ses activités de recherche, il souligne «la nécessité de considérer les relations entre les structures, l'organisation de la société au sens large et la vie quotidienne des gens. C'est à nouveau l'illustration du problème du mammouth et du microbe» (2000, 129). Nous soutenons que la seule voie d'approche possible pour entrer dans la compréhension de toute action, dans notre cas le processus d'innovation, c'est d'observer l'individu en action. Torsten Hägerstrand est en cela proche de la sociologie, voire d'une anthropologie, de l'innovation. Nous adhérons à son souci de relier l'individu à des structures plus larges.

Torsten Hägerstrand, ainsi que la sociologie de l'innovation et des réseaux ont en commun de partir de l'individu et de préférer ainsi une analyse micro-sociologique; méthode appropriée à notre objet d'étude.

9.2.2. L'importance du monde matériel

Le deuxième point de contact entre l'analyse de Torsten Hägerstrand et celle de la sociologie de l'innovation, et plus spécifiquement avec l'approche de l'acteur-réseau, réside dans la confrontation des mondes humain et matériel.

A plus d'une reprise, Torsten Hägerstrand rappelle combien le temps et l'espace sont des ressources limitées pour chaque individu. Toute action doit être agencée dans un cadre temporel et spatial défini et nécessite de la part des individus des ajustements respectifs.

De ce fait, tout individu vit dans deux réalités, l'intention *(meaning)* et la réalité matérielle *(matter)*. Seules les intentions peuvent se mouvoir sans dépense de temps, alors que les événements, les êtres humains sont localisés et non ubiquistes. Loin de favoriser l'une ou l'autre des deux réalités, Torsten Hägerstrand insiste sur la nécessité de prendre en compte simultanément les deux mondes: «The world of human meaning and the world of matter fully into our picture simultaneously. Intentions are free to move in imagined space and time. But real events are bound to the overlapping neighborhoods of ‹thing beyond thing›» (1989, 6). Torsten Hägerstrand et Michel Callon, ainsi que Bruno Latour défendent le même point de vue: l'interaction met en jeu des humains et des éléments matériels.

En effet, lorsque Torsten Hägerstrand précise que les humains et entités matérielles partagent le même espace, ils sont en confrontation car ils ne peuvent occuper la même place que successivement «material things, and also humans, occupy room. They are impenetrable with respect to each other. They can touch each other but not share exactly the same room» (1989, 5). Le monde matériel tel qu'il le conçoit est similaire au collectif de recherche défini par l'acteur-réseau:

> L'ensemble des éléments qui participent à la fabrication des savoirs, inclut évidemment les êtres humains, chercheurs et techniciens, qui, à travers des débats et des discussions souvent acharnés, montent les manips et en interprètent les résultats, mais également, et l'on n'insistera jamais assez sur ce point, tous les non-humains (instruments, etc.) dont nous venons de donner une liste indicative. Ce collectif peut s'envisager sous deux angles différents: d'abord comme une communauté de collègues, ensuite comme un système d'intelligence distribuée (Callon et al., 2001, 84)[5].

Les entités matérielles de Torsten Hägerstrand, comme les non-humains de Michel Callon, ne sont pas de simples objets mais des actants dans un monde humain. Ils stabilisent également les relations sociales dans le temps

5 De manière tout aussi plaisante que l'histoire d'un bricolage de Gaston Lagaffe commenté par Bruno Latour (1993), Torsten Hägerstrand raconte «La princesse au petit pois» d'Andersen (1981) en traçant la trajectoire espace/temps du conte. Se confrontent, comme dans la planche de la bande dessinée de Gaston Lagaffe, des acteurs humains et non humains: porte, individus, petit pois, pluie… Les uns sont nécessaires aux autres pour que l'histoire progresse et que le bricolage s'opère. Il en est de même pour les projets techniques et pour ColoStim.

et dans l'espace. Torsten Hägerstrand exprimait cette coprésence d'humains et de matérialité dans un article adressé à la science régionale (1989) concerné par les analyses de la diffusion et des relations technologiques. Aujourd'hui, le courant anglo-saxon de la géographie de l'espace-temps *(time-space geography)*[6] relaie ses propos. En effet, Martin Gren note une implication très importante pour une géographie de l'espace-temps – nous partageons son analyse – «the importance of phenomena are not only their physical ontological status, their position or movement in timespace, but what they do» (2001, 218). Nous l'avons observé dans les pratiques de collaboration de ColoStim, ce ne sont ni la position dans l'espace, ni la mobilité des acteurs qui priment dans la construction d'un savoir et sa diffusion. C'est une action conjointe réalisée par la coprésence d'acteurs et de dispositifs techniques et dans un objectif partagé pour une problématique. Nous l'avons particulièrement démontré dans la première partie de l'analyse, lorsque les technologies parallèles, les réactions du cochon, la production de formes de savoir (thèse, modèle...) incitent les individus à négocier, à s'accorder. Les acteurs non humains stabilisent en effet les relations sociales au sein du réseau ColoStim.

Nous souhaitons illustrer les points d'entente des analyses de Torsten Hägerstrand et de Michel Callon par une citation dans laquelle se confrontent les acteurs humains et non humains: «We have to leave a space-time trace in the world. And we share this condition with all other living and nonliving entities» (HÄGERSTRAND, 1989, 4).

Nous nous inscrivons pleinement dans la problématique d'une interaction de l'individu avec d'autres individus, humains et matériels, mais une interaction qui s'inscrit dans l'espace et dans le temps, comme le défendent Torsten Hägerstrand et la *time-space geography*.

9.2.3. Les trajectoires spatio-temporelles

Le troisième élément retenu par nous chez Torsten Hägestrand nous permet également d'établir un rapprochement entre la géographie de l'espace-temps et la sociologie de l'innovation et des réseaux.

6 Nous ne prenons pas en compte le courant francophone de la géographie de l'espace-temps. La *time-space* géographie considère l'organisation de l'espace à trois dimensions, c'est-à-dire dans un espace à deux dimensions et dans la troisième dimension qu'est le temps.

Pour Torsten Hägerstrand, il y a deux moyens de rendre compte de l'action ou d'un événement: le langage et ce qu'il nomme «le système de notation». Le langage (l'énoncé, la narration) rend compte de l'action de manière linéaire, alors que le système de notation – en l'occurrence les trajectoires spatio-temporelles – «aide à comprendre immédiatement ce qui se passe simultanément et successivement» (1981, 57), l'un n'allant pas sans l'autre.

Pour expliquer cela, il recourt à la métaphore du théâtre: «Le trait caractéristique d'une histoire racontée – et du discours verbal en général – est de laisser l'imagination du lecteur ou de l'interlocuteur meubler la scène des éléments nécessaires» (1981, 57), alors que tout y participe: le plancher, les spectateurs, le décor et les rideaux à la représentation, comme l'évoque Erving Goffman. Pour expliquer le succès de la représentation en cours, il faut expliquer ce qui s'est mis en place avant ou ce qui se fait simultanément ailleurs. La scène est donc reliée au reste du monde.

Il rejoint en cela les propos de Michel Callon:

> Un énoncé considéré isolément est assimilable à un Boeing 747 à qui on aurait retiré les pistes d'atterrissage, les balises, les aiguilleurs du ciel, les tours de contrôle, les navettes qui conduisent les passagers aux aéroports, les agences de voyage qui effectuent les réservations. Un avion seul ne vole pas, c'est Air France qui vole, ou plus exactement Air France plus tous les éléments qui viennent d'être énumérés (CALLON, 1999B, 34).

En effet, les trajectoires socio-spatiales établies par Torsten Hägerstrand dessinent un réseau de relations qui dépasse l'espace: «L'espace ne permet pas une présentation complète et rigoureuse de la ‹géographie du temps› dans l'état actuel de son développement» (1981, 55). Et c'est là qu'une géographie des relations technologiques locales atteint sa limite.

9.2.4. Redonnons à Hägerstrand ce qui revient à Hägerstrand

Par ces regards croisés de la géographie et de la sociologie sur les questions de diffusion et des réseaux d'innovation, nous voyons combien la sociologie de l'innovation est d'un apport intéressant pour analyser conjointement la diffusion de l'innovation et la création de ses réseaux. Nous relevons aussi l'apport de la géographie dans la nécessité de considérer conjointement l'espace et le temps dans toute action et toute interaction entre les humains et les dispositifs matériels.

A la lecture de la thèse de Torsten Hägerstrand de 1953, traduite en anglais par Allan Pred (1967), nous avons relevé l'importance accordée à l'interaction de personne à personne alors que les trop brefs enseignements reçus ou lus sur Torsten Hägerstrand sont souvent ramenés à un modèle de la diffusion spatiale de l'agriculture en Suède (ROGERS, 1983). Allan Pred (1967) et Derek Gregory (2002) déplorent le fait qu'au moment de la parution de la thèse de Torsten Hägerstrand, le débat ait porté sur la modélisation (the spatial stages of innovation and Monte Carlo simulation models) et que l'on ait écarté l'intérêt premier de Torsten Hägerstrand d'étudier la diffusion de processus sociaux dans l'espace plus que de développer des simulations: «Regardless of these circumstances, a true realization of the future promises of Hägerstrand-lie simulation models can only come about if geographers and others preoccupied with spatial problems are more interested in the questions they are asking than in the models as playthings» (PRED IN HÄGERSTRAND, 1967, 324).

En plus des critiques portant sur une théorie de la diffusion, parlons de la diffusion d'une théorie. Le titre suédois que Torsten Hägerstrand donna à sa thèse *Innovationsförloppet ur korologisk synpunkt* fut traduit par Allan Pred par *Innovation diffusion as a spatial process*, ce qui, aux dires de Derek Gregory (1985, 299), rendit Torsten Hägerstrand mal à l'aise. En se demandant «How does the adoption of an innovation become widespread?», l'auteur ne prétendait pas à ce que la diffusion soit un *«spatial process»* mais voulait montrer que, comme tout processus social, la diffusion s'appuie sur les dimensions de temps et d'espace[7]. Torsten Hägerstrand attribue donc à la traduction cet ajout. Cette précision est importante à nos yeux puisqu'elle nous confirme dans l'idée que pour comprendre le rôle de l'espace, ce n'est point l'analyse de l'organisation spatiale qui doit être objet d'étude mais l'interaction sociale dans des milieux sociaux et des contextes spatiaux différents, et d'en déduire ainsi le rôle non moins négligeable de l'espace.

Par ce fait, nous tenons à souligner comment une innovation – en l'occurrence une thèse – est diffusée non par simple adoption ou rejet mais par réappropriation en fonction des intérêts des uns ou des autres. En

7 «These space-time interdependencies are the means through which social life is given a ‹coherence› – what Hägerstrand sometimes calls a ‹grain structure› – which is produced and reproduced as a ‹neverending packing process› of projects in space and time» (GREGORY, 1985, 308).

effet, toujours selon Derek Gregory (1985, 299), le titre anglais reflète l'influence dominante de l'analyse spatiale anglo-saxonne alors que la thèse de Torsten Hägerstrand s'inscrit plutôt dans une anthropologie européenne: «Certainly such a title seems to indicate a close conformity with the canons of spatial science, whereas the text was rooted in a continental European tradition which reached back to Ratzel's magisterial ‹Anthropogeographie›».

Dans le même ordre d'idée, Lawrence Brown relève que la critique des modèles de Torsten Hägerstrand correspond à la «révolution quantitative» qui occupait les sciences sociales et la géographie en particulier:

> In March through June 1959, Hagerstrand spent an academic quarter at the Universtité of Washington with William Garrison and his students, Morrill, Getis, Marble, Nystuen, Bunge, Tobler and Dacey, amoung others. These were economic and urban geographers who would later be largely responsible for the quantitative revolution. In this context, one might speculate what would have happened to diffusion research and the revolution had Hagerstrand instead visited Berkeley, the seat of cultural geography and largely substantively oriented diffusion research (BROWN, 1981, 36).

comme si Torsten Hägerstrand était au mauvais moment et au mauvais endroit pour diffuser ses idées.

Au-delà de l'anecdote, ces précisions relatives à la diffusion des idées de Torsten Hägerstrand situent une théorie dans son contexte. Elle explique aussi pourquoi des aspects pourtant essentiels (méthode micro, analyse des trajectoires…) n'ont pas été repris par une géographie de l'innovation qui elle prend appui, soit sur l'économie, soit sur une géographie plus quantitative.

En effet, de cette lecture de la diffusion et des justificatifs apportés par Torsten Hägerstrand, nous déduisons des apports respectifs de la géographie et de la sociologie. Nous découvrons également, dans l'analyse de l'innovation de Torsten Hägerstrand, un certain nombre d'éléments qui pourraient profiter à la géographie de l'innovation et des relations technologiques: l'interaction entre l'humain et la matérialité, la conjonction de l'espace-temps, l'approche micro-sociologique.

Les réflexions de la géographie de l'espace-temps *(time-space geography)*, à partir de celles de Torsten Hägerstrand, sont à nos yeux les plus susceptibles de faire avancer la compréhension conjointe de l'élaboration des innovations et de la construction sociale de ses réseaux dans le processus de diffusion.

9.3. La proximité: distance géométrique ou distance métaphorique?

Ces échanges entre disciplines, leurs convergences et divergences, ramènent le géographe à une question essentielle, celle du rôle de l'espace dans l'interaction sociale. Nous avons relevé, dans la première partie, que les hypothèses concernant les relations technologiques locales concernaient la question de la proximité. La proximité est à la fois un concept porteur puisqu'il évoque la relation entre la spatialité et la sociabilité et un concept flou tant les qualificatifs qui lui sont attribués (proximité organisationnelle, géographique, temporelle…) portent à confusion. Proximité géométrique ou proximité métaphorique, que pouvons-nous déduire des échanges entre la sociologie de l'innovation et des réseaux et la géographie?

Sans remonter aux sources, comme nous l'avons fait avec la question de la diffusion, nous nous appuyons sur une analyse historique du concept de la distance sociale, hérité de Georg Simmel[8] et de la sociologie des années vingt et repris par Robert Park et l'Ecole de Chicago. Nous nous référons essentiellement aux travaux de Philip Ethington (1997) qui synthétise très bien la question de la proximité. Cet auteur pose également un regard croisé sur l'analyse d'une dynamique spatiale et sur l'analyse des réseaux sociaux. De plus, il nous renforce dans notre conviction qu'il y a dans la pensée de Torsten Hägerstrand et dans la *time-space geography* suffisamment d'éléments méthodologiques et épistémologiques permettant d'élaborer une géographie des relations technologiques.

Cet auteur critique une approche essentiellement métaphorique de la «distance sociale» telle qu'elle a été traitée par les successeurs de Georg Simmel et qui recalerait au second rang le rôle de l'espace dans les relations sociales. Il reproche à l'Ecole de Chicago d'avoir «naturalisé» les conflits sociaux, comme si les interactions sociales s'organisaient par un équilibre naturel, un consensus.

Les faiblesses du modèle de Robert Park et Ernest Burgess, selon Philip Ethington, consistent à établir une similitude entre les rapports humains et l'écologie animale et végétale, de parler d'adaptation de ses membres à

8 Georg Simmel (1858-1918) s'intéressait «aux menus objets de la vie collective au quotidien» (MATTELARD, 1997).

l'environnement et à définir l'environnement comme une simple agrégation d'individus: «Rather than starting with humans on the ground, who occupy and shape space *qua* geometric distance, Park and Burgess started with vegetables on the ground, and with ‹psychical›, ‹instinctual› attitudes, and constructed a dependent role for geometric distance. Geometric distance in the Park-Burgess model is an *outcome* of intersubjective processes, and thus merely *represents*; it does not have a shaping, constitutive role on its own» (ETHINGTON, 1997, 4-5). Dans cette école, la distance géométrique est plus une question de représentation qu'un élément constitutif. Philip Ethington montre que, même si certains auteurs rejettent la distance géométrique, elle est pourtant présente dans les réponses à ses interviews, réponses exprimées en termes spatiaux.

Lorsque Edward Hall (1978), Abraham Moles et Elisabeth Rohmer (1978) parlent de dimension culturelle, la distance géométrique ou euclidienne est bien réelle et constitutive des relations entre individus. Les formes d'interaction que comprend le concept de proxémie relèvent autant d'un consensus que d'un conflit potentiel, et non d'une adaptation.

Hormis l'évolution historique du concept de distance sociale, Philip Ethington en réintégrant la conception de Georg Simmel considère la distance – et nous pouvons le dire pour la proximité – à la fois comme géométrique et métaphorique. A la différence des études menées des années vingt aux années cinquante sur la distance sociale, les analyses en termes de réseaux sociaux en cours depuis quelques décennies comblent le fossé existant entre ces deux distances, aux dires de Philip Ethington. Ceci s'explique par le fait que les analyses en termes de réseaux, plutôt que de relever les différences entre groupes, mettent davantage l'accent sur les types de liens que sur les caractéristiques des groupes et considèrent les communautés comme un ensemble d'individus qui entretiennent et utilisent leurs relations dans leur vie quotidienne, ce qui peut paraître banal, voire simpliste:

> Deceptively simple, the social network-analytic approach profoundly challenges a huge body of social theory that has come to treat group membership as an assumption, easily derived from demographic categories [...] It seems clear that a network-analytic approach would help us to close the gap between metaphoric and geometric distance. Those studies, I tried to show, put group membership first, and then attempt to measure the feelings of distance between such groups. My point throughout this essay has been that geometric distance is most probably highly constitutive of feelings, and therefore cannot be employed merely as a methaphor (1997, 11).

Dans cette question de distance sociale, c'est bien l'unité d'analyse qui est critiquée (les catégories sociales).

En concluant, Philip Ethington rend hommage à Torsten Hägerstrand et reconnaît, comme nous l'avons mentionné précédemment la valeur de son travail dans le suivi quotidien des relations de personne à personne: «The proponents of this network-analytic approach should pay close attention to the theories and methods of geographic path analysis pioneered by Hägerstrand, as promoted widely by Allan Pred (1983, 1984), and Ansi Paasi (1986, 1991). The most concrete method of tracking any kind of social network is to specify the daily points of contact between persons in the network» (1997, 11).

Les éléments à retenir (chapitre 9)

En définitive, les approches géographiques de l'espace-temps *(time-space geography)* et celle de la sociologie des réseaux sociaux ont plusieurs points communs susceptibles de faire progresser l'analyse des relations technologiques locales: les trajectoires spatio-temporelles, la coprésence d'entités matérielles et humaines, l'analyse micro-sociologique et ceci tenant compte des trois arguments que nous avons défendus tout au long de cette thèse: l'analyse conjointe du développement de l'innovation et de la construction de ces réseaux, la prise en compte du temps et de l'espace, la primauté de l'action sur la position et sur la mobilité.

Nous estimons que l'apport essentiel de la sociologie de l'innovation et des réseaux à une géographie de l'innovation consiste en l'analyse conjointe de la construction des réseaux et de l'évolution du projet. La géographie de l'espace-temps *(time-space geography)* vient enrichir une analyse sociologique en insistant sur le fait que le processus d'innovation est inscrit dans l'espace et dans le temps.

Conclusion

Itinéraires de distanciation

> Seize temps sont quand il est encore temps: le présent lointain, le futur avancé, l'inactif présent, le désactif passé, le plus-que-présent, son projectif passé, le passé postérieur, le pire-que-passé, le jamais possible, le futur achevé, le passé terminé, le possible antérieur, le futur postérieur, le plus-que-perdu, l'achevatif, l'attentif.
>
> Valère Novarina, *Vous qui habitez le temps*

Au cours de notre thèse, nous avons défendu la nécessité de rompre avec une vision consensuelle des relations et avons fait l'hypothèse suivante: il était nécessaire d'analyser (voire de favoriser) les rencontres et les antagonismes y afférents, comme étant un des catalyseurs cruciaux du processus d'innovation.

En effet, nous affirmons que la mise en réseau – en l'occurrence les rapprochements entre les milieux technique, économique et médical – favorise l'émergence de convergences et de divergences entre acteurs. Cette dynamique naît de la confrontation de l'acteur à d'autres identités humaines et matérielles. Les objets (la technologie), les humains (les relations) et leurs organisations (les mécanismes institutionnels) ont la capacité de lier ou de délier les réseaux d'innovation, c'est-à-dire de renforcer les réseaux existants, ou d'en configurer d'autres. Ceci fait que l'innovation (la technologie) progresse et que parallèlement, la construction du réseau s'opère. Au-delà des perturbations provisoires que suscitent ces interactions, cette double dynamique trace des chaînes d'interactions (de traductions, de relations et de mobilités) qui consolident le réseau et assure ainsi la diffusion de l'innovation. Ces chaînes établissent une relation entre le court terme du projet et le long terme des territoires, entre les individus et des cadres collectifs (organisations, professions…). Cependant, cette dynamique atteste que les états de convergence sont forcément limités dans le temps puisque les technologies, les relations sociales et les mécanismes institutionnels sont ancrés dans diverses échelles temporelles et spatiales. Elle force cependant les ajustements et donne ainsi une impulsion au projet.

Nous avons retenu des trois approches théoriques que sont l'acteur-réseau du Centre de sociologie de l'innovation (CSI), le milieu innovateur du Groupe de recherche européen sur les milieux innovateurs (GREMI) et l'encastrement-découplage de la nouvelle sociologie économique, un ensemble de critères pertinents pour l'analyse des relations technologiques locales.

Le CSI, par sa théorie de l'acteur-réseau, insiste sur l'importance de l'*intéressement*, c'est-à-dire sur la capacité d'un acteur à convaincre d'autres acteurs et à créer des alliances, afin de développer en commun un projet technique. Par la diversité des acteurs et des dispositifs techniques en présence, le projet est sans cesse manipulé. Lorsque le GREMI, par l'approche des milieux innovateurs, défend l'importance d'*un capital relationnel* local dans la dynamique d'innovation, il insiste sur la capacité des acteurs locaux à créer, dans le long terme, des réseaux d'innovation liés à la formation et à la profession ainsi que des échanges basés sur la réciprocité, la réputation des acteurs et la reconnaissance des formations. La nouvelle sociologie économique démontre, par *la genèse des relations*, comment s'opère l'influence des relations interpersonnelles sur les relations organisées et comment des relations interpersonnelles naissent dans des contextes collectifs. En décrivant la trajectoire des acteurs, la nouvelle sociologie économique met en évidence l'importance d'acteurs locaux et non locaux dans le processus d'innovation et de relations de court et de long termes. La force de ces trois approches consiste à analyser la qualité des relations, leur construction, leur évolution à des échelles différentes: l'échelle micro du projet socio-technique, l'échelle méso du milieu et l'articulation des échelles individuelles et collectives, ainsi que locales et non locales. En mettant tantôt l'accent sur la technologie (l'acteur-réseau), tantôt sur les réseaux sociaux (l'encastrement-découplage), tantôt sur le territoire (le milieu innovateur), ces trois approches nous permettent d'affirmer qu'on n'innove pas n'importe où, avec n'importe qui et n'importe comment.

Sur cette lancée et afin de dépister les rencontres et les antagonismes, il nous a paru indispensable de poursuivre l'analyse des relations technologiques en posant les hypothèses théoriques et méthodologiques suivantes.

Avec la première hypothèse, nous affirmons que la diffusion de l'innovation dans le temps et dans l'espace est liée à la construction des réseaux propres à l'innovation. L'analyse conjointe de la construction du réseau nécessaire à un projet et du développement d'une innovation spécifique démontre que, d'une part, le projet n'est pas un cadre d'action isolé, puisqu'il profite des chaînes de relations existantes et que, d'autre part, le projet est un processus sans fin puisqu'il est continuellement remodelé par ses acteurs.

La deuxième hypothèse est liée à la définition de l'innovation qui, en tant que processus, est caractérisée par l'incertitude. Nous affirmons ainsi que la dimension temporelle est aussi importante à étudier que la dimension spatiale. L'analyse des dimensions temporelle et spatiale du processus d'innovation démontre qu'il est rare, voire impossible, de tendre vers une convergence à la fois technique, relationnelle et institutionnelle par le fait que ces dimensions, par ailleurs nécessaires au développement de l'innovation, s'inscrivent dans des échelles spatiales et temporelles variées.

Dans la troisième hypothèse, nous défendons la primauté de l'action et de l'interaction sur la position (proximité) et le mouvement (mobilité). C'est l'action, dans notre cas l'innovation, qui médiatise le rapport de l'homme à l'espace. L'analyse de la constitution des relations démontre que c'est le besoin d'agir et d'interagir qui amène les acteurs à se lier à d'autres acteurs à proximité ou à distance, en fonction des affinités ou des conflits potentiels qu'ils ressentent.

A ces trois premières orientations, nous associons trois hypothèses méthodologiques et théoriques qui en sont les corollaires.

En premier lieu, l'analyse conjointe de la construction du réseau et du développement de l'innovation nécessite une immersion dans un projet spécifique, en cours d'élaboration, afin de comprendre de manière fine comment, dans la réalité, les acteurs interagissent dans des contextes techniques, relationnels et institutionnels.

Comme corollaire à notre deuxième hypothèse, nous avons constaté l'impossibilité tant de représenter de manière linéaire le processus d'innovation que de figurer par des sauts et des emboîtements d'échelles les réseaux d'innovation. Nous sommes face à un phénomène instable dans l'espace, le temps et la finalité.

Enfin, la dimension locale des relations technologiques ne peut être comprise que si l'on procède à une analyse égocentrée et aménagée de l'espace, à partir de l'acteur dans son besoin d'interagir. L'acteur défini comme un être libre et contraint a en effet la possibilité de choisir avec qui il s'allie, comment et où, mais il doit le faire en fonction des contraintes que sont l'espace et le temps. Libre, il conçoit sa relation à autrui et aménage son espace de façon égocentrée, à partir du *Moi*, *Ici* et *Maintenant*.

Contraint, il définit sa relation à autrui et son espace relatif à cette relation en fonction de sa gestion temps-espace.

De l'ensemble de ce corpus théorique et méthodologique, nous constatons que la dimension locale retrouve ainsi toute son actualité, et loin d'être étouffée au profit d'une dynamique globale, elle surgit à nouveau dans la littérature scientifique comme espace propice à la construction et à la diffusion du savoir, cette ressource précieuse de la compétitivité des régions. La proximité est, à cet égard, la métaphore la plus éloquente des rapports qu'entretiennent espace et sociabilité, territoire et innovation. Sur cette base, le politique construit des projets matérialisés et idéalisés, allant du parc scientifique au pôle médical du futur, en misant sur la capacité des individus physiquement proches à collaborer et en insistant sur la valorisation du savoir, produit par cette proximité à des fins de commercialisation et de développement régional. L'excellence et la compétitivité en sont les mots-clés. Encore faut-il comprendre comment se construisent ces relations à l'échelle locale.

Prendre de la distance

Se rencontrer et se confronter

Pour notre part, nous avons démontré que la construction des relations locales ne va pas de soi, surtout lorsqu'elles rallient des acteurs venant de mondes professionnels différents, dans notre cas médicaux, techniques et économiques. Par conséquent, nous pouvons affirmer que l'on n'innove pas n'importe où, avec n'importe qui et n'importe comment. Notre réflexion nuance les valeurs attribuées le plus souvent à la proximité (savoir, confiance, identité) et les attentes à l'égard du réseau (équité, transparence, accessibilité).

Il s'est agi, pour nous, de dépasser une explication fonctionnelle des relations technologiques locales, essentiellement axée sur la concentration des acteurs et l'impact de cette concentration sur la recherche et le développement, ou encore sur l'emploi. Il s'est agi également de pondérer une explication purement culturelle selon laquelle il y aurait des valeurs partagées (confiance, identité...) qui contribueraient au développement de l'innovation. Nous mettons également en doute la validité de la théorie contemporaine, qui distingue la transmission du savoir tacite de celle du savoir codifié.

Par notre problématique relationnelle de l'innovation, nous avons voulu appréhender les relations locales dans leur construction. Pour ce faire, nous avons attentivement observé, dans le cadre d'un projet médical en cours réunissant le CHUV, l'EPFL et Medtronic, quels étaient les acteurs impliqués, par qui et comment ces acteurs étaient-ils entrés en relation et dans quel contexte social et spatial. Nous avons voulu innover en ayant recours aux approches théoriques suivantes: le milieu innovateur de la science régionale, l'*embeddedness* de la nouvelle sociologie économique et l'acteur-réseau de la sociologie de l'innovation, pour comprendre comment le réseau de la technologie ColoStim s'était construit et comment les relations ont évolué.

Nous affirmons aujourd'hui qu'il est indispensable d'analyser (voire de favoriser) les rencontres et les antagonismes y afférents. Ce sont, en effet, un des catalyseurs cruciaux du processus d'innovation.

Innover, interagir, observer

De notre point de vue, nous avons constaté que les relations technologiques locales prennent une connotation plus ou moins consensuelle en fonction de la définition de l'innovation, des modes d'interaction retenus et de l'échelle privilégiée. L'accent mis sur des collectifs (firmes, région...) accentue les valeurs de cohésion sociale et d'appartenance.

Nous proposons une redéfinition de l'innovation, des modes d'interaction et de l'échelle d'analyse pour comprendre non seulement sur quels aspects les acteurs convergent, mais aussi sur quels points ils s'achoppent. Nous soulevons qu'il serait indispensable d'approfondir l'analyse des points de rencontres et d'antagonismes des différents acteurs pour favoriser le processus d'innovation.

L'innovation est un processus, une construction sociale inscrite dans la double dimension du temps et de l'espace. Nous avons longuement réfléchi à la métaphore la plus représentative de nos propos. La dynamique interactive du processus est ainsi symbolisée par une pâte, modelée par les acteurs qui la manipulent, plutôt qu'à un produit prédéfini que l'on pousserait, étape par étape et sans passion, de l'invention à la commercialisation. Quant aux modes d'interactions, nous avons voulu observer les modes que sont la technique, les relations interpersonnelles et les mécanismes institutionnels, vu notre parcours professionnel dans ces différents mondes. Les humains (les relations) et leurs organisations (les mécanismes institutionnels), ainsi que les objets (les dispositifs techniques), ont la capacité de lier ou de délier les réseaux d'innovation, c'est-à-dire de renforcer les réseaux existants ou d'en configurer d'autres.

En suivant chaque acteur-individu, les chaînes d'interactions qu'il remodèle en fonction de l'évolution de la technologie, ses expériences passées et ses rencontres spontanées, et l'utilisation des mécanismes institutionnels présents lors du démarrage du projet, nous pensons qu'il est possible, en partant de cette micro-observation, d'aller plus loin que la question locale pour participer à la réflexion actuelle de notre société sur le savoir et sa construction.

Enfin, élément essentiel de notre réflexion, l'acteur est un être libre et contraint dans sa confrontation à l'altérité et dans sa gestion de l'espace-temps. Pour favoriser l'émergence des convergences et des divergences, et donc pour faire évoluer le projet, il faut que les acteurs se confrontent dans un lieu et qu'ils se donnent le temps nécessaire à cette interaction.

Se projeter: un processus sans fin

L'analyse d'un projet en cours de développement consiste à observer conjointement la diffusion de l'innovation et la construction de son réseau. Par ce type d'analyse, la sociologie de l'innovation rassemble ce que la diffusion spatiale de l'innovation dissocie encore, à savoir le produit (technique, virus, idée) et ses «adopteurs».

Toute analyse du processus d'innovation doit prendre en compte aussi bien le temps que l'espace. En ce sens, la psychologie de l'espace, voire la géographie de l'espace-temps *(time-space geography)*, sont d'un apport certain pour une sociologie de l'innovation. Cette conception du rapport de l'homme à l'espace diffère d'une géographie humaniste, qui analyse le rapport direct de l'individu à l'espace. Dans notre observation, nous étudions le rapport de l'individu à l'espace par l'intermédiaire de l'action. Cette dernière médiatise le rapport de l'homme à son espace. De même, l'action introduit d'autres acteurs individuels et matériels. Cette médiatisation par l'action rend compte des échelles sociales, spatiales et temporelles dans lesquelles l'action s'inscrit.

Il s'agit aussi d'affirmer que l'action (innover) et le besoin d'interaction qui en découle, priment sur la proximité et la mobilité des acteurs.

Les premières phases de réalisation de projet sont à ce sujet des plus instructives puisqu'elles regroupent dès le départ une hétérogénéité d'acteurs représentant un potentiel de conflits susceptibles de faire aussi bien évoluer le projet d'innovation que de le faire échouer. Ce potentiel de conflit se manifeste déjà dans les faits par ce que nous nommons la dynamique de convergences et de divergences; états provisoires parallèles ou successifs de remise en question et de stabilisation du réseau d'acteurs. C'est donc dans cette phase «molle» du processus que l'on comprend comment les mécanismes d'interaction se construisent et que l'on saisit combien chaque critère soumis à l'interaction est mouvant et ambivalent: motivation personnelle et intérêt social commun, technologie complémentaire mais concurrente, liens permanents ou ponctuels, relations interpersonnelles et organisées, mobilités professionnelles établies ou inexistantes, contrats de propriété «facilitateurs» ou limitatifs...

C'est dans cette phase où rien n'est encore figé que l'on comprend comment une problématique technique amène les acteurs à adhérer au projet malgré leurs divergences. Nous observons aussi comment le lieu force à l'interaction par le fait qu'il rassemble des acteurs hétérogènes réunis par un objectif commun. Ces acteurs ont consacré du temps pour un projet encore incertain. Il est aussi possible, dans cette phase, de remonter à la genèse des relations et d'établir ainsi le rôle du milieu dans la constitution des relations technologiques par ses structures de formation et de profession.

Nous observons le même phénomène au-delà du local, dans le sens où les acteurs non locaux ont leur importance. Peu nombreux, ponctuels et parfois absents de la configuration présente du réseau, ils établissent à distance des ponts entre les mondes économiques, médicaux ou techniques et contribuent de façon essentielle à la diffusion de l'innovation. Les réseaux d'innovation constitués autour d'un projet ne se limitent pas à l'échelle locale et on ne saurait négliger les liens établis à distance. Ces liens favorisent la diffusion du projet par l'établissement de liens ponctuels, distants mais essentiels; une veille technologique, même informelle pour le projet médical; un échange de savoir par des pratiques communes avec d'autres centres de recherche, ou un échange d'information par le *web*; une acquisition de compétences par la mobilité des chercheurs; des échanges de routine entre le centre de recherche de la firme internationale et ses autres centres de recherche et financiers en Europe et aux Etats-Unis... L'acteur, lui, ne sent pas toutes ces frontières entre le local et le global. Dans son action, il ne fait pas de distinction entre ces échelles. Par contre, il s'y réfère dans le discours.

Nous pensons donc que pour comprendre le projet d'innovation, il est indispensable d'observer les parcours des acteurs et de les différencier de leur discours. Nous estimons par contre qu'il est très difficile, dans le type d'observation qui est le nôtre, de situer la frontière entre l'échelle locale et les autres échelles.

Le projet est un marqueur du cheminement des individus et de celui de la technologie. La représentation de ces mouvements continuels est difficile. Les individus lient le local au global, le global au local dans des aller-retour incessants et leurs comportements dans l'espace ne permettent pas d'utiliser une vision aménagée de l'espace faite d'emboîtements successifs ou de sauts d'échelles. La technologie, par son aspect imprédictible, ne peut être ramenée au modèle linéaire de l'innovation.

A notre avis, la notion de projet doit donc contenir l'idée de mouvement, de démarche, d'action en acte. Un début sans fin, mais une fin que l'on imagine, car elle seule donne sens à la démarche (le sens étant ici synonyme de signification et non de direction). Notre manière de concevoir le projet ne correspond pas à la «culture à projet» qui considère, dans une vision mécanique, que le résultat l'emporte sur le processus. Raison pour laquelle nous mettons en doute le «pro» de l'anticipation et le «jet» de la réalisation, comme métaphore. Pour nous, le projet n'est pas «la visée délibérée d'un certain but, l'intention réfléchie de mettre en œuvre un certain nombre de moyens, en vue d'un objectif déterminé», mais est «l'acte même, propre au sujet conscient de soi, de se projeter vers ce à quoi il tend. Le projet fait qu'un sujet n'est jamais simple objet. Il est constitutif de son être et dépasse le cadre du rapport à un objectif assignable» (BARAQUIN ET AL., 1995, 260).

S'immerger dans un processus pour comprendre le réseau et l'innovation

D'un cas unique et bien choisi, nous estimons qu'il est possible de tirer un type d'analyse indispensable pour favoriser l'innovation dans l'interaction et pour contextualiser un projet territorial.

En effet, notre cas d'étude est à la conjonction de plusieurs dynamiques d'innovation concernant la recherche, la formation et la production; le positionnement de l'Arc lémanique, pôle médical en concurrence avec d'autres régions de Suisse et d'Europe; des propositions de réforme des formations médicale, technique et universitaire; l'émergence de PME et la présence de firmes internationales très impliquées dans les technologies médicales. Le discours dominant explique souvent ces dynamiques locales par des valeurs: savoir, identité, confiance, alors qu'une observation fine d'un cas spécifique permet de s'en dégager, tout en le situant dans ce contexte régional. Nous avons plutôt observé une certaine réciprocité, un jeu de réputations, et des habitudes de rencontre dues aux formations et aux activités professionnelles.

Travailler sur un cas unique nous donne une information précise sur l'interaction de l'acteur individuel et sur les autres acteurs individuels et collectifs. Il est alors possible de mettre en valeur des comportements récurrents d'acteurs dans leur rapport à l'altérité, à l'espace, au temps, dont l'essentiel à nos yeux est la dialectique de fermeture et d'ouverture expliquée par la liberté et la contrainte que tout individu perçoit dans le besoin d'interagir.

A cela s'ajoute qu'il est indispensable de s'immerger dans la lecture d'un seul processus à la fois, puis d'en vérifier la validité ou d'appliquer de cette grille de lecture lors de recherches ultérieures. Nous formons l'hypothèse que le type d'observation et de lecture du réel que nous proposons ne peut être intéressant que si nous nous détachons des a-priori concernant la définition de l'échelle locale. Ceci n'est pas possible lorsque nous désirons observer deux processus d'interaction en même temps. Nous pensons aussi qu'en partant de la dynamique d'ouverture et de fermeture et des modes d'interaction que sont la technique, les relations sociales et les mécanismes institutionnels, les formes convergences et divergences observées dans un autre cas d'étude, pourraient ne pas être les mêmes puisque nous travaillons sur des processus par essence mouvants. Il serait d'ailleurs intéressant de procéder, en ce qui concerne la Suisse, au même type d'analyse dans la région bâloise par exemple, pour relever quels types de convergences et de divergences émergent.

L'espace-temps impossible à représenter

A plus d'une reprise, nous avons affirmé que la géographie atteint ses limites dès qu'elle prétend représenter la diversité des trajectoires spatio-temporelles.

Cette question, soulevée précédemment par Torsten Hägerstrand n'a, à notre connaissance, pas trouvé de réponse. Il existe des modèles de microsimulations des dynamiques spatiales[1]. Cependant, celles-ci ne peuvent être réalisées que dans le cadre d'une échelle spatiale donnée, souvent urbaine. Elles sont donc inadaptées à notre problématique puisque partant du processus, nous observons un éclatement d'échelles sociales, temporelles et spatiales.

Nous nous interrogeons dès lors sur la nécessité de représenter la pluralité des échelles comprises dans le processus d'innovation; tout modèle étant une réduction de la réalité observée. Tenant compte que les trajectoires des acteurs ne se calquent pas sur les figures de sauts et d'emboîtements d'échelles spatiales et que le développement temporel de l'innovation ne correspond pas à un modèle linéaire, nous nous refusons d'enfermer le processus, par essence mouvant, dans des modèles et des représentations spatiales (les sauts et emboîtements d'échelle), sociales (le génie dans son laboratoire, son garage ou son grenier, le clan de telle profession) et temporelle (une *success story*).

Définir le local de l'Ici à l'Ailleurs

En nous arrêtant à la question de la proximité, nous pourrions déjà affirmer que celle-ci est à la fois une incitation et un frein à l'interaction. En ramenant le local à l'essentiel: *Moi*, *Ici* et *Maintenant*, à savoir là où je suis, nous poussons le paradoxe à son paroxysme. Tout est local. Nous voulons ainsi que la psychologie de l'espace prenne le relais de l'économie de l'espace pour rappeler une évidence: toute action est, par essence, localisée.

La proxémie, conçue par les psychologues de l'espace, nous intéresse car elle est au plus près de l'acteur. Elle exprime, contrairement à une analyse fonctionnelle de la proximité, comment l'acteur perçoit et aménage son espace-temps. Elle distingue un espace-temps égocentré d'un espace-temps aménagé. Elle confronte l'acteur, *Ici et Maintenant*, par son besoin d'interaction, avec l'altérité humaine et la matérialité. Dans la perception d'un conflit potentiel, l'acteur reconsidère l'espace-temps donné pour le réaménager dans une gestion quotidienne, souvent spontanée et pas forcément raisonnée: gain d'espace contre perte de temps, qualité de communication, de face-à-face ou rapidité d'accès à l'information à distance, lien essentiel à distance ou routine quotidienne, appartenance insti-

1 Pour une synthèse des modèles spatiaux (modèles de l'Ecole de Chicago, analyse fractale, microsimulation…), se référer à André Langlois et Michel Phipps (1997).

tutionnelle souple ou sclérosante pour un nouveau projet… Le local est par essence l'état d'existence dans le temps et dans l'espace.

A partir de cette affirmation et de cette conjonction du *Moi, Ici* et *Maintenant*, nous reconstituons les chaînes d'interactions : l'acteur est libre ou contraint d'accepter d'autres objets techniques, de s'ouvrir à d'autres relations interpersonnelles et d'accepter les mécanismes institutionnels. Les trajectoires ainsi tracées mettent en valeur une pluralité d'échelles sociales, temporelles et spatiales propices à l'innovation.

Figure 25. La dialectique de la fermeture et de l'ouverture

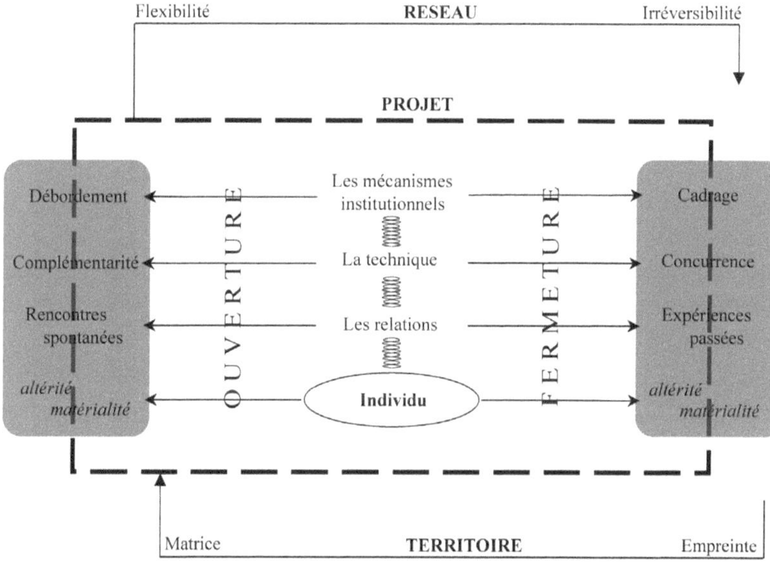

De l'*Ici* à l'*Ailleurs*, de personne en personne, l'acteur suit et retrace des chaînes de relations (par personnes interposées, de projet en projet, par réputation…) préférant le proche si affinité, mais le contournant si nécessaire, allongeant ainsi sa chaîne relationnelle.

> La distance est une sorte de variable à travers laquelle s'exerce le social : on peut réduire les écarts, les maintenir, les provoquer (Fischer, 1981,60-61).

On comprend alors que les individus, parfois mieux que les organisations, savent de personne à personne comment construire les relations qui leur sont nécessaires. L'on réalise aussi qu'un projet d'innovation rapproche ceux qui sont à distance et éloigne parfois les acteurs d'un projet régional, quand ils ne manifestent pas d'intérêt pour un projet ou quand, au nom de l'excellence, on ignore telle compétence.

Interagir ou comment se confronter dans le local

Nous affirmons que dans le projet, qu'il soit technologique ou territorial, le caractère local se manifeste avec le plus d'évidence dans l'observation de la dialectique de fermeture et d'ouverture.

Dans le lieu, en l'occurrence «la salle d'op» (la salle d'expérimentation animale), les distances physiques sont minimales alors que les différences cognitives sont exacerbées, entre le médecin et l'ingénieur, par exemple. Défini par les termes d'hétérogénéité, de coprésence et d'action, le lieu est l'espace de la confrontation par excellence. Passage obligé lorsque le face-à-face est nécessaire, notamment au début du projet ou dans ses phases critiques, le lieu met à l'épreuve les acteurs et les force à ajuster leur point de vue pour qu'ils puissent poursuivre leur action commune.

Quant au territoire tel qu'il se dessine, certains y adhèrent alors que d'autres l'ignorent, voire le dénoncent, en fonction de leur propre projet ou de leur compétence. Cette confrontation de points de vue permet au projet territorial d'évoluer d'une constellation d'idées à une réalité plus proche du terrain et de ses acteurs.

Par l'hétérogénéité de ses acteurs et leurs projets, le local – qu'il soit nommé lieu ou territoire – joue un rôle de sélection et de confrontation à plusieurs échelles spatio-temporelles, de la plus fine, celle du lieu dans la phase d'expérimentation entre individus, à celle du territoire dans une dimension collective et prospective. Le besoin de proximité est lié au dépassement d'instants critiques. Dans ces moments critiques d'un projet technologique ou dans un projet territorial, les convergences et divergences sont plus faciles à repérer.

Nous associons la proximité à une dimension conflictuelle (et non consensuelle).

Revisiter les mythes en regard de l'espace-temps

Nous nous situons dès lors entre deux mythes, que nous nommons le réseau ubiquiste et la communauté reconstituée. L'un prétend que les individus zappent le monde grâce à une mobilité facilitée par l'évolution technologique, pour ceux qui y ont accès, et l'autre revendique leur besoin d'attachement et d'appartenance à de petites communautés.

Plutôt qu'une contradiction, nous voyons un effet miroir dans le binôme local-global, tant dans les revendications des acteurs que dans leur pratique. En voyant ce qui se fait ailleurs, l'acteur est renvoyé aux spécificités de son contexte, c'est-à-dire à sa pratique, à ses lieux, à ses institutions. Il faut donc l'antagonisme pour déterminer les spécificités actuelles des différents acteurs.

Nous affirmons, d'une part, qu'il existe toujours un ancrage dans le local. Nous expliquons cet ancrage non pas par un besoin de cohésion sociale, mais par une psychologie de l'espace (besoin d'interaction et perception d'un conflit potentiel à partir de l'*Ici* et *Maintenant*) et par une géographie de l'espace-temps (pratiques et connaissances de l'espace que traduirait une loi du moindre effort). Toute action – dont l'innovation – est située localement. D'autre part, nous reconnaissons qu'aucune forme spatiale n'est susceptible de produire un réseau d'innovation et d'englober l'ensemble du processus d'innovation et des besoins d'interaction. Les individus traversent les différentes échelles, par affinités ou opportunités, quelles que soient l'échelle spatiale, la hiérarchie sociale et institutionnelle et les aller-retour entre personnes proches ou éloignées sont continuels.

L'acteur reste ancré dans un ou dans des lieux précis, même s'il est connecté au monde entier. Loin de se détacher du lieu, l'acteur va multiplier ses lieux d'interaction. Dans le même temps, le lieu n'est plus attaché à l'idée de communauté locale, mais à une pluralité de communautés (professionnelle, sociale…).

Où situer le local dans les mythes: une médiation possible

Ces mythes décryptés, la dimension locale vécue par un ensemble d'acteurs peut être définie comme un carrefour où chacun aurait intérêt à s'accorder, tant les enjeux fixés dans cet espace sont variés. En définitive, tous pensent local: le postdoctorant souhaitant réintégrer, après mobilité, l'institution qui l'a formé, la promotion économique soucieuse d'attirer des firmes de renom tout en maintenant en son sein de jeunes pousses fraîchement écloses, la firme internationale engageant un acteur de liaison local qui apporte sa compétence technique et son réseau de relations.

Cependant, les moyens dont les acteurs disposent diffèrent. Certes, la propriété intellectuelle est une forme d'échange réciproque, mais qui souhaiterait remettre en question les modalités devrait s'assurer d'un soutien légal et financier suffisamment puissant. De même, des aides de l'Etat à l'établissement de firmes existent, mais du poids des firmes dépendra l'allégement fiscal, pondéré en fonction des communes et des cantons. Dans les propos d'acteurs au sein d'un projet, on perçoit ce potentiel de conflits qui, s'il ne porte pas préjudice le temps d'un projet, est reporté à une autre échelle, celle du territoire.

Des nouveaux ajustements sont nécessaires, qui engagent aussi bien des individus que des institutions, et qui relancent dans un mouvement continuel les mêmes questions: comment innover, avec qui et où?

Dans notre problématique relationnelle, l'innovation articule les réseaux et les territoires, tous trois étant compris comme des configurations dynamiques et évolutives.

Narrer une histoire sans fin

«Les cadres de l'expérience» de Erving Goffman nous ont accompagnée tout au long de notre thèse et nous aurions aimer narrer la chronique d'un projet médical et l'argumenter scientifiquement avec la même rigueur et la même finesse de cet auteur.

Mais comment raconter une histoire qui n'a pas de morale. En effet, ColoStim n'a pas encore abouti. Et nous ne savons pas, à l'heure actuelle, ce qu'il en adviendra, le produit final étant plus difficile à dessiner qu'il l'était en début de projet. Succès ou échec ne sont pas à ce jour les termes pertinents pour déterminer le processus observé. Aux dires du responsable du projet, le projet ColoStim, depuis nos entretiens, a franchi les premières étapes prévues mais est devenu plus complexe: prolongement de la problématique du côlon à l'ensemble du système digestif, intégration des technologies de la stimulation des nerfs sacrés et du traçage du transit par aimant *(magnet-tracing)*... Le réseau d'acteurs est constitué des mêmes participants avec l'adjonction de deux nouveaux assistants en chirurgie, mais l'ampleur du projet est telle qu'aujourd'hui il devient nécessaire de négocier la présence d'un nouveau partenaire industriel avec Medtronic, et relancer la CTI pour un nouveau financement. On clôt une étape pour en ouvrir une autre.

ColoStim, à ce stade, est «un Boeing que l'on essaie de construire dans un petit hangar de la rue de Lausanne». A nouveau, les mêmes questions se posent: avec qui innover, où et comment innover? Cet instant critique laisse augurer de nouveaux ajustements, tant techniques, relationnels qu'institutionnels.

Choisir d'autres ordres de grandeurs

Par notre analyse, nous avons mis à profit une sociologie des relations et de l'innovation. Nous avons complété également une déclinaison qualitative de la proximité, physique et organisationnelle…, par la proxémie et la gestion de l'espace-temps. Nous l'avons fait en *suivant les acteurs*, patiemment, dans leurs propos, c'est-à-dire en regardant comment ils se fédèrent dans le cadre d'un projet.

Nous pouvons aller plus loin encore et dégager des propos précédents quelques questions majeures et des pistes de réflexion qui permettent de positionner le géographe et définir son rôle dans un contexte d'innovation.

S'ouvrir aux autres

La confluence des géographes et des économistes est particulièrement fructueuse en économie régionale puisque ces économistes s'intéressent au rôle de l'espace et que leurs modèles ont permis aux géographes d'enrichir la géographie économique. De même, la rencontre des connaissances venues de la géographie et de la médecine s'est concrétisée par une géographie médicale et, plus proche de notre problématique et d'une analyse régionale, par la *Médicométrie* (Bailly et al., 2003), dont l'objectif est de prendre en compte le point de vue de plusieurs acteurs concernés par les thématiques médicales.

Cet élargissement aux autres disciplines, qui caractérise particulièrement la géographie humaine, pourrait se poursuivre vers de nouveaux horizons: la sociologie de l'innovation, les *sciences studies*, la nouvelle sociologie économique. Dans le cadre de leur épistémologie, ces courants permettent aux géographes d'être attentifs à certains déterminismes et de les analyser. Bruno Latour et Michel Callon revisitent le débat société et technologie. Mark Granovetter et Michel Grossetti établissent des liens entre individus et organisation et, de manière générale, les *sciences studies* déplorent une scission entre le savoir profane et le savoir des experts. Ces approches et leurs auteurs nous ont permis de redéfinir l'innovation et l'acteur et d'attribuer au local un rôle dans la construction d'un savoir situé, dans la construction de relations de formation et professionnelles et dans des médiations possibles en périodes de définition et re-définition de projet technologique ou territorial.

Cette ouverture à d'autres approches a été d'autant plus enrichissante qu'elle a permis de nous situer en géographie, en découvrant notamment la métaphysique de Torsten Hägerstrand, les pratiques de l'espace-temps, la proxémie de la psychologie spatiale. C'est ainsi que se dessinent des ponts existants ou à renforcer au sein de la discipline : entre l'économie spatiale et la psychologie de l'espace, entre une géographie de l'espace-temps et celle de l'innovation…

Nous avons eu ainsi le plaisir de rencontrer des chercheurs d'horizons différents, qui nous ont permis de construire les ponts entre des disciplines différentes, comme les acteurs de liaison de ColoStim ont permis aux milieux médicaux, techniques et économiques de se rencontrer et de diffuser plus vite leurs idées.

Se situer avec sa discipline

La géographie, comme l'ensemble des sciences sociales et économiques, est appelée à participer aux politiques publiques de manière générale, dans le cadre de la globalisation, et plus particulièrement par des exemples de succès ou d'échec de politique publique régionale. Dans un éditorial de la revue *Economic Geography* (2002), David Angel constate que, malgré l'intérêt de la géographie pour le changement global, cette discipline reste à l'écart des politiques publiques et attribue cet écart à l'incapacité des géographes à fournir une synthèse des études de cas liées à la problématique du changement global. Nous interprétons cette critique comme un appel à une généralisation, à une théorie globalisante confirmée par une variété d'études de cas et produite par les géographes pour comprendre le fonctionnement économique global. Dans les propos de David Angel, il y a une volonté de gommer la singularité de chaque cas pour épouser un discours géographique général dominant. Pourtant d'autres géographes estiment que la géographie contemporaine est davantage marquée par la différence et l'hétérogénéité qui – et David Angel se réfère à Gordon Clark et al. (2000) – « characterize the economic landscape and are part and parcel of the intellectual agenda marking the field of economic geography ».

Pour notre part, nous prenons un autre chemin et prétendons qu'une géographie des relations socio-économiques ne peut faire fi des pratiques spatiales et temporelles individuelles. Ces pratiques sont influencées par des tendances économiques globales mais les chaînes d'interactions ont montré qu'il est possible de partir de l'individu et de le relier à des échelles géographiques sans qu'il y ait rupture et saut d'échelles. Il est vrai qu'en travaillant à plusieurs échelles, les résultats des unes peuvent contrarier les résultats des autres. Par exemple, la faible mobilité des individus ne vient pas renforcer une représentation de compression du temps et de l'espace, puisque les individus ont toujours à gérer leur espace-temps, mais dans des modalités différentes.

Cette analyse n'exclut pas l'influence de tendances globales. En retour, une géographie du changement global ne peut prétendre à couvrir l'ensemble des pratiques spatiales. Une complémentarité est donc nécessaire, mais, à notre avis, il est plus aisé de partir d'une échelle micro, à savoir les interactions entre individus, et d'y relever l'influence d'un contexte global plutôt que d'entrer dans un discours global, au risque de gommer toute particularité et de susciter un discours réactionnaire.

Nous estimons qu'une contribution complémentaire à celle évoquée par David Angel résiderait dans une analyse micro-sociale et non seulement spatiale et dans le suivi des acteurs dans le cadre d'un projet encore «ouvert», pour éviter l'évocation simplifiée *a posteriori* de *success story* ou d'échec, et de bien relever les premières phases essentielles et conjointes de la constitution des réseaux et de la diffusion de la technologie.

Sachant que chaque échelle met en évidence des logiques différentes, le géographe ne peut prétendre à une vision globale d'une thématique. Par contre, le géographe a la capacité d'observer les micro-trajectoires et les interactions à l'échelle locale, et, à partir de ces trajectoires, des logiques plus globales.

Discerner le rôle du politique

La question est de savoir à quelle échelle intervenir. A ce sujet, Kevin Cox met en doute une simplification, qui consiste à ce qu'il y ait une équation entre les politiques locales et les structures spatiales du politique: «In order to have a local politic, you do not need local states» (1997, 20). En effet, comme le dit cet auteur, il ne faut pas exagérer la position stratégique de l'Etat. Ce ne sont pas forcément les instances étatiques qui construisent les réseaux d'alliances. L'Etat pourrait trop en faire.

Nous avons observé que, lorsqu'il existe des organismes locaux (promotion économique, office de transfert technologique), les acteurs n'y ont pas toujours recours. Ils les contournent pour construire leur réseau.

Par contre, ce qui a son importance au niveau local, c'est le maintien et la création de formations. Nous l'avons observé, les relations technologiques naissent des relations établies lors de la formation ou dans le cadre d'activités professionnelles. De même, les formations de type postgrade sont le lieu de rencontres de différentes compétences professionnelles et d'émergence de projets communs. Tenant compte aussi des faibles mobilités géographiques, des acteurs locaux et du coût temporel que représente tout déplacement, nous pensons que les compétences pluridisciplinaires aujourd'hui nécessaires au développement des technologies médicales doivent être acquises par des mobilités professionnelles régionales.

Nous considérons que le rôle du politique au niveau local consiste à intensifier les possibilités de rencontre et d'apprentissage entre les diverses disciplines impliquées dans le développement des technologiques médicales, dans le cadre de formations adéquates et de veiller, voire de fixer, quand la compétence lui revient, les conditions-cadres nécessaires au développement de mobilités professionnelles régionales, entre les milieux économique, médical et économique[1].

Il nous semble judicieux de poursuivre cette analyse des relations technologiques dans l'action au quotidien, en complétant notre démarche par d'autres méthodes, sans que le regard du géographe en soit pour autant moins pertinent.

Le géographe observateur et facilitateur de l'interaction

Nous pourrions envisager d'aller encore plus loin dans l'analyse du local, qu'il soit lieu ou territoire.

En ce qui concerne le lieu, d'autres chercheurs, géographes notamment, complètent cette sociologie de l'innovation par des méthodes ethnographiques. La salle d'opération deviendrait un espace d'observation, comme l'a été l'usine par exemple. En suivant *les acteurs en action*, nous affinerions la compréhension d'un savoir situé, construit par l'hétérogénéité des acteurs rassemblés par un projet, en un lieu clos. Il s'agit alors d'une observation participante, dans laquelle nous associons l'ethnométhodologie et la psychologie de l'espace.

1 Ceci d'autant plus que dans un contexte de déficits publics et de rationalisation, on assiste à la suppression de formations internes aux institutions, comme nous l'avons observé dans le système de santé (BOULIANNE, 1999).

Cette observation participante prend tout son sens dans les périodes «molles» du projet, c'est-à-dire dans les apprentissages propres à tout projet émergent (phase observée dans ColoStim), ou dans les phases de renégociation (phase actuelle de ColoStim). Ces instants critiques faits d'incertitude nécessitent le face-à-face, mais un face-à-face entre des mondes professionnels différents, dans des lieux déterminés, avec un objectif précis. Ce n'est donc pas l'effet cafétéria tant souhaité par les concepteurs de parc scientifique.

Comme nous l'avons observé, le lieu force l'interaction, exacerbe les divergences, impose l'écoute et engendre un respect de l'autre. Le lieu mérite d'être observé. Il demande à être organisé par un acteur qui reconnaît dans le lieu un passage obligé. Le géographe devient alors un facilitateur d'interaction.

Dans le territoire, l'interaction fait appel à des temps plus longs et à des collectifs d'acteurs. Dans une vision prospective, nous avons réalisé qu'un projet territorial rassemble mais laisse aussi indifférent, voire exclut les acteurs. Le géographe peut alors analyser ce qui crée ces sentiments de non-appartenance. Il peut également analyser les mobilités professionnelles au sein d'une région et les mobilités géographiques plus globales, nécessaires à la réalisation de ce projet territorial. En regroupant ces divergences et convergences, son analyse participe à la définition du projet futur et le rapproche ainsi de ses habitants.

En conclusion, le géographe, s'il se refuse à contrôler et à enfermer le processus d'innovation dans des modèles statiques, il se doit par contre de l'observer et de le faciliter dans un lieu et dans un temps donné. Conscient, de ces limites: il n'est pas possible de représenter le réel, ni d'être jamais certain de prendre en compte tous les acteurs, le géographe pense lui aussi le territoire au futur, mais dans toute sa mouvance. Et en cela, le géographe joue alors un rôle très important car il sait comment, dans l'espace, chaque acteur a la capacité de se fermer ou de s'ouvrir à d'autres acteurs.

Bibliographie

ACOT Pascal, 1999, *L'histoire des sciences*, Paris, PUF.
AKRICH Madeleine et al., 1988, «A quoi tient le succès des innovations. Premier épisode: l'art de l'intéressement», *Annales des Mines*, n° 11, pp. 4-7.
AKRICH Madeleine et al., 1992, *Ces réseaux que la raison ignore*, Centre de sociologie de l'innovation, Paris, L'Harmattan.
ALDERMAN Neil, 1998, «Industrial innovation diffusion: the extent of use and disuse of process technologies in engineering», *Area*, vol. 30, n° 2, pp. 107-116.
ANGEL David P., 2002, «Studying global economic change», *Economic geography*, vol. 78, pp. 253-255, editorial.
AYDALOT Philippe, 1985, *Economie régionale et urbaine*, Paris, Economica.
BAILLY Antoine, 1985, «Distances et espaces: vingt ans de géographie des représentations», *L'Espace géographique*, n° 3, pp. 197-205.
BAILLY Antoine, «Innovare: mythes et réalités», [article non publié].
BAILLY Antoine S., 1997, «Objectivité ou subjectivité en science régionale?», *L'Espace géographique*, n° 2, pp. 149-152.
BAILLY Antoine S. et al., 1996, «Regional science: back to the future?», *The Annals of Regional Science*, n° 30, pp. 153-163.
BAILLY Antoine et al., 2003, *Pour une santé de qualité en Suisse*, Paris, Economica.
BAILLY Antoine et BEGUIN Hubert, 1996, *Introduction à la géographie humaine*, Paris, Armand Colin.
BAILLY Antoine S. et COFFEY William J., 1994, «Regional science in crisis: some concluding thoughts», *Papers in regional science*, n° 73, pp. 37-39.
BAILLY Antoine et MAILLAT Denis (dirs), 1998, *Pour un renouveau des logiques territoriales: rapport final de recherche pour le Secrétariat d'Etat aux PME, au Commerce et à l'Artisanat, Paris*, [Neuchâtel, IRER (Institut de Recherches Economiques et Régionales)], LEIGGENER Régina, collaboratrice pour les études de cas de la Vallée de l'Arve, du Bassin Roannais et de Grenoble et la ZIRST de Meylan.
BAILLY Antoine et PERIAT Michel, 1995, *Médicométrie: une nouvelle approche de la santé*, Paris, Economica.
BAKIS Henry, 1993, *Les réseaux et leurs enjeux sociaux*, Paris, PUF.
BARAQUIN Noëlla et al., 1995, *Dictionnaire de philosophie*, Paris, Armand Colin.
BENKO Georges, 1991, *Géographie des technopôles*, Paris, Masson.
BENKO Georges, 1998, *La science régionale*, Paris, PUF.
BENKO Georges, 2000, «Technopoles, high-tech industries and regional development: a critical review», *GeoJournal*, 51, pp. 157-167.
BENKO Georges, 2003, «Milieu innovateur», in LEVY Jacques et LUSSAULT Michel (dirs), *Dictionnaire de la géographie et de l'espace des sociétés*, Paris, Belin, pp. 620-621.

BENKO Georges et LIPIETZ Alain (dirs), 2000, *La richesse des régions: la nouvelle géographie socio-économique*, Paris, PUF.

BENNINGHOFF Martin et LERESCHE Jean-Philippe, 2003, *La recherche affaire d'Etat. Enjeux et luttes d'une politique fédérale des sciences*, Lausanne, Presse polytechniques et universitaires romandes.

BERG Marc et MOL Annemarie (eds), 1998, *Differences in medicine: unravelling practices, techniques, and bodies*, Durham, Duke University Press.

BERSET Alain et al., 2000, *Main-d'œuvre étrangère et diversité des compétences: quelle valorisation dans les entreprises?*, Paris, L'Harmattan.

BIDARD Laurent, 1992, «L'innovation est-elle rationnelle?», in AKRICH Madeleine et al. (éds), *Ces réseaux que la raison ignore*, Centre de sociologie de l'innovation, Paris, L'Harmattan, pp. 31-51.

BIJKER Wiebe E., 1995, «Sociohistorical technology studies», in JASANOFF Sheila et al. (eds), *Handbook of science and technology studies*, Thousand Oaks, Sage, pp. 229-256.

BINGHAM Nick et THRIFT Nigel, 2000, «Some new instructions for travellers. The geography of Bruno Latour and Michel Serres», in CRANG Mike et THRIFT Nigel (eds), *Thinking space*, London, Routledge, pp. 281-301.

BLANCHET Alain et GOTMAN Anne, 1992, *L'enquête et ses méthodes: l'entretien*, Paris, Nathan.

BLAIKIE Piers, 1978, «The theory of the spatial diffusion of innovations: a spacious cul-de-sac», *Progress in human geography*, vol. 2, pp. 268-295.

BLAUT James B., 1977, «Two views of diffusion», *Annals of the association of american geographers*, vol. 67, pp. 343-349.

BLUME Stuart S., 1992, *Insight and Industry: on the dynamics of technological change in medicine*, Cambridge MA, The MIT Press.

BOLTANSKI Luc et THEVENOT Laurent, 2001, *De la justification: les économies de la grandeur*, Paris, Gallimard.

BOULIANNE Louis-Marie (dir.), 1999, *Insertion professionnelle de la main-d'œuvre étrangère en Suisse*, PNR «Migrations et relations interculturelles», Lausanne, CEAT (Communauté d'Etudes pour l'Aménagement du Territoire), LEIGGENER Régina, collaboratrice pour le secteur de la santé de Genève et de Sierre.

BOULIANNE Louis-Marie, 2003, «Internationalisation des activités de services par l'insertion professionnelle des étrangers en Suisse», in WICKER Hans-Rudolf et al. (dirs), *Les migrations et la Suisse: résultats du programme national de recherche ‹Migrations et relations interculturelles›*, Zurich, Seismo, pp. 308-321.

BOURDIN Alain, 1994, «Pourquoi la prospective invente-t-elle des territoires?», *Espaces et sociétés*, n° 74-75, pp. 215-236.

BOUTINET Jean-Pierre, 1999, *Psychologie des conduites à projet*, Paris, PUF.

BRESCHI Stefano et LISSONI Francesco, 2001, «Localised knowledge spillovers vs. innovative milieux: knowledge ‹tacitness› reconsidered», *Papers in Regional Science: Journal of the Regional Science Association International*, vol. 80, n° 3, pp. 255-273.

BRUNET Roger, 2003, *Le diamant: un monde en révolution*, Paris, Belin.

BROWN Lawrence A., 1981, *Innovation diffusion: a new perspective*, London, Methuen.

BURNIER Michel et MARTIN Pierre-Yves, 2004, «Quoi de neuf en néphrologie», *Médecine et Hygiène*, n° 2477, 7 avril, [éditorial].

CALLON Michel, 1992a, «Construction des objets techniques: application de la traduction au cas des innovations médicales», in MOATTI Jean-Paul et MAWAS Claude (dirs), *Evaluation des innovations technologiques et décisions en santé publique*, Analyse et Prospectives, Paris, INSERM, La Documentation Française, pp. 7-21.

CALLON Michel, 1992b, «Sociologie des sciences et économie du changement technique: l'irrésistible montée des réseaux technico-économiques», in AKRICH Madeleine et al. (éds), *Ces réseaux que la raison ignore*, Centre de sociologie de l'innovation, Paris, L'Harmattan, pp. 53-78.

CALLON Michel, 1999a, «La sociologie peut-elle enrichir l'analyse économique des externalités? Essai sur la notion de cadrage-débordement», in FORAY Dominique et MAIRESSE Jacques (éds), *Innovation et performances: approches interdisciplinaires*, Paris, Ed. de l'Ecole des Hautes Etudes en Sciences Sociales, pp. 399-431.

CALLON Michel, 1999b, «Le réseau comme forme émergente et comme modalité de coordination: le cas des interactions stratégiques entre firmes industrielles et laboratoires académiques», in CALLON Michel et COHENDET Patrick (éds), *Réseau et coordination*, Paris, Economica, pp. 13-64.

CALLON Michel et al., 1995, «Réseaux technico-économiques et analyse des effets structuraux», in CALLON Michel et al., *La gestion stratégique de la recherche et de la technologie*, Paris, Economica, pp. 415-462.

CALLON Michel et al., 2001, *Agir dans un monde incertain: essai sur la démocratie technique*, Paris, Seuil.

CALLON Michel et LATOUR Bruno, 1986, «Les paradoxes de la modernité: comment concevoir les innovations?», *Prospective et santé*, hiver, pp. 13-25.

CALLON Michel et LATOUR Bruno (dirs), 1991, *La science telle qu'elle se fait: anthologie de la sociologie des sciences de langue anglaise*, Paris, La Découverte.

CALLON Michel et LAW John, 1989, «La proto-histoire d'un laboratoire ou le difficile mariage de la science et de l'économie», in CALLON Michel et al., *Innovation et ressources locales,* Cahier du Centre d'études de l'emploi 32, Paris, PUF, pp. 1-34.

CAMAGNI Roberto, 2002, «Compétitivité territoriale, milieux locaux et apprentissage collectif: une contre-réflexion critique», *RERU (Revue d'Economie Régionale et Urbaine)*, n° 4, pp. 553-578.

CAMAGNI Roberto, 1995, «Espace et temps dans le concept de milieu innovateur», in RALLET Alain et TORRE André (dirs), *Economie industrielle et économie spatiale*, Paris, Economica, pp. 193-210.

CASSIER Maurice, 1995, *Les contrats de recherche entre l'université et l'industrie: l'émergence d'une nouvelle forme d'organisation industrielle*, Paris, Ecole nationale supérieure des mines de Paris, Centre de sociologie de l'innovation, Thèse pour le doctorat de socio-économie de l'école des mines de Paris.

CEAT (Communauté d'Etudes pour l'Aménagement du Territoire), 2001, *Economie et aménagement du territoire. Nouvelles pratiques organisationnelles des entreprises: conséquences spatiales pour le territoire et l'aménagement du territoire,* Rapport final, Lausanne, CEAT, LEIGGENER Régina, collaboratrice pour le secteur du biomédical lausannois.

CLAVAL Paul, 1995, *Histoire de la géographie*, Paris, PUF.

COCHRANE Archibald L., 1977, *L'inflation médicale: réflexions sur l'efficacité de la médecine*, Paris, Galilée.

COHENDET Patrick et al., 1992, «Apprentissage technologique, réseaux économiques et appropriabilité des innovations», in FORAY Dominique et FREEMAN Christopher (dirs), *Technologie et richesse des nations,* Paris, Economica, pp. 63-78.

COLLETIS Gabriel et al., 1997, «Firmes et territoires: entre nomadisme et ancrage», *Espaces et sociétés,* n° 88-89, pp. 115-137.

COLLETIS Gabriel et PECQUEUR Bernard, 1995, «Politiques technologiques locales et création de ressources spécifiques», in RALLET Alain et TORRE André (dirs), *Economie industrielle et économie spatiale,* Paris, Economica, pp. 445- 463.

COM (Commission des Communautés Européennes), 2003, *Communication de la Commission au conseil, au parlement européen, au comité économique et social européen et au comité des régions, Politique de l'innovation: mise à jour de l'approche de l'Union dans le contexte de la stratégie de Lisbonne,* document de synthèse, http://europa.eu, Bruxelles, COM (2003) 112 final, 11.3.2003.

CONSEIL FÉDÉRAL SUISSE, 1998, *Message relatif à l'encouragement de la formation, de la recherche et de la technologie pendant les années 2000 à 2003,* Berne, 25 novembre.

CORCUFF Philippe, 1995, *Les nouvelles sociologies: constructions de la réalité sociale,* Paris, Nathan.

COROLLEUR Frédéric et al., 1996, *Ville et innovation: le cas de trois villes de Suisse occidentale,* Neuchâtel, Université de Neuchâtel, IRER (Institut de Recherches Economiques et Régionales), dossier n° 9601.

COX Kevin R., 1997, «Spaces of dependence, spaces of engagement and the politics of scale, or: looking for local politics», *Political geography,* vol. 17, n° 1, pp. 1-23.

CRANG Philip, 1999, «Local-global», in CLOKE Paul et al. (eds), *Introducing human geographies,* London, Arnold, pp. 24-34.

CREVOISIER Olivier, 1998, «Milieux innovateurs et relations interentreprises», in ROSSEL Pierre et al. (dirs), *Au-delà du laboratoire: les nouvelles technologies à l'épreuve de l'usage,* Lausanne, Presses polytechniques et universitaires romandes, pp. 283-300.

CREVOISIER Olivier, 2000, «Les milieux innovateurs et la ville», in CREVOISIER Olivier et CAMAGNI Roberto (éds), *Les milieux urbains: innovation, systèmes de production et ancrage,* Neuchâtel, EDES, pp. 7-32.

CREVOISIER Olivier, 2001, «L'approche par les milieux innovateurs: état des lieux et perspectives», *RERU (Revue d'Economie Régionale et Urbaine),* n° 1, pp. 153-166.

CREVOISIER Olivier et al., 2005, «La propriété intellectuelle et les PME: quels enjeux et quelles pratiques?», *Revue internationale P.M.E.,* vol. 18, n° 2, pp. 9-41.

CRUS (Conférence des Recteurs des Universités Suisses), 2004, *La médecine universitaire en 2008. Concept de réforme de l'enseignement et de la recherche en médecine dans les universités suisses,* adopté par la CRUS le 16 janvier.

CURTIS Sarah et TAKET Ann, 1996, *Health and societies: changing perspectives,* London, Arnold.

D'AMBROGIO Aris et GIVEL Jean-Claude, 2002, «Colostim: a project to stimulate colonic activity», *Dis Colon Rectum,* vol. 45, n° 3, p. A16.

DEBARBIEUX Bernard, 1995, «Le lieu, le territoire et trois figures de rhétorique», *L'Espace géographique,* n° 2, pp. 97-112.

DEGENNE Alain et FORSE Michel, 1994, *Les réseaux sociaux,* Paris, Armand Colin.

DEMERITT David et DYER Sarah, 2002, «Dialogue, metaphors of dialogue and understandings of geography», *Area,* vol. 34, n° 3, pp. 229-241.

DICKEN Peter, 2001, «Firms in territories: a relational perspective», *Economic geography*, vol. 77, n° 4, pp. 245-363.
DI MEO Guy, 1991, «De l'espace subjectif à l'espace objectif: l'itinéraire du labyrinthe», *L'espace géographique*, n° 4, pp. 359-373.
DI MEO Guy, 1998, *Géographie sociale et territoires*, Paris, Nathan.
DOLOREUX David, 2001, «L'étude de l'innovation technologique: la pertinence de l'analyse géographique», in LAURIN Suzanne et al. (dirs), *Géographie et société*, Sainte-Foy, Presses de l'Université du Québec, pp. 171-184.
DROSSMAN Douglas A. et al., 1993, «U.S. Householder survey of functional gastrointestinal disorders: prevalence, sociodemography, and health impact», *Digestive diseases and sciences*, vol. 38, n° 9, pp. 1569-1580.
DUBOIS Michel, 1999, *Introduction à la sociologie des sciences et des connaissances scientifiques*, Paris, PUF.
DUPUY Jean-Pierre, 1990, *Ordres et désordres: enquête sur un nouveau paradigme*, Paris, Seuil.
EPFL (Ecole Polytechnique Fédérale de Lausanne), 2004, *Cancérologie et génie biomédical: un accord historique!*, Actualité EPFL, avril.
ESTADES Jacqueline, 2000, «Confiance et contrôle dans le partenariat recherche-industrie», in LAUFER Romain et ORILLARD Magali (dirs), *La confiance en question*, Paris, L'Harmattan, pp. 327-352.
ETAT DE VAUD, 1999a, *Compétences biomédicales: répertoire des compétences et des entreprises biomédicales du canton de Vaud*, MediaMind SA, Lausanne, http:vaud-online.ch/iomed, document réalisé par le Conseil pour le Développement Economique du canton de Vaud en collaboration avec le Laboratoire du Génie médical – EPFL – sur mandat de l'Etat de Vaud.
ETAT DE VAUD, 1999b, *Exposé des motifs et projet de loi sur la promotion économique*, 83, P.L. 3/99.
ETHINGTON Philip J., 1997, «The intellectual construction of ‹social dis-tance›: toward a recovery of Georg Simmel's social geometry», Cybergeo, n° 30, pp. 1-16, http://www.cybergeo.presse.fr/essoct/texte/socdis.htm, site consulté en octobre 2002.
EYLES John, 1988, «Geography in the making», *Research in human geography*, Oxford, Basil Blackwell, pp. 1-10.
FALCONE Giovanni et PADOVANI Marcelle, 1991, *Cosa nostra*, Paris, Austral.
FELDMAN Maryann P., 1994, *The geography of innovation*, Dordrecht, Kluwer Academic.
FERRAS Robert, 1992, «Niveaux géographiques, échelles spatiales», in BAILLY Antoine et al. (dirs), *Encyclopédie de la géographie*, Paris, Economica, pp. 403-421.
FISCHER Gustave-Nicolas, 1981, *La psychosociologie de l'espace*, Paris, PUF.
FLICHY Patrice, 1995, *L'innovation technique: récents développements en sciences sociales: vers une nouvelle théorie de l'innovation*, Paris, La Découverte.
FLÜCKIGER Yves, 2001, «La situation des jeunes diplômé(e)s des universités suisses: une analyse des données de l'enquête ‹ASOU›, in PEREZ Soledad et STROBEL Olivia (dirs), *Education et travail: divorce ou entente cordiale?*, Paris, L'Harmattan, pp. 189-210.
FLÜCKIGER Yves et RAMIREZ José, 2003, «Positions hiérarchiques et ségrégation par origine en Suisse», in WICKER Hans-Rudolf et al. (dirs), *Les migrations et la Suisse: résultats du programme national de recherche ‹Migrations et relations interculturelles›*, Zurich, Seismo, pp. 290-307.

FORAY Dominique, 2000, *L'économie de la connaissance*, Paris, La Découverte.

FORAY Dominique et FREEMAN Christopher (dirs), 1992, *Technologie et richesse des nations,* Paris, Economica.

FOUCAULT Michel, 1994, *Naissance de la clinique*, Paris, PUF.

GAILLARD Jacques et GAILLARD Anne Marie, 1998, «Fuite des cerveaux, retours et diasporas», *Futuribles*, février, pp. 25-49.

GAILLARD Anne Marie et GAILLARD Jacques, 1999, *Les enjeux des migrations scientifiques internationales: de la quête du savoir à la circulation des compétences*, Paris, L'Harmattan.

GALLAUD Delphine et TORRE André, 2004, *Geographical proximity and circulation of knowledge through inter-firm cooperation*, 44th European Regional Science Association Congress, «Regions and fiscal federalism», Université de Porto, Portugal, 25-29 août, [texte de conférence diffusé avec le congrès].

GALLOUJ Camal et GALLOUJ Faïz, 1996, *L'innovation dans les services*, Paris, Economica.

GAY Claudine et PICARD Fabienne, 2001, «Géographie des relations technologiques externes des entreprises innovantes: une étude statistique des entreprises Rhône-Alpines», *RERU (Revue d'Economie Régionale et Urbaine)*, n° 5, pp. 763-808.

GENEAU DE LAMARLIERE Isabelle, 2001, «La géographie économique face à la question culturelle», in STASZAK Jean-François et al. (dirs), *Les enjeux de la géographie anglo-saxonne*, Paris, Belin, pp. 167-173.

GERTLER Meric S. et DIGIOVANNA Sean M., 1997, «In search of the new social economy: collaborative relations between users and producers of advanced manufacturing technologies, *Environment and Planning A*, vol. 29, pp. 1585-1602.

GIBBONS Michael et al., 1994, *The new production of knowledge: the dynamics of science and research in contemporary societies*, London, Sage.

GIERYN Thomas F., 1999, *Cultural boundaries of science: credibility on line*, Chicago, The University of Chicago Press.

GILLY Jean-Pierre et TORRE André (dirs), 2000, *Dynamiques de proximité*, Paris, L'Harmattan.

GLASSEY Olivier, 1998, «Entre conception et usages: la mise en œuvre d'un système de carte à microprocesseur dans un service hospitalier», in ROSSEL Pierre et al. (dirs), *Au-delà du laboratoire: les nouvelles technologies à l'épreuve de l'usage*, Lausanne, Presses polytechniques et universtaires romandes, pp. 89-107.

GOFFMAN Erving, 1991, *Les cadres de l'expérience*, Paris, Les Ed. de minuit.

GRABHER Gernot, 2002, «Cool project, boring institutions: temporary collaboration in social context», *Regional studies*, vol. 36.3, pp. 205-214.

GRANOVETTER Mark S., 1973, «The strength of weak ties», *American journal of sociology*, 78, pp. 1360-1380. Pour la traduction française: GRANOVETTER Mark S., 2000, «La force des liens faibles», in GRANOVETTER Mark S., *Le marché autrement: les réseaux dans l'économie*, Paris, Desclée de Brouwer, pp. 45-73.

GRANOVETTER Mark S., 1985, «Economic action and social structure: the problem of embeddedness», *American journal of sociology*, vol. 91, n° 3, pp. 481-510. Pour la traduction française: GRANOVETTER Mark S., 2000, «Action économique et structure sociale: le problème de l'encastrement», in GRANOVETTER Mark S., *Le marché autrement: les réseaux dans l'économie*, Paris, Desclée de Brouwer, pp. 75-114.

GRANOVETTER Mark S., 2000, *Le marché autrement: les réseaux dans l'économie*, Paris, Desclée de Brouwer.

GREGORY Derek, 1985, «Suspended animation: the stasis of diffusion theory», in GREGORY Derek et URRY John, *Social relations and spatial structures*, Basingstroke, Macmillan, pp. 296-336.

GREGORY Derek, 2002, «Diffusion», in JOHNSTON Ron J. et al. (dirs), *The dictionary of human geography*, Oxford, Blackwell, pp. 175-178.

GREN Martin, 2001, «Time-geography matters», in MAY Jon et THRIFT Nigel (eds), *TimeSpace: geographies of temporality*, London, New York, Routledge, pp. 208-225.

GROSJEAN Nicolas et CREVOISIER Olivier, 2003, «Autonomie différenciée des systèmes de production territoriaux», *RERU (Revue d'Economie Régionale et Urbaine)*, n° 2, pp. 291-316.

GROSSETTI Michel, 1995, *Science, industrie et territoire*, Toulouse, Presses Universitaires du Mirail.

GROSSETTI Michel, 2001 [2000], «Les effets de proximité spatiale dans les relations entre les organisations: une question d'encastrements», *Espaces et Sociétés*, n° 101-102, pp. 203-219.

GROSSETTI Michel et al., 2003, «Proximités et activités de R&D», in DUPUY Claude et BURMEISTER Antje (éds), *Entreprises et territoires: les nouveaux enjeux de la proximité*, Paris, La Documentation française, pp. 71-90.

GROSSETTI Michel et BÈS Marie-Pierre, 2001, «Encastrements et découplages dans les relations science-industrie», *Revue française de sociologie*, vol. 42, n° 2, pp. 327-355.

GROSSETTI Michel et BÈS Marie-Pierre, 2002, «Proximité spatiale et relations science-industrie: savoirs tacites ou encastrement (Polanyi ou Polanyi)?», *RERU (Revue d'Economie Régionale et Urbaine)*, n° 5, pp. 777-788.

GROSSETTI Michel et BÈS Marie-Pierre, 2003, «Dynamique des réseaux et des cercles: encastrements et découplages», *Revue d'économie industrielle*, n° 103, pp. 43-58.

GUMUCHIAN Hervé et MAROIS Claude, avec la collab. de Véronique Fèvre, 2000, *Initiation à la recherche en géographie: aménagement, développement territorial, environnement*, Montréal, Les Presses de l'Université de Montréal, Paris, Anthropos.

GUMUCHIAN Hervé et al., 2003, *Les acteurs, ces oubliés du territoire*, Paris, Anthropos.

HÄGERSTRAND Torsten, 1967, *Innovation diffusion as a spatial process*, Chicago, University of Chicago Press, traduit de: *Innovationsförloppet ur korologisk synpunkt*, thèse publiée en 1953, Université de Lund.

HÄGERSTRAND Torsten, 1970, «What about people in Regional Science», *Papers of the regional science association*, vol. 24, pp. 7-21.

HÄGERSTRAND Torsten, 1981, «Interdépendances dans l'utilisation du temps», *Temps libre*, Paris, Association Temps libre, n° 3, pp. 53-68.

HÄGERSTRAND Torsten, 1986, «Le temps et la géographie. Faisons le point sur la réalité corporelle de l'homme, la société et l'environnement», *Science et pratique de la complexité*, Actes du colloque de Montpellier, IDATE/Université des Nations Unies, mai 1984, Paris, La Documentation française, pp. 225-250.

HÄGERSTRAND Torsten, 1989, «Reflections on ‹what about people in regional science?›», *Papers of the regional science association*, vol. 66, pp. 1-6.

HÄGERSTRAND Torsten, 2000, « A la quête de l'origine des concepts », in GOULD Peter et BAILLY Antoine (éds), *Mémoires de géographes*, Economica, Paris, pp. 107-132.
HAGGETT Peter, 2001, *Geography: a global synthesis*, Harlow, London, Pearson Education, chapitre 16, « Spatial diffusion », pp. 479-505.
HAHN Charles, 1987, *Chirurgien du cœur*, Lausanne, Editions 24 Heures.
HAHN Charles et al., 1991, *Du cœur mystique au cœur mécanique*, Lausanne, Editions 24 Heures.
HALL Edward T., 1978, *La dimension cachée*, Paris, Seuil.
HARVEY David, 1990, *The condition of postmodernity: an enquiry into the origins of cultural change*, Cambridge MA, Blackwell.
HELLER Michael et EISENBERG Rebecca, 1998, « Can patents deter innovation? The Anti-commons in Biomedical Research », *Science*, vol. 280, pp. 698-701.
HERAUD Jean-Alain, 2000, *Is there a regional dimension of innovation-oriented knowledge networking*, Fith regional science and technology policy research symposium (RESTPOR), Kashikojima, 5-7 septembre.
HERAUD Jean-Alain et KERN Francis, 1997, « Les CORTECHS : innovations, apprentissage en coopération et dynamique organisationnelle », in GUILHON Bernard et al. (dirs), *Economie de la connaissance et organisations : entreprises, territoires, réseaux*, Paris, L'Harmattan, pp. 383-399.
HOWELLS Jeremy R. L., 2002, « Tacit knowledge, innovation and economic geography », *Urban studies*, vol. 39, n° 5-6, pp. 871-884.
HURIOT Jean-Marie (dir.), 1998, *La ville ou la proximité organisée*, Paris, Anthropos.
IBERRETA Dolores et THUMM Nikolaus, 2002, « Les aspects éthiques de la brevetabilité en biotechnologie revisités », *The IPTS Report (Institute for Prospective Technological Studies)*, Issue 65, pp. 19-25.
GUILLOD Olivier, 1999, « 5 questions à M. Olivier Guillod, Professeur de droit à l'Université de Neuchâtel, Directeur de l'Institut de droit à la santé », *GPI (Gesundheitspolitische Informationen)/PSI (Politique de santé: Informations)*, Organe officiel de la SSPS (Société suisse pour la politique de la santé), n° 1, pp. 2-3.
ILLICH Ivan, 1999, « L'obsession de la santé parfaite », *Le monde diplomatique*, mars, p. 28.
JASANOFF Sheila et al. (eds), *Handbook of science and technology studies*, Thousand Oaks, Sage.
JOYE Dominique, 1999, « Nouveaux territoires, nouvelles régulations », in PFISTER Barbara et al. (dirs), *Finances et territoires*, Lausanne, Presses polytechniques et universitaires romandes, pp. 193-216.
JOST GARA Véronique, 1995, *Instruments mis en place par les hautes écoles pour favoriser les liens avec l'économie*, Etude réalisée sous mandat du Groupement de la science et de la recherche, Croy (Vaud).
KYRIAKOU Dimitris, 2002, « Le progress technique et les preuves de son impact sur la croissance », *The IPTS Report (Institute for Prospective Technological Studies)*, Issue 62, pp. 29-38.
KLINE Stephen J. et ROSENBERG Nathan, 1986, « An overview of innovation », in LANDAU Ralph et ROSENBERG Nathan (eds), *The positive sum strategy*, Washington D. C., National Academy Press, pp. 275-305.

KLEIN Olivier, 2000, «Des ‹districts industriels› à la ‹proximité›: l'analyse critique de la communication au-delà de la métaphore spatiale», *RERU (Revue d'Economie Régionale et Urbaine)*, n° 2, pp. 281-300.

KRUGMAN Paul R., 1991, *Geography and trade*, Leuven, Leuven University Press Cambridge Mass., London, The M.I.T. Press, 1991.

LANGLOIS André et Michel PHIPPS, 1997, *Automates cellulaires: application à la simulation urbaine*, Paris, Hermès.

LATOUR Bruno, 1989, *La science en action*, Paris, La Découverte.

LATOUR Bruno, 1993a, *Aramis ou l'amour des techniques*, Paris, La Découverte.

LATOUR Bruno, 1993b, *Petites leçons de sociologie des sciences*, Paris, La Découverte.

LATOUR Bruno, 2003, «L'impossible métier de l'innovation technique», in MUSTAR Philippe et PENAN Hervé (dirs), *Encyclopédie de l'innovation*, Paris, Economica, pp. 9-26.

LAREDO Philippe, 2003, «Change in the EU. Six major challenges facing public intervention in higher education, science, technology and innovation», *Science and public policy*, vol. 30, n° 1, pp. 4-12.

LECOQ Bruno, 2001, «Dynamique de proximité dans une économie hors de l'équilibre», The third congress on proximity, *New Growth and territories*, Université de Paris Sud et Institut national de la recherche agronomique (INRA), Paris, 13-14 décembre.

LECOURT Dominique, 1997, «Prométhée ressuscité», *Sciences et avenir, De Faust à Einstein... Mythes et légendes de la science*, hors-série, n° 111, pp. 28-33.

L'HEBDO, 2004, «Le guide de l'étudiant», 15 avril [supplément].

LEIGGENER Régina, 1998, *Evaluation des impacts micro-économiques des Hôpitaux Universitaires de Genève*, PINI Giuseppe (dir.), Genève, Université de Genève, Laboratoire d'économie appliquée.

LEIGGENER Régina, 2000, *Le génie médical lémanique: proximité en jeu ou jeu de proximités?*, Lausanne, ESST (European Master in Science, Technology and Society 1999-2000), EPFL (Ecole Polytechnique Fédérale de Lausanne).

LEIGGENER Régina, 2001, «L'insertion professionnelle de la main-d'œuvre étrangère en Suisse dans le secteur de la santé», *Competence*, bulletin officiel de H+ Les Hôpitaux de Suisse, janvier, pp. 18-20.

LEMIEUX Vincent, 1999, *Les réseaux d'acteurs sociaux*, Paris, PUF.

LE MONDE INTERACTIF [annexe du quotidien Le Monde], 2000, «Le printemps des Valleys européennes», 19 avril.

LERESCHE Jean-Philippe, 1995, «Dynamiques métropolitaines et technopolitaines: le clivage centre-périphérie revisité», *Revue Economique et Sociale*, n° 1, pp. 9-20.

LERESCHE Jean-Philippe, 1996, «Les nouvelles échelles de gestion urbaine: entre conflit et coopération», in JACCOUD Christophe et al. (dirs), *Raisons et déraisons de la ville: approches du champ urbain*, Lausanne, Presses polytechniques et universitaires romandes, pp. 255-273.

LESSARD-HEBERT Michelle et al., 1997, *La recherche qualitative: fondements et pratiques*, Montreal, De Boeck Université.

LEVESQUE Benoît et al., 2001, *La nouvelle sociologie économique*, Paris, Desclée de Brouwer.

LEVY Jacques, 1999, *Le tournant géographique: penser l'espace pour lire le monde*, Paris, PUF.

LEVY Jacques, 2003, « Milieu », in LEVY Jacques et LUSSAULT Michel (dirs), 2003, *Dictionnaire de la géographie et de l'espace des sociétés*, Paris, Belin, pp. 617-620.

LEVY Jacques et LUSSAULT Michel (dirs), 2003, *Dictionnaire de la géographie et de l'espace des sociétés*, Paris, Belin.

LEYDESDORFF Loet et ETZKOWITZ Henry, 1998, « The Triple Helix as a model for innovation studies », *Science and Public Policy*, vol. 25, n° 3, pp. 195-203.

LUNDVALL Bengt-Ake, 1992, « Relations entre utilisateurs et producteurs, systèmes nationaux d'innovation et internationalisation », in FORAY Dominique et FREEMAN Christopher (dirs), *Technologie et richesse des nations*, Paris, Economica, pp. 355-388.

LUSSAULT Michel, 2000, « Action(s) ! », in LEVY Jacques et LUSSAULT Michel (dirs), *Logiques de l'espace, esprit des lieux : géographies à Cerisy*, Paris, Belin, pp. 11-36.

MACKENZIE Donald A., 1996, *Knowing machines : essays on technical change*, Cambridge MA, The MIT Press.

MAILLAT Denis, 1994, « Comportements spatiaux et milieux innovateurs », in AURAY Jean-Paul et al. (dirs), *Encyclopédie d'économie spatiale : concepts, comportements, organisations*, Paris, Economica, pp. 255-258.

MAILLAT Denis, 1996, *Du district industriel au milieu innovateur : contribution à une analyse des organisations productives territorialisées*, Neuchâtel, Université de Neuchâtel, IRER (Institut de Recherches Economiques et Régionales), dossier n° 9606a.

MAILLAT Denis, 1997, *Interactions entre système urbain et système de production localisé : une approche du développement régional endogène en termes de milieu innovateur*, Neuchâtel, Université de Neuchâtel, IRER (Institut de Recherches Economiques et Régionales), dossier n° 9701a.

MAILLAT Denis, 2000, « Milieux innovateurs et nouvelles générations de politiques régionales », in *Reflets et perspectives de la vie économique*, tome XXXIX, n° 4, pp. 101-106.

MAILLAT Denis et al. (eds), 1993, *Réseaux d'innovation et milieux innovateurs : un pari pour le développement régional*, GREMI (Groupe de Recherche Européen sur les Milieux Innovateurs) et IRER (Institut de Recherches Economiques et Régionales), Neuchâtel, EDES, [colloque GREMI III de Chaumont-Neuchâtel].

MAILLAT Denis et PERRIN Jean-Claude (eds), 1992, *Entreprises innovatrices et développement territorial*, GREMI (Groupe de Recherche Européen sur les Milieux Innovateurs) et IRER (Institut de Recherches Economiques et Régionales), Neuchâtel, EDES, [colloque GREMI II de Ascona].

MALMBERG Anders et MASKELL Peter, 2002, « The elusive concept of localization economies : towards a knowledge-based theory of spatial clustering », *Environment and planning A*, vol. 34, pp. 429-449.

MANGEMATIN Vincent, 2003, « Les doctorants entre production et transfert de connaissances : le cas des sciences de la vie », in MUSTAR Philippe et PENAN Hervé (dirs), *Encyclopédie de l'innovation*, Paris, Economica, pp. 539-554.

MASSARD Nadine, 1997, « Externalités, apprentissage et dynamique technologique. Un retour sur la notion de réseau », in GUILHON Bernard et al. (dirs), *Economie de la connaissance et organisations : entreprises, territoires, réseaux*, Paris, L'Harmattan, pp. 337-355.

MASSEY Doreen, 1996, *Space, place and gender*, Cambridge, Polity Press ; Oxford, Blackwell.

MATTELART Armand et Michèle, 1997, *Histoire des théories de la communication*, Paris, La Découverte.
MILES Ian, 1993, «Science, technologie et prospective», *Revue internationale des sciences*, 137, pp. 439-451, traduit de l'anglais.
MILGRAM Stanley, 1967, «The small-world problem», *Psychology Today*, vol. 2, pp. 60-67.
MOLAS-GALLART Jordi et SALTER Ammon, 2002, «Diversité et excellence: considérations sur la politique de recherche», *The IPTS Report (Institute for Prospective Technological Studies)*, Issue 66, pp. 5-14.
MOLES Abraham A. et ROHMER Elisabeth, 1978, *Psychologie de l'espace*, Paris, Casterman.
MONDADA Lorenza, 2004, «Téléchirurgie et nouvelles pratiques professionnelles: les enjeux interactionnels d'opérations chirurgicales réalisées par visioconférence», *Sciences Sociales et Santé*, vol. 22, n° 1, pp. 95-126.
MUCCHIELLI Alex, 1991, *Les méthodes qualitatives*, Paris, PUF.
NOVEMBER Valérie, 2002, *Les territoires du risque: le risque comme objet de réflexion géographique*, Berne, Peter Lang.
NURKO Samuel, 2000, «Advances in the management of pediatric constipation», *Current gastroenterology reports*, 2, pp. 234-240.
O'BRIEN Richard, 1992, *Global financial integration: the end of geography*, London, The royal institute of international affairs, Pinter publishers.
OCDE (Organisation de Coopération et de Développement Economiques), 1992, *La technologie et l'économie: les relations déterminantes*, Paris, OCDE.
OCDE (Organisation de Coopération et de Développement Economiques), 2000, *Société du savoir et gestion des connaissances*, Paris, OCDE.
OCDE (Organisation de Coopération et de Développement Economiques), 2001, *La nouvelle économie: mythe ou réalité?*, Paris, OCDE.
OFFNER Jean-Marc et PUMAIN Denise (dirs), 1996, *Réseaux et territoires: significations croisées*, Paris, Editions de l'Aube.
PACCAUD Fred, 2000, «Evolution future des services de santé: analyse de quelques tendances plausibles», *Médecine & Hygiène*, 2319, pp. 2117-2130.
PALTENGHI Jean-Jacques et BANDLE Ann (éds), 1999, *Les coulisses de l'invention*, Lausanne, EPFL.
PAVITT Keith, 1992, «Les entreprises et la recherche de base», in FORAY Dominique et FREEMAN Christopher (dirs), *Technologie et richesse des nations*, Paris, Economica, pp. 47-62.
PERRAT Jacques, 2001, «Mobilisation du travail et coordinations locales: une lecture en termes de proximités», The third congress on proximity, *New Growth and territories*, Université de Paris Sud et Institut national de la recherche agronomique (INRA), Paris, 13-14 décembre, [texte de la conférence].
PERRIN Jean-Claude, 1991, «Réseaux d'innovation. Milieux innovateurs. Développement territorial», *RERU (Revue d'Economie Régionale et Urbaine)*, n° 3/4, pp. 343-374.
PESTRE Dominique, 1999, «Entre tour d'ivoire et Silicon Valley», *La Recherche*, décembre, pp. 55-58.
PIOLLE Xavier, 1991, «Proximité géographique et lien social, de nouvelles formes de territorialité?», *L'Espace géographique*, n° 4, pp. 349-358.

PIVETEAU Jean-Luc, 1995, «Le territoire est-il un lieu de mémoire?», *L'Espace géographique*, n° 2, pp. 113-123.

PLANQUE Bernard, 1991, «Note sur la notion de réseau d'innovation: réseaux contractuels et réseaux ‹conventionnels›», *RERU (Revue d'Economie Régionale et Urbaine)*, n° 3/4, pp. 295-320.

PLOCINICZAK Sébastien, 2003, «La construction sociale du marché des très petites entreprises. Des réseaux sociaux au capital social local des entreprises», *RERU (Revue d'Economie Régionale et Urbaine)*, n° 3, pp. 441-476.

PORTER Michael, 1996, *L'avantage concurrentiel des nations, comment devancer ses concurrents et maintenir son avance*, Paris, Interéditions.

RABEHARISOA Vololona, 2003, «Mobilisation de la recherche par les associations de malades», in MUSTAR Philippe et PENAN Hervé (dirs), *Encyclopédie de l'innovation*, Paris, Economica, pp. 597-610.

RACINE Jean-Bernard et al., 1980, «Echelle et action, contributions à une interprétation du mécanisme de l'échelle dans la pratique en géographie», *Geographica Helvetica*, vol. 35, n° 5 (numéro spécial) «Geography in Switzerland, la géographie en Suisse», pp. 87-94.

RAFFESTIN Claude, 1980, *Pour une géographie du pouvoir*, Paris, LITEC.

RAFFESTIN Claude et BRESSO Mercedes, 1982, «Tradition, modernité, territorialité», *Cahiers de géographie du Québec*, vol. 26, n° 68, pp. 185-198.

RALLET Alain, 1993, «Choix de proximité et processus d'innovation technologique», *RERU (Revue d'Economie Régionale et Urbaine)*, n° 3, pp. 365-386.

RALLET Alain et TORRE André, 1999, *Géographie et technologie: une analyse des relations de proximité dans les réseaux localisés d'innovation*, document du Colloque de l'ASRDLF (Association de Science Régionale de Langue Française), «Innovation et économie régionale», CRERI, Université de Toulon et du Var, Hyères 1-3 septembre.

REMY Jean et VOYE Liliane, 1992, *La ville: vers une nouvelle définition?*, Paris, L'Harmattan.

RERU (Revue d'Economie Régionale et Urbaine), 2001, *Innovation et développement régional*, n° 1.

RETAILLE Denis, 1997, *Le monde du géographe*, Paris, Presses de la fondation nationale des sciences politiques.

ROGERS Everett M., 1983, *Diffusion of innovations*, New York/Free Press, London/Collier Macmillan.

ROSENBERG Nathan, 1984, *Inside the black box: technology and economics*, Cambridge, Cambridge University Press.

ROSSEL Pierre, 1996, «Innovations technologiques, évaluation des usages et services urbains», in JACCOUD Christophe et al. (dirs), *Raisons et déraisons de la ville: approches du champ urbain*, Lausanne, Presses polytechniques et universitaires romandes, pp. 275-294.

ROSSEL Pierre, 1999, «Le courant de pensée Social Shaping of Technology (SST) et son évolution», in ROSSEL Pierre et al. (éds), *Les systèmes d'innovation et leurs acteurs*, Neuchâtel, EDES, pp. 7-25.

SANTOS Milton, 1995, «Contemporary acceleration: world-time and world-space», in BENKO Georges B. et STROHMAYER Ulf (eds), *Geography, history and social sciences*, Dordrecht, Kluwer Academic Publishers, pp. 171-176.

SALOMON Jean-Jacques, 1992, *Le destin technologique*, Paris, Balland.
SAXENIAN Anna Lee, 2000, « Les limites de l'autarcie : Silicon Valley et Route 128 », in BENKO Georges et LIPIETZ Alain (dirs), *La richesse des régions : la nouvelle géographie socio-économique*, Paris, PUF, pp. 121-147.
SCHLAGETER Vincent et al., 2002, *A magnetic tracking system based on highly sensitive integrated hall sensors*, Conférence MIPRO, Opatija, Croatie, 20-24 mai, [texte de la conférence].
SCOTT Allen J., 2000, « Economic geography : the great half-century », in CLARK Gordon L. et al. (eds), *The Oxford handbook of economic geography*, Oxford, Oxford university press, pp. 18-44.
SHEARMUR Richard, 1997, « La distribution des secteurs high-tech dans le système urbain canadien », *RERU (Revue d'Economie Régionale et Urbaine)*, n° 4, pp. 619-646.
SHEARMUR Richard, 2002, « Le long fleuve tranquille de l'innovation : métropoles, territoires et milieux », http//www.asdeq, unmontreal.ca/publi-cations/acte2001, site de l'Université de Montreal.
SMITH Merritt Roe, 1994, « Technological determinism in American culture », in SMITH Merritt Roe et MARX Leo (eds), *Does technology drive history ? The dilemma of technological determinism*, Cambridge MA, The MIT Press, pp. 1-35.
SCHWARTZ COWAN Ruth, 1985, « How the refrigerator got its hum », in MACKENZIE Donald et WAJCMAN Judy (eds), *The social shaping of technology*, Milton Keynes, Open University Press, pp. 202-218.
SOBEL Dava, 1996, *Longitude : l'histoire vraie du génie solitaire qui résolut le plus grand problème scientifique de son temps*, Paris, Ed. Jean-Claude Lattès.
SOULET Marc-Henry, 1988, « La recherche qualitative ou la fin des certitudes », in DESLAURIERS Jean-Pierre (dir.), *Les méthodes de la recherche qualitative*, Québec, Presses de l'Université du Québec.
STEIN Jeremy, 2001, « Reflections on time, time-space compression and technology in the nineteenth century », in MAY Jon et THRIFT Nigel (eds), *TimeSpace : geographies of temporality*, London, Routledge, pp. 106-119.
SWEDBERG Richard, 1997, « Vers une nouvelle sociologie économique : bilan et perspectives », *Cahiers internationaux de sociologie*, 103, pp. 237-263.
THRIFT Nigel et OLDS Kris, 2001, « Pour une redéfinition de l'économie en géographie économique », in STASZAK Jean-François et al. (dirs), *Les enjeux de la géographie anglo-saxonne*, Paris, Belin, pp. 174-189.
TORRE André, 2000, « Faut-il avoir confiance dans les techniques de production de la confiance ? Liens de proximité et stratégies des acteurs », in LAUFER Romain et ORILLARD Magali (dirs), *La confiance en question*, Paris, L'Harmattan, pp. 371-394.
TORRE André, 2001, « La difficile transformation des coordinations tacites en systèmes de règles formelles : l'exemple des réseaux de développement technologique », *Flux*, n° 46, pp. 27-36.
ULMANN Philippe, 1998, « Les relations entre santé et croissance dans les pays développés », *Les cahiers du GRATICE (Groupe de Recherche et d'Analyse des Théories, des Institutions et des Conventions Economiques), Santé et économie*, avec le concours du CREDES (Centre de Recherche d'Etude et de Documentation en Economie de la Santé), Paris, pp. 9-45.

VELTZ Pierre, 1996, *Mondialisation, villes et territoire: l'économie d'archipel*, Paris, PUF.

VELTZ Pierre, 2002, *Des lieux et des liens: politiques du territoire à l'heure de la mondialisation*, Paris, Editions de l'Aube.

VINCK Dominique, 1995, *Sociologie des sciences*, Paris, Armand Colin.

VINCK Dominique et al. (dirs), 1999, *Ingénieurs au quotidien: ethnographie de l'activité de conception et d'innovation*, Grenoble, Presses universitaires de Grenoble.

VILLENEUVE Paul, 1994, «Diffusion et propagation spatiales», in AURAY Jean-Paul et al. (dirs), *Encyclopédie d'économie spatiale*, Paris, Economica, pp. 67-72.

VILLEUNEUVE Paul, 2003, «Effets d'échelle et cohésion sociale», *Cahiers de géographie du Québec*, vol. 47, n° 131, pp. 169-176.

YAPA Lakshman S. et MAYFIELD Robert C., 1978, «Non-adoption of innovations: evidence from discriminant analysis», *Economic geography*, vol. 54, pp. 145-156.

ZELLER Christian, 2004, «North Atlantic innovative relations of Swiss pharmaceuticals and the proximities with regional biotech arenas», *Economic geography*, vol. 80, n° 1, pp. 83-111.

ZIMMERMANN Jean-Benoît et DEROÏAN Frédéric, 2001, «Cumul d'influence et réseaux sociaux: une application aux processus de diffusion de l'innovation», *Revue d'économie industrielle*, vol. 96, pp. 7-27.

ZINKL Wolf et SCHNETZER Jürg, 2000, *La Suisse, un tremplin pour la technologie médicale*, Berne, Office fédéral de la formation professionnelle et de la technologie (OFFT), Medtech.

Printed by
CPI books GmbH, Leck

FSC
www.fsc.org
MIX
Papier | Fördert gute Waldnutzung
FSC® C083411

Kolibri 360 GmbH
Ferdinand-Jühlke-Straße 7
99095 Erfurt, Deutschland
produktsicherheit@kolibri360.de